工程实践训练系列教材(课程思政与劳动教育版)

ROS 教育机器人实训教程

主　编　尤　涛　李发元
　　　　吕　冰　吴柏霖
副主编　金凯乐　梁晓雅
　　　　李晓光　王亮亮
　　　　李炜堂

西北工业大学出版社
西　安

【内容简介】 本书主要针对参加机器人工程训练项目的学生、机器人学习爱好者和机器人操作系统（Robot Operating System,ROS）学习爱好者等读者，以小型智能机器人作为载体，使用 ROS 作为系统框架，灵活应用设计、控制和算法等理论知识，开展机器人工程实践项目。

本书讲解如何从零开始搭建一个机器人操作系统，以及如何学习、使用机器人操作系统。机器人是一门综合学科，涉及的知识工具有：①STM32、Ubuntu、C＋＋、Python、ROS，处理图像时还需要用到图像处理、OpenCV 的知识；②机器人底层控制器串口通信和底盘 PID 调试相关知识，CAN 通信、串口通信等，下位机与上位机控制系统的通信算法，数据包发送与接收解析算法；③机器人底盘运动解析，麦克纳姆轮底盘、全向轮底盘、差速底盘和阿克曼底盘解析算法；④机器人导航和视觉控制功能，包括机器人 slam 建图、雷达跟踪、自主巡线和视觉跟踪等。

本书可作为高等学校相关专业课程实训教材，也可供机器人领域爱好者参考学习。

图书在版编目(CIP)数据

ROS 教育机器人实训教程/尤涛等主编. —西安：
西北工业大学出版社,2022.10
　　ISBN 978－7－5612－8431－5

　　Ⅰ.①R… 　Ⅱ.①尤… 　Ⅲ.①智能机器人-高等学校
-教材 　Ⅳ.①TP242.6

中国版本图书馆 CIP 数据核字(2022)第 180056 号

ROS JIAOYU JIQIREN SHIXUN JIAOCHENG

ROS教育机器人实训教程

尤涛　李发元　吕冰　吴柏霖　主编

责任编辑:朱辰浩	策划编辑:杨　军	
责任校对:李阿盟	装帧设计:李　飞	
出版发行:西北工业大学出版社		
通信地址:西安市友谊西路 127 号	邮编:710072	
电　　话:(029)88491757，88493844		
网　　址:www.nwpup.com		
印　刷　者:陕西宝石兰印务有限责任公司		
开　　本:787 mm×1 092 mm	1/16	
印　　张:19.5		
字　　数:512 千字		
版　　次:2022 年 10 月第 1 版	2022 年 10 月第 1 次印刷	
书　　号:ISBN 978－7－5612－8431－5		
定　　价:68.00 元		

工程实践训练系列教材
（课程思政与劳动教育版）
编　委　会

总 主 编　蒋建军　梁育科

顾问委员　（按照姓氏笔画排序）

　　　　　王永欣　史仪凯　齐乐华　段哲民　葛文杰

编写委员　（按照姓氏笔画排序）

　　　　　马　越　王伟平　王伯民　田卫军　吕　冰

　　　　　张玉洁　郝思思　傅　莉

前　言

　　机器人是一门涉及机械、电子和软件控制等多个领域的综合型学科,基于ROS架构的机器人越来越多地应用于教学、科研和工业等领域。本书主要用于高校工程实践训练和新工科机器人实践课程,内容涉及课程思政和劳动教育案例,旨在使学生在学习中树立正确的价值观和劳动意识,培养学生的家国情怀。书中采用的教具是基于ROS的教育机器人,其主体为全向移动机器人,具有自主避障、任务决策、视觉识别、全向移动和智能抓取等功能,对学生工程实践能力和创新能力的培养有很大的作用。

　　本书共10章,第1章主要介绍ROS机器人常见的软、硬件组成以及工作流程。第2章主要讲解ROS机器人底层执行部分通信控制协议、遥控控制以及源码框架。第3章主要讲解常见轮式机器人的运动学分析,包括麦克纳姆轮、全向轮的全向移动式机器人,两轮差速、阿克曼转向的常规差速移动式机器人。第4章主要介绍Ubuntu操作系统这一ROS主要的运行平台,包括虚拟机、常用命令和ROS机器人的远程控制。第5章开始正式讲解ROS,包括ROS的安装和使用,以及ROS必须掌握的基本概念知识。第6章为ROS开发教学,讲解如何使用C++、Python制作一个ROS功能包,以及ROS必须掌握的launch文件的使用。第7章主要讲解ROS使用与开发常用的工具,包括TF及其程序实现、urdf文件、rviz、rqt及其动态调参程序实现、OpenCV在ROS应用的简单介绍。第8章讲解上层决策系统ROS是如何实现与底层执行系统STM32的通信与控制的,以及ROS是如何使用STM32提供的数据的,如速度数据、姿态数据。第9章主要讲解自主导航的前置知识——同步定位与建图,同时提供了Gmapping、Hector、Cartographer、Karto这4个常见建图算法的应用讲解。第10章主要讲解ROS的自主导航功能包集【Navigation-Stack】的工作原理、流程以及使用,同时提供了该功能包集大量参数的详细说明。本书需要使用的软件工具、源码资料链接为https：//pan. baidu. com/s/1WIFPDZY-XpYCrc-aC46PxA，提取码为 xxya。

本书第 1 章由李发元、吴柏霖执笔，第 2 章由吕冰执笔，第 3 章由金凯乐、梁晓雅、李晓光执笔，第 4 章由尤涛执笔，第 5 章由李发元、吴柏霖、李炜堂执笔，第 6～7 章由王亮亮、尤涛执笔，第 8～9 章由李发元执笔，第 10 章由李发元、吴柏霖、李炜堂执笔。本书由李发元、吴柏霖统稿，由李发元、梁育科审定。

感谢各位笔者为本书付出的不懈努力，感谢西北工业大学梁育科老师对本书的审定，感谢机器人公司 WHEELTEC 提供的教学器材和技术支持，感谢工程师李炜堂对本书的 ROS 机器人整体框架设计提出的指导意见，感谢工程师麦展华为第 3 章的运动学分析提供的宝贵技术意见，感谢工程师郑梦欣和李炜堂为本书涉及视觉和导航等技术要点所做的校核工作以及提出的宝贵修改意见。另外，在本书的编写过程中曾参阅了相关文献、资料，在此，谨对其作者深表谢意；本书中的部分图片和内容引自互联网，有些难以确认作者或出处，故在本书中没有标注，请作者海涵。

本书的编写得到了西北工业大学校领导、教务处领导以及工程实践训练中心领导的关心和大力支持，也得到了 2022 年度西北工业大学教育教学改革研究项目"面向未来领军人才培养——以智能体为载体的工程训练课程改革研究与实践"(项目编号:2022JGY54)、2022 年全国金工与工训青年教师教学方法创新研究项目"融合创新"范式下，工程实践课程教学方法探索与实践 ——以"机器人设计与制作"为例(项目编号:2022JJGX－WK－17)和 2020 年西北工业大学高等教育研究基金项目(国际化人才培养专项)重点项目"一流大学留学生工程实践课程体系构建与研究"(项目编号：GJGZZ20202003)的大力支持，在此一并表示衷心的感谢。

由于水平有限，书中欠妥和纰漏之处在所难免，恳请读者和同行不吝指正。

编　者

2022 年 7 月

目　　录

第 1 章 ROS 机器人概述

1.1 一般机器人的组成

稍微复杂一点的机器人，一般整体都会分成两个部分：上层决策部分和底层执行部分。

（1）上层决策部分的工作主要是处理一些需要较大算力、实时性要求较低的任务，如图像处理、导航路径规划等。这些任务一般来说最终输出的结果是速度控制命令，然后速度控制命令会发送给底层执行部分去执行。

上层决策部分一般运行在电脑操作系统（如 Ubuntu、Windows）上，人们在这些操作系统上使用各种程序设计语言（如 C++、Python）来编写程序，以实现决策功能，同时由于上层决策部分是在电脑操作系统上运行的，所以人们在编写程序时就可以很方便地调用一些成熟的库（如 OpenCV 图像处理库）。

上层决策部分的决策不是凭空产生的，必须要有足够的信息才能做出正确的判断，例如机器人要跟踪现实中某种颜色的物体，那么其就需要传感器以感知到颜色，这时一般使用摄像头作为传感器；再比如导航功能需要感知环境障碍物，这时一般使用雷达作为传感器。这些传感器一般都是直接与上层决策部分相连接的。

（2）底层执行部分的工作主要是处理一些算力要求较低、实时性要求较高的任务。底层执行部分最基本的任务是在接收到速度控制命令后，控制机器人进行前进、后退，左、右转的运动。以轮式机器人为例，接收到速度控制命令后，会对速度控制命令进行运动学分析处理，计算得出各个轮子的转速，进而控制轮子旋转，实现对应的目标速度。一般底层执行部分还会有向上层决策部分上传机器人状态信息的功能，状态信息包括机器人实时速度、机器人实时姿态等，这些信息也是为上层决策部分提供信息的，例如导航功能就需要这些信息。

底层执行部分一般运行在单片机中，单片机控制电机、获取编码器数据（实时速度）和机器人实时姿态数据都是有比较成熟的方案支持的，一般使用 C 语言编程。

拟人化的描述，上层决策部分就相当于人的大脑，通过五官（摄像头、雷达）获得信息后，需要花时间进行思考处理，然后控制身体做出对应的反应。底层执行部分就相当于人的小脑，不间断、本能地运行，对大脑控制身体的想法瞬时地执行。一般机器人的组成如图 1-1 所示。

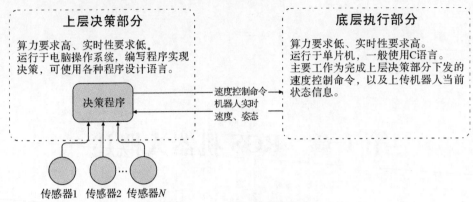

图 1-1　一般机器人的组成

以机器人为代表的智能装备成为董明珠践行她的"中国制造"梦的关键筹码之一。

尽管起步较晚,但基于对制造业的积累和自主研发上的积淀,格力在很短时间内就完成了从智能装备领域到机器人领域,从硬件到数控系统的全部环节的打通,并实现了百分之百的自主研发和自有知识产权。

1.2　ROS 机器人简介

简单来说,如果一个机器人的上层决策部分是以 ROS 为基础的,那么就称该机器人为 ROS 机器人。

1.2.1　什么是 ROS

ROS 的全称是 Robot Operating System(机器人操作系统)。其源自斯坦福大学的 STanford Artificial Intelligence Robot（STAIR）和 Personal Robotics（PR)项目。

现在的 ROS 类似于 OpenCV,OpenCV 是一个专门用于图像处理的库,而 ROS 是专门用于机器人领域的库,同时 ROS 涉及的文件类型更多,并且提供了大量调试软件工具。

ROS 支持 Ubuntu、Debian、Windows 10 操作系统。

ROS 官网:http://wiki.ros.org/。

1.2.2　ROS 有什么用

ROS 相当于一门语言,会讲同一门语言的人可以互相沟通,而基于 ROS 编写的程序也可以相互沟通,即使两个程序里一个程序是使用 C++编写的,而另一个程序是使用 Python 编写的,或者两个程序分别运行在两个机器人内,也可以通过 ROS 进行沟通,这就为多机协同工作提供了非常方便的基础。

当不同程序之间可以相互沟通时,机器人就可以综合各程序模块来完成一个目标功能了。例如程序 1 提供图像信息,程序 2 提供雷达信息,然后程序 3 综合程序 1、2 提供的信息实现功能;又如程序 3 使用图像信息实现一个机器人巡线功能,再综合雷达信息(获取环境障碍物信息）添加避障功能。

正是因为不同程序之间可以相互沟通的特性，所以人们可以很方便地直接使用前人完成并分享出来的实用功能，省去大量的时间。

同时很多机器人领域主流的传感器摄像头、雷达都有适配 ROS 环境，人们拿到这些传感器后可以直接通过 ROS 获取需要的摄像头、雷达信息，然后开发想要的功能。

可以预见，在机器人开发中使用 ROS 将成为主流，因为其可以大大提高机器人开发效率，一是 ROS 提供了大量方便开发机器人的工具、功能库，更重要的是 ROS 提供了机器人开发的一套标准，大大提高了协同合作的效率，这在机器人这一综合学科里是非常重要的。

1.3　ROS 机器人控制简介

图 1-2 为 ROS 机器人整体控制过程的详细图解。

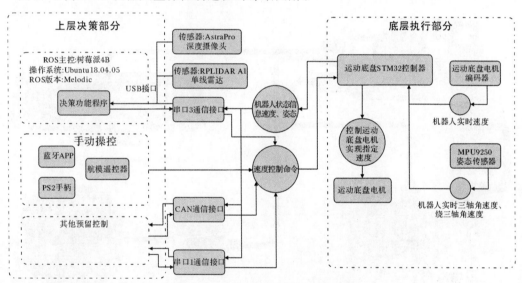

图 1-2　ROS 机器人整体控制过程

首先看向上层决策部分的 ROS 主控树莓派 4B 部分，这里的意思是 ROS 机器人的 ROS 决策功能程序是基于 Melodic 版本的 ROS 的，同时 ROS 是安装在操作系统 Ubuntu 18.04.05 下的，而该操作系统是安装在树莓派 4B 这个微型电脑中的。传感器与树莓派 4B 是通过 USB 接口连接的（注意：微型电脑不限制为树莓派 4B，也可以是 JetsonNano、JetsonNX、AGX Xavier 和工控机等微型电脑，甚至如果对体积没有要求，笔记本电脑、台式电脑也可以作为 ROS 主控）。

可以看到上层决策部分除了运行在树莓派 4B 内的决策功能程序外，还有手动操控和其他预留控制。这是因为手动操控可以认为做出决策的不再是机器人，而是由人类直接做出决策来控制机器人。本书 ROS 机器人底层执行部分的核心为 STM32 控制器。

而关于其他预留控制,可以看到图 1-2 所示的树莓派 4B 是通过串口 3 通信接口与底层执行部分进行通信来发送速度控制命令与接收机器人状态信息的,而实际上树莓派 4B 也可以通过串口 1 通信接口与底层执行部分进行通信。

因此如果有运行在其他设备上的上层决策程序,也是可以通过串口 1 通信接口、CAN 通信接口实现与底层执行部分进行通信,从而发送速度控制命令与接收机器人状态信息的。需要注意的是,通过串口 3 发送到底层执行部分的命令优先级高于其他控制发送的命令,以及CAN 通信的协议与串口通信的协议不一样(这一点后续会详细讲解)。

下面使用实物图演示一下 ROS 机器人各部分之间的接线。

1.3.1　ROS 主控与运动底盘 STM32 控制器的接线

ROS 主控与运动底盘 STM32 控制器的接线如图 1-3 所示。

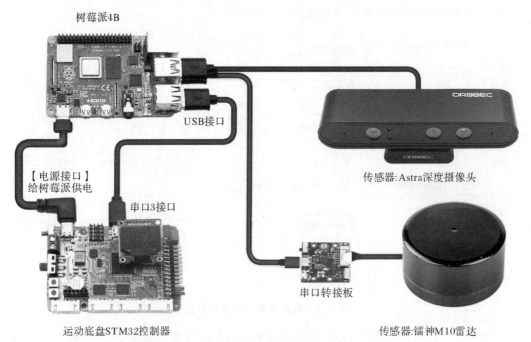

图 1-3　ROS 主控与运动底盘 STM32 控制器的接线

1.3.2　手动操控部分与运动底盘 STM32 控制器的接线

这部分与 ROS 主控无关,因此没有展示树莓派、摄像头和雷达等硬件。

图 1-4 为手机通过蓝牙信号、APP 和无线蓝牙模块控制运动底盘。

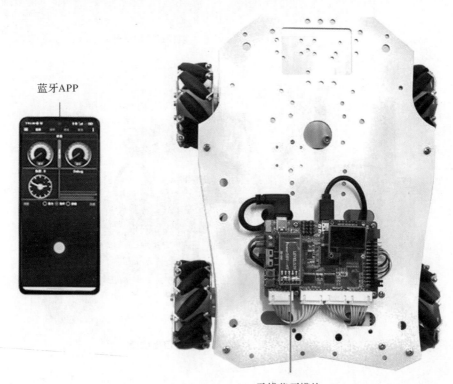

蓝牙APP

无线蓝牙模块

图 1 - 4　蓝牙信号、APP 与无线蓝牙模块

图 1 - 5 为 PS2 无线手柄通过无线信号和 PS2 手柄无线接收器控制运动底盘。

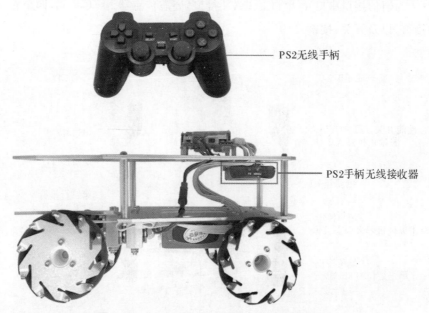

PS2无线手柄

PS2手柄无线接收器

图 1 - 5　PS2 无线手柄与 PS2 手柄无线接收器

图 1-6 为航模遥控器通过无线信号和航模遥控接收器控制运动底盘。

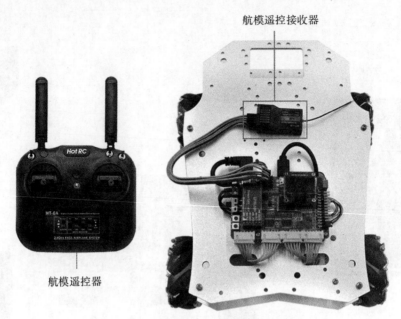

图 1-6 航模遥控器与航模遥控接收器

1.3.3 通信接口、底层执行部分的传感器、开关与按键

图 1-7 为通信接口串口 1、串口 3、CAN 接口,姿态传感器 MPU9250,四个轮子的控制和速度反馈接口,以及开关、按键。

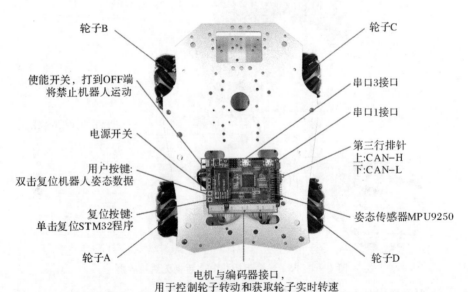

图 1-7 通信接口、底层执行部分的传感器、开关、按键

1.3.4 完整的 ROS 机器人

图 1-8 和图 1-9 为配置是树莓派 4B＋镭神智能 M10 单线雷达＋Astra 深度摄像头＋航模遥控接口＋蓝牙遥控接口＋PS2 遥控接口的麦克纳姆轮 ROS 教育机器人的实物图。

图 1-8 ROS 机器人实物俯视图

图 1-9 ROS 机器人实物左视图

1.4 ROS 机器人的运动正方向

图 1-10 为 ROS 机器人的运动正方向图解，x 代表前后运动方向，前进为正；y 代表横向运动方向，向左为正；z 代表旋转运动方向，逆时针为正。

这个运动方向是使用 ROS 的开发者都会遵循的设定，ROS 官方以及本书使用的都是这个标准。

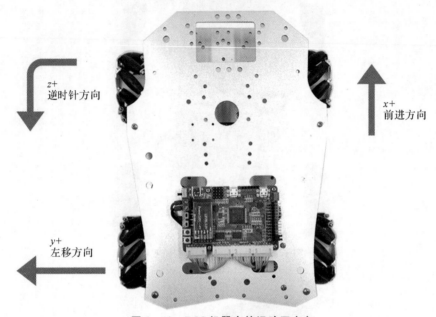

图 1-10 ROS 机器人的运动正方向

【劳动教育案例】

毛泽东学打草鞋

秋收起义后，毛泽东带着队伍上了井冈山。由于国民党反动派的封锁，井冈山生活十分困难。面对困难，毛泽东向红军指战员发出号召：没有粮，我们种；没有菜，我们栽；没有布，我们织；没有鞋，我们自己动手编。

一天，毛泽东看见半山坡的一间小茅屋前坐着一位白发老汉。走近一看，老人正在打草鞋。毛泽东高兴地走上前去，笑着说："老人家，我拜你为师来啦！"毛泽东坐在一旁仔细地向老人学习打草鞋，每个步骤、每个动作都默默地记在心里。

不一会儿，一只草鞋打好了。毛泽东学会了打草鞋，又一招一式地教给战士们，给大家树立了一个勤劳俭朴的好榜样。

第 2 章　STM32 底层执行部分的实现

2.1　概　　述

本章将会讲述 STM32 底层执行部分是如何接收决策层的速度控制命令,然后如何执行的,以及是如何向决策层发送机器人的状态信息的。

本章将讲解串口 3、串口 1、CAN 等通信接口,通过这些接口机器人决策层可以与 STM32 底层进行双向交流。而其他遥控部分则是人类对机器人的单向操控,人类通过肉眼直接获取机器人的实时速度、姿态等信息反馈。

2.2　串口 3/串口 1 通信接收速度控制命令部分

2.2.1　硬件说明与通信配置

STM32 控制器的串口 3、串口 1 在硬件和软件上都是一样的,但是 ROS 主控默认设置是与 STM32 的串口 3 相连的。

串口 3 使用的 STM32 引脚是 C10(TX)、C11(RX),串口 1 使用的 STM32 引脚是 A9 (TX)、A10(RX),这段内容大家想要理解的话,可以学习单片机的串口通信,这里就不展开讲解了(STM32 是单片机的一种)。

单片机上的串口与电脑是不能直接通信的,中间必须接一个 TLL 转 USB 芯片,单片机串口才可以与电脑 USB 口通信。这里串口 3 和串口 1 使用的都是 CP2102 电平转换芯片。图 2-1 指出了串口 3、串口 1 接口所在位置和两个对应 CP2102 电平转换芯片的位置,左边的 CP2102 对应串口 3,右边的 CP2102 则对应串口 1。

串口 3、1 的串口通信配置是一样的,波特率:115 200,停止位:1,数据位:8,奇偶校验:无。电脑端的串口通信配置与上述一致,即可进行通信。

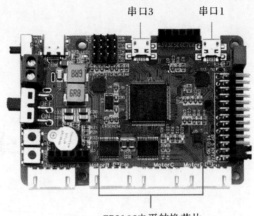

图 2-1　串口 1、3 与 CP2102

2.2.2　通信协议

表 2-1 是串口 1、3 接收速度控制命令的通信协议,代表一个完整的串口速度控制命令必须包含这些内容,下面进行详细讲解。

表 2-1　串口 1、3 接收速度控制命令的通信协议

数据内容	帧头	预留位	预留位	机器人 x 轴目标速度 0.001 m·s^{-1}		机器人 y 轴目标速度 0.001 m·s^{-1}		机器人 z 轴目标速度 0.001 rad·s^{-1}		数据校验位	帧尾
说　明	固定值 0X7B	—	—	高8位	低8位	高8位	低8位	高8位	低8位	异或位校验	固定值 0X7D
占用字节	1	1	1	1	1	1	1	1	1	1	1
序　号	1	2	3	4	5	6	7	8	9	10	11

首先可以看到一个完整的命令由 11 个字节组成,每个字节包含 8 位数据。

第 1 个字节和第 11 个字节为固定的帧头和帧尾,它们的作用是在串口接收到一个 16 进制数据 0X7B 后,如果 0X7B 其后的第 10 个字节数据为 0X7D,那么就认为 0X7B 及其后的 10 个字节组成了一个完整的速度控制命令。接着会对这 11 个字节数据进行校验,校验成功了才会认为这个命令是有效的并执行对应运动。

第 2、3 个字节的数据属于预留的数据位,不参与速度控制,一般设置为 0,如果不为 0,其将参与校验过程。

第 4、5 个字节是控制机器人进行前进、后退运动的,前进为正,单位为 0.001 m/s=1 mm/s。接下来展示如何设置这两个字节。

假设希望机器人的前进速度为 500 mm/s,500(10 进制)=0X01F4(16 进制)=0000 0001 1111 0100 (2 进制)。

那么第 4 个字节 x 轴速度高 8 位数据为:1(10 进制)=0X01(16 进制)=0000 0001(2 进制);第 5 个字节 x 轴速度低 8 位数据为:244(10 进制)=0XF4(16 进制)=1111 0100(2 进制)

（注：$1 \times 2^8 + 244 = 500$）。

假设希望机器人的前进速度为 -500 mm/s（注意是负的，代表后退），计算机中负数会用补码来表示，具体来说就是：假设一个负数 $-A$，它的补码就是 $2^{16} - A = 65\ 536 - A$。那么 -500 的补码就是 $2^{16} - 500 = 65\ 536 - 500 = 65\ 036$（10 进制）$= 0XFE0C = 1111\ 1110\ 0000\ 1100$（2 进制）（可以发现负数的补码的最高位都是 1，正数的最高位都是 0，这里要求无论是正数还是负数，其值的大小都不可以大于 $2^{15} = 32\ 768$）。

那么此时第 4 个字节 x 轴速度高 8 位数据为：254（10 进制）$= 0XFE$（16 进制）$= 1111\ 1110$（2 进制）；第 5 个字节 x 轴速度低 8 位数据为：12（10 进制）$= 0X0C$（16 进制）$= 0000\ 1100$（2 进制）（注：$254 \times 2^8 + 12 = 65\ 036$）。

第 6、7 个字节是控制机器人进行横向移动的，向左为正，单位为 0.001 m/s $= 1$ mm/s，设置这两个字节的计算方式与第 4、5 个字节一样，这里不再赘述。需要注意的是，只有全向移动机器人可以进行横向移动，如麦克纳姆轮式机器人、全向轮式机器人。

第 8、9 个字节是控制机器人进行旋转运动，逆时针为正，单位为 0.001 rad/s，设置这两个字节的计算方式与第 4、5 个字节一样，这里不再赘述。

第 10 个字节是异或位校验位。异或位校验的意思是，把第 1～9 个字节的数据进行异或位操作得到 1 个字节的结果数据，把该数据与第 10 个字节数据进行对比，两者一样则代表校验通过，校验通过才会对速度控制命令进行运动执行。接下来讲解一下异或位校验的具体过程（注：第 11 个字节不参与校验）。

首先对异或位操作进行讲解，异或位操作的符号是"^"，1^1 = 0，0^0 = 0，1^0 = 1，0^1 = 1，即相同数字异或结果为 0，不同的数字异或结果为 1。假设有两个数据 0XCC = 1100\ 1100 和 0X9C = 1001\ 1100，1100\ 1100^1001\ 1100 = 0101\ 0000 = 0X50。

假设希望机器人的前进速度为 100 mm/s，同时横向移动速度为 -100 mm/s，旋转速度为 300×0.001 rad/s，预留位都为 0，那么这个完整的速度控制命令如下：

（1）第 1 个字节：0111\ 1011 = 0X7B；

（2）第 2 个字节：0000\ 0000 = 0X00；

（3）第 3 个字节：0000\ 0000 = 0X00；

（4）第 4 个字节：0000\ 0000 = 0X00 = 0X0064 >> 8（>>：右移符）= 100 >> 8，16 位数据右移 8 位得到高 8 位数据，后面第 6、8 个字节的处理同理；

（5）第 5 个字节：0110\ 0100 = 0X64 = 0X0064 = 100，16 位数据赋值 8 位数据只保留低 8 位数据，后面第 7、9 个字节的处理同理；

（6）第 6 个字节：1111\ 1111 = 0XFF = 0XFF9C >> 8 = $(2^{16} - 100)$ >> 8；

（7）第 7 个字节：1001\ 1100 = 0X9C = 0XFF9C = $2^{16} - 100$；

（8）第 8 个字节：0000\ 0001 = 0X01 = 0X012C >> 8 = 300 >> 8；

（9）第 9 个字节：0010\ 1100 = 0X2C = 0X012C = 300；

（10）第 10 个字节：0X7B^0X00^0X00^0X00^0X64^0XFF^0X9C^0X01^0X2C = 0X51；

（11）第 11 个字节：0111\ 1101 = 0X7D。

2.2.3　通过串口调试助手向 STM32 的串口发送命令

下面演示直接使用 Windows 10 系统的笔记本电脑下的串口调试助手软件，通过 MicroUSB 数据线进行连接，向 STM32 的串口发送速度控制命令。

　　机器人与电脑的串口通信接线如图2-2所示,本次演示使用串口1接口,串口3与串口1效果是一样的,注意需要把机器人架起来使轮子腾空,因为机器人接收到速度控制命令后,会一直保持在速度控制命令要求的速度。直到下一次速度控制命令改变了,速度才会对应改变,只有向机器人发送目标速度为0的命令,机器人才会停止运动。

串口接口

电脑USB接口
图2-2　机器人与电脑的串口通信接线

　　接下来需要安装串口调试软件,同时电脑要识别到CP2102设备的话,需要安装CP2102驱动。相关软件与驱动在资料包里已经提供。

　　安装好软件、驱动,接好线后,打开串口调试软件,进行如图2-3所示的配置,端口号选择电脑连接STM32串口后出现的端口号,波特率选择115 200,停止位选择默认1,数据位选择默认8,校验位选择默认无。

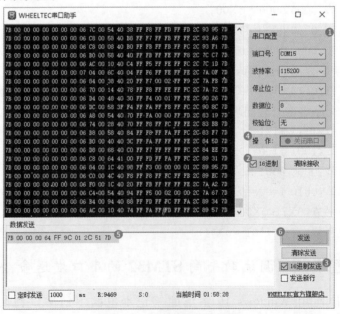

图2-3　串口调试助手配置

勾选【16 进制】和【16 进制发送】,然后点击【操作】右边的【打开/关闭串口】打开串口,串口打开后会看到左侧黑色界面内出现很多绿色的数据,这些数据其实就是机器人通过串口向外发送的机器人状态数据,本书将会在 2.4 节对其进行讲解。

在左下方窗口内输入【7B 00 00 00 64 FF 9C 01 2C 51 7D】,这个就是 2.2.2 小节计算出来的机器人前进速度为 100 mm/s,同时横向移动速度为 −100 mm/s,旋转速度为 300×0.001 rad/s 的速度控制命令。输入完成点击【发送】,会看到机器人的轮子开始了转动,同时还可以看到 STM32 控制板上的 OLED 显示屏会显示一些数据,如图 2-4 所示,接下来对一些相关数据进行解释。

图 2-4　OLED 显示屏

第 2~5 行 A、B、C、D 各行的第 1 个数据代表 A、B、C、D 四个轮子的目标转速,第 2 个数据代表 A、B、C、D 四个轮子的实时转速,转速单位为 mm/s。目标转速是由 x、y、z 三轴目标速度经过运动学分析计算得到的,运动学分析将在第 3 章进行讲解。

左下角的【USART】代表命令是从串口 1 接收到的,如果从串口 3 接收到数据,左下角会变为【ROS】。

2.3　CAN 通信接收速度控制命令部分

2.3.1　硬件说明与通信配置

CAN 通信的引脚如图 2-5 所示,STM32 控制板侧面的两排排针,从右往左数第三组排针,上面的排针为 CAN-H,下面的排针为 CAN-L,在 STM32 控制板的背面也有丝印说明,如图 2-6 所示。

CAN 通信的波特率设置为 1 Mb/s,工作模式为正常模式,帧类型为标准帧,验收码 0X00000000,屏蔽码 0XFFFFFFFF。

除了波特率是 1 Mb/s 外,其他配置都是默认配置。只要 CAN 设备的 CAN-H 与 STM32 控制板的 CAN-H 相连,CAN-L 与 CAN-L 相连,波特率设置为 1 Mb/s,其他配置默认,该 CAN 设备一般都可以与 STM32 控制器 CAN 通信成功。STM32 控制板的 CAN-H、CAN-L 引脚位置如图 2-5 所示。

CAN 通信 STM32 用到的引脚是 D0、D1,它同样是要经过一个芯片处理才可以与外部 CAN 设备进行通信的,这里使用的芯片是 VP230CAN 总线收发器芯片,位置如图 2-6 所示。

CAN-H   CAN-L

图 2 - 5   STM32 控制板右视图

VP230 CAN总线收发器芯片

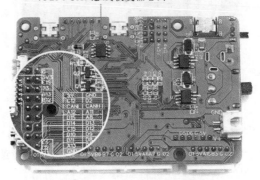

图 2 - 6   STM32 控制板背面

2.3.2   通信协议

表 2 - 2 是 CAN 通信接收速度控制命令的通信协议,代表一个完整的 CAN 通信速度控制命令必须包含这些内容,下面进行详细讲解。

表 2 - 2   CAN 通信接收速度控制命令的通信协议

帧 ID	\multicolumn{8}{c|}{0X181}							
数据内容	\multicolumn{2}{c|}{机器人 x 轴目标速度 $0.001 \ \mathrm{m \cdot s^{-1}}$}		机器人 y 轴目标速度 $0.001 \ \mathrm{m \cdot s^{-1}}$		机器人 z 轴目标速度 $0.001 \ \mathrm{rad \cdot s^{-1}}$		预留位	预留位
说明	高 8 位	低 8 位	高 8 位	低 8 位	高 8 位	低 8 位	—	—
占用字节	1	1	1	1	1	1	1	1
序 号	1	2	3	4	5	6	7	8

首先帧 ID 为 0X181,CAN 通信的数据都会有一个帧 ID,STM32 控制器只接受帧 ID 为 0X181 的命令的控制,只要该数据的帧 ID 为 0X181 就会直接读取该数据内容并开始运动执行,同时 STM32 控制器只识别数据内容的前 8 个字节,多余的不作处理。CAN 通信是属于自带校验的通信方式,因此这里的数据没有再作异或位校验处理。

第 1~6 个字节的内容就是机器人的三轴目标速度控制命令,计算方式与 2.2.2 节一样,这里不再赘述。

如果要通过 CAN 通信控制机器人前进速度为 100 mm/s,同时横向移动速度为 −100 mm/s,旋转速度为 300×0.001 rad/s,则只需要通过 CAN 通信发送以下 8 个字节的数据——【00 64 FF 9C 01 2C 00 00】即可,注意帧 ID 要为 0X181。

【课程思政教育案例】

> 曲道奎博士,中国科学院教授、博士生导师,新松机器人自动化股份公司创始人、总裁,机器人国家工程研究中心副主任。
>
> "我们用 17 年的时间让世界看见中国机器人的成长",曲道奎说,"我们要用接下来的 10 年,让世界见证中国机器人的高度。"
>
> 为了让世界见证中国机器人的高度,他带领着新松一直往前冲。2017 年 5 月,以新松通用工业机器人为核心打造的机器人自动涂胶系统入驻华晨宝马工厂,据悉,该系统由新松自主设计制造,实现了汽车车身零部件涂胶工艺的"机器人换人"自动化改造需求,是华晨宝马工厂首次采用中国制造的机器人进行汽车零部件的自动化涂胶作业。
>
> 2017 年 10 月 18 日,新松智慧园启用,作为中国最大的机器人产业基地,新松智慧园(已建设完成部分)占地面积 17×10⁴ m²,建筑面积 14×10⁴ m²。

2.4　运动执行部分

回顾一下 1.3 节的内容,图 2−7 为图 1−2 的部分截图。可以看到 STM32 控制器在接收到速度控制命令之后,会控制电机实现指定速度,本节将具体讲解其是如何实现的。

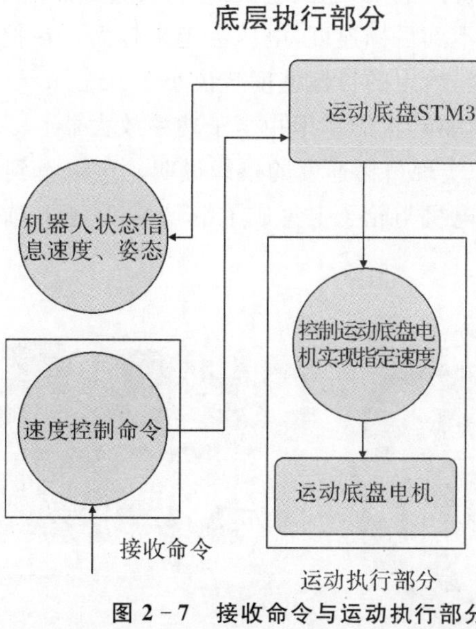

图 2−7　接收命令与运动执行部分

如图 2−8 所示,STM32 获取速度控制命令后,计算得到机器人 x、y、z 三轴目标速度,再由运动学分析算法计算得到 A、B、C、D 四个轮子的目标速度,由四个轮子的转动实现机器人的三轴目标速度。由三轴目标速度求各轮子目标速度的运动学分析叫作运动学逆解,而由各轮子速度求三轴速度的运动学分析叫作运动学正解，STM32 向外发送的机器人三轴实时速度就是由运动学正解求得的。关于运动学分析将在第 3 章进行详细讲解。

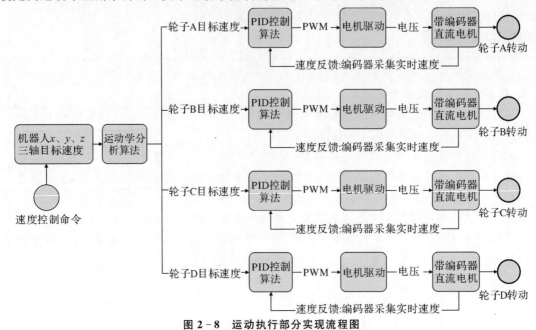

图 2-8　运动执行部分实现流程图

可以看到求出各轮子目标速度后，轮子目标速度的实现也是有学问的。以轮子 A 目标速度的实现为例，其中使用到了 PID 负反馈控制算法，可以理解为给定目标速度后，STM32 控制器通过 PWM 控制给到直流电机的电压，电压越大，电机转速越快，然后电机带动轮子转动。如果反馈过来的实时速度迟迟达不到目标速度，电压会越来越大。在控制机器人运动后，可以用手握住轮子感受一下（注意安全，给定的目标速度建议小于 0.2 m/s），轮子的转矩会越来越大，代表电压越来越大。直流电机驱动板的作用相当于功率放大器。

图 2-9 为电机闭环控制轮子实现目标速度的接线说明。可以看到 STM32 控制板上集成了电机驱动芯片，用于控制电机；电机与轮子上集成了编码器，用于获取速度反馈。

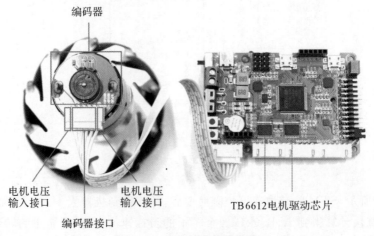

图 2-9　电机控制接线说明

2.5　向决策层发送状态信息部分

STM32 控制板在串口 3、串口 1、CAN 通信接口都会发送机器人的状态数据,其中包括机器人失能状态、机器人三轴实时速度、机器人三轴加速度、机器人绕三轴角速度和机器人电源电压,表 2-3 为 STM32 向外发送机器人状态信息说明,接下来将对其内容进行详细讲解。

表 2-3　STM32 向外发送机器人状态信息说明

数据内容	帧头	失能标志位	机器人 x 轴实时速度 0.001 m·s^{-1}		机器人 y 轴实时速度 0.001 m·s^{-1}		机器人 z 轴实时速度 0.001 rad·s^{-1}		加速度计 x 轴加速度		加速度计 y 轴加速度	
说 明	固定值 0X7B	—	高8位	低8位	高8位	低8位	高8位	低8位	高8位	低8位	高8位	低8位
占用字节	1	1	1	1	1	1	1	1	1	1	1	1
序 号	1	2	3	4	5	6	7	8	9	10	11	12

数据内容	加速度计 z 轴加速度		角速度计 x 轴角速度		角速度计 y 轴角速度		角速度计 z 轴角速度		电源电压 mV		数据校验位	帧尾
说 明	高8位	低8位	高8位	低8位	高8位	低8位	高8位	低8位	高8位	低8位	异或位校验	固定值 0X7D
占用字节	1	1	1	1	1	1	1	1	1	1	1	1
序 号	13	14	15	16	17	18	19	20	21	22	23	24

可以看到 STM32 控制板向外发送的机器人状态数据总共有 24 个字节,第一个字节和最后一个字节的数据分别为帧头 0X7B、帧尾 0X7D;倒数第二个字节的数据为数据校验位,其值为前 22 个字节数据的异或位操作的结果。

为了方便程序管理,串口 3、串口 1、CAN 通信都是向外发送这 24 个字节的数据。需要注意的是,CAN 通信是分 3 次发送这 24 个字节的数据的:第一次发送前 8 个字节的数据,帧 ID 为 0X101;第二次发送第 9~16 个字节的数据,帧 ID 为 0X102;第三次发送第 17~24 个字节的数据,帧 ID 为 0X103。

图 2-10 为通过串口 1 向 STM32 发送了 11 个字节的控制命令【7B 00 00 00 64 FF 9C 01 2C 51 7D】,即 x 轴速度 0.1 m/s、y 轴速度 -0.1 m/s、z 轴速度 0.3 rad/s 的命令后,STM32 通过串口 1 向外发送的 24 个字节数据【7B 00 00 65 FF 9B 01 26 FC D8 01 E0 3E FC 00 24 00 9C FF F9 2E 16 DC 7D】。

图 2 - 10　24 个字节的机器人状态数据

现在对这 24 个字节的数据进行逐一解读。

2.5.1　帧头与失能标志位

第 1 个字节:帧头,固定值,0X7B。

第 2 个字节:失能标志位,1 代表机器人处于失能状态,此时机器人停止运动,不接受控制,失能状态一般有 3 个原因:①电池电压低于 10 V,此时电池电量即将耗尽;②使能开关打到了 OFF 端;③此时处于开机 10 s 前的时间内。0X00 代表机器人处于使能(非失能)状态,机器人接受控制。

2.5.2　机器人 x、y、z 三轴实时速度

第 3~8 个字节:机器人 x、y、z 三轴实时速度,奇数字节为对应速度的高 8 位数据,偶数字节为对应速度的低 8 位数据,x、y 轴速度单位为 0.001 m/s,z 轴速度单位为 0.001 rad/s。该速度由电机编码器获取的轮子实时速度,经过运动学正解计算求得。

第 3、4 个字节:机器人 x 轴实时速度。0X00、0X65,可以看到高 8 位数据的最高位是 0,代表该速度为正,不需要进行补码处理。则机器人 x 轴实时速度=0X00×2^8+0X65=0×256+6×16+5=101×0.001 m/s=101 mm/s,可以看到与控制命令的 100 mm/s 目标值很接近。

第 5、6 个字节:机器人 y 轴实时速度。0XFF=1111 1111(2 进制)、0X9B,可以看到高 8 位数据的最高位是 1,代表该速度为负,需要进行补码处理。则机器人 y 轴实时速度=-[2^{16}-

$(0XFF \times 2^8 + 0X9B)] = -[(0XFF \times 2^8 + 0XFF + 1) - (0XFF \times 2^8 + 0X9B)] = -(0XFF - 0X9B + 1) = -(0X64 + 1) = -(6 \times 16 + 4 + 1) = -101$（mm/s），可以看到与控制命令的 -101 mm/s 目标值很接近。

第 7、8 个字节：机器人 z 轴实时速度。0X01、0X26，可以看到高 8 位数据的最高位是 0，代表该速度为正，不需要进行补码处理。则机器人 z 轴实时速度 $= 0X01 \times 2^8 + 0X26 = 1 \times 256 + 2 \times 16 + 6 = 294 \times 0.001$ rad/s $= 0.294$ rad/s，可以看到与控制命令的 0.3 rad/s 目标值很接近。

2.5.3　机器人实时姿态数据

机器人的实时姿态数据是由姿态传感器 MPU9250 提供的，其中包括机器人 x、y、z 三轴加速度和绕 x、y、z 三轴的角速度，这里的 x、y、z 与 ROS 机器人运动正方向的设置是一致的，x 轴前进为正，y 轴向左为正，z 轴逆时针为正，如图 2-11 所示。

需要注意的是，机器人正常放置在水平地面时，z 轴的加速度计数据为重力加速度 g，这是由 IMU 的加速度计算原理决定的，相当于此时 IMU 认为机器人在无重力环境下以重力加速度的大小向上（z 轴正方向）运动。如果把机器人绕 y 轴旋转 180°（旋转方向为正方向），此时 x 轴的加速度计数据为重力加速度 g，z 轴加速度计数据则在 0 附近波动。根据这一特性，把加速度计数据传给 ROS 主控后，ROS 主控是可以计算出机器人此时的姿态的，通过角速度积分也可以计算出机器人的实时姿态，处理加速度和角速度时会有一定的权重设置。

机器人会以开机 10 s 后的瞬间的姿态作为姿态零点，如果开机 10 s 后机器人不是处于水平放置的状态，则会导致水平放置后的姿态数据不准确；同时 IMU 在长时间使用后，其姿态的静态误差会累积到比较大。当发现机器人的姿态数据不理想时，可以双击如图 2-12 所示的 STM32 控制板上的用户按键，更新机器人的姿态零点为当前姿态，同时可以清除静态误差。

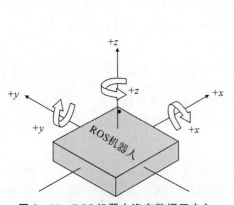

图 2-11　ROS 机器人姿态数据正方向

图 2-12　用户按键与机器人姿态

由表 2-3 可以看到，6 个姿态数据都是由两个字节组成的 16 位数据，由于是带符号的数据，那么可以知道这 6 个数据的大小范围为 $\pm 2^{15} = \pm 32\ 768$。此时引出 MPU9250 的量程设置，在 STM32 程序里面设置了 MPU9250 的加速度计量程为 $\pm 2g = \pm 2 \times 9.8$ m/s^2 $= \pm 19.6$ m/s^2，角速度计的量程为 $\pm 500°/s = \pm 8.726\ 65$ rad/s。例如读取计算得到 x 轴的加速度计数据为 $+32\ 768$，则代表此时机器人的前进加速度为 $+2g = +19.6$ m/s^2。接下来逐一计算 6 个姿态数据。

第 9、10 个字节：机器人 x 轴加速度。0XFC$=1111\ 1100$（2 进制）、0XD8，可以看到高 8 位数据的最高位是 1，代表该值为负，需要进行补码处理。则机器人 x 轴加速度计数据 $= -[2^{16} - (0XFC \times 2^8 + 0XD8)] = -[(0XFF \times 2^8 + 0XFF + 1) - (0XFC \times 2^8 + 0XD8)] = -[(0XFF - 0XFC) \times 2^8 + (0XFF - 0XD8) + 1] = -(0X03 \times 2^8 + 0X27 + 1) = -(3 \times 256 + 2 \times 16 + 7 + 1) = -808$，$x$ 轴加速度为 $-808 \times 19.6 / 2^{15} = -0.483\ 30$（m/s^2）。

第 11、12 个字节：机器人 y 轴加速度。0X01、0XE0，可以看到高 8 位数据的最高位是 0，代表该值为正，不需要进行补码处理。则机器人 y 轴加速度计数据 $= 0X01 \times 2^8 + 0XE0 = 1 \times 256 + 14 \times 16 + 0 = 480$，$y$ 轴加速度为 $480 \times 19.6 / 2^{15} = -0.287\ 11$（m/s^2）。

第 13、14 个字节：机器人 z 轴加速度。0X3E、0XFC，可以看到高 8 位数据的最高位是 0，代表该值为正，不需要进行补码处理。则机器人 z 轴加速度计数据 $= 0X3E \times 2^8 + 0XE0 = (3 \times 16 + 14) \times 256 + 14 \times 16 + 0 = 62 \times 256 + 14 \times 16 = 16\ 096$，$z$ 轴加速度为 $16\ 096 \times 19.6 / 2^{15} = 9.627\ 73$（m/s^2）。

第 15、16 个字节：机器人绕 x 轴的角速度。0X00、0X24，可以看到高 8 位数据的最高位是 0，代表该值为正，不需要进行补码处理。则机器人绕 x 轴的角速度计数据 $= 0X00 \times 2^8 + 0X24 = 0 \times 256 + 2 \times 16 + 4 = 36$，绕 x 轴的角速度为 $36 \times 500 / 2^{15} = 0.549\ 37$（°/s）$= 0.009\ 59$（rad/s）。

第 17、18 个字节：机器人绕 y 轴的角速度。0X00、0X9C，可以看到高 8 位数据的最高位是 0，代表该值为正，不需要进行补码处理。则机器人绕 y 轴的角速度计数据 $= 0X00 \times 2^8 + 0X9C = 0 \times 256 + 9 \times 16 + 12 = 156$，绕 y 轴的角速度为 $156 \times 500 / 2^{15} = 2.380\ 37$（°/s）$= 0.041\ 55$（rad/s）。

第 19、20 个字节：机器人绕 z 轴的角速度。0XFF$=1111\ 1111$（2 进制）、0XF9，可以看到高 8 位数据的最高位是 1，代表该值为负，需要进行补码处理。则机器人绕 z 轴的角速度计数据 $= -[2^{16} - (0XFF \times 2^8 + 0XF9)] = -[(0XFF \times 2^8 + 0XFF + 1) - (0XFF \times 2^8 + 0XF9)] = -[(0XFF - 0XFF) \times 2^8 + (0XFF - 0XF9) + 1] = -(0X00 \times 2^8 + 0X06 + 1) = -(0 \times 256 + 6 \times 16 + 1) = -97$，绕 z 轴的角速度为 $-97 \times 500 / 2^{15} = 1.480\ 10$（°/s）$= 0.025\ 83$（rad/s）。

2.5.4 机器人电源电压、校验位与帧尾

第 21 和 22 这两个字节的数据内容为机器人电源电压，单位为毫伏（mV），ROS 机器人使用的是 12 V 电池供电，当电池电量满时电源电压为 12.6 V，电量越低电压越低，低于 10 V 时电量即将耗尽，此时将禁止机器人运动。

第 21、22 个字节：0X2E、0X16，可以看到高 8 位数据的最高位是 0，代表该值为正，不需要进行补码处理。则此时机器人电源电压 $= 0X2E \times 2^8 + 0X16 = (2 \times 16 + 14) \times 256 + 1 \times 16 + 6 = 11\ 798$（mV）$= 11.798$（V）。

第 23 个字节：0XDC，数据校验位，其值等于前 22 个字节的异或位操作结果，可以计算一下看这个结果是否与 0XDC 一致。0X7B^0X00^0X00^0X65^0XFF^0X9B^0X01^0X26^0XFC

0XD8^0X01^0XE0^0X3F^0XFC^0X00^0X24^0X00^0X9C^0XFF^0XF9^0X2E^0X16＝0XDC，其结果确实是一致的。读者可以使用 Windows 10 自带的计算器验证一下，需要选择【HEX】即 16 进制，异或的运算符号为【XOR】，如图 2-13 所示。

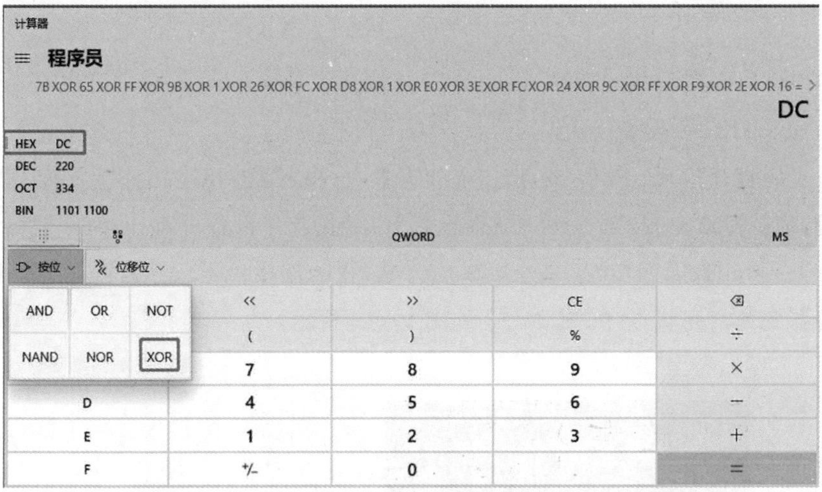

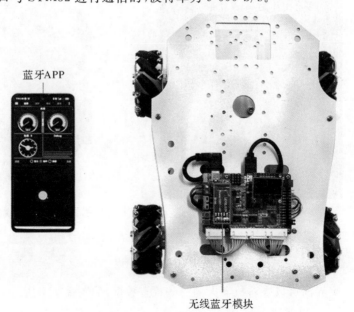

图 2-13　使用 Windows 10 的计算器计算异或值

第 24 个字节：帧尾，固定值，0X7D。

2.6　手机蓝牙 APP 遥控部分

如图 2-14 所示，手机通过蓝牙信号与蓝牙模块连接，遥控距离可达约 10 m，而蓝牙模块是通过串口 2 接口与 STM32 进行通信的，波特率为 9 600 b/s。

图 2-14　手机蓝牙 APP 与运动底盘 STM32 控制器

蓝牙 APP 有 3 个功能,分别是获取机器人状态数据、控制机器人、调节机器人速度及相关参数。接下来讲解如何使用蓝牙 APP 的这些功能。

2.6.1 连接蓝牙

安卓用户可以在资料包找到蓝牙 APP 安装包并安装。iphone 用户可以在 App Store 里面搜索 WHEELTEC 下载安装。

安装完成后打开蓝牙。第一步,点击左上角【3 个横杠】打开连接蓝牙界面;第二步,点击【搜索设备】,等待搜索完成;第三步,在【新设备】中寻找蓝牙设备进行连接,一般名称为【Dual:null】或者【Clas:null】;第四步,如果连接成功会显示【已连接:BT04-A】,同时蓝牙模块上的红灯会停止闪烁变为常亮状态,如图 2-15 和图 2-16 所示。

图 2-15　连接蓝牙

图 2-16　蓝牙模块上的红灯

2.6.2 从 APP 查看机器人状态数据

在 APP 的首页界面可以查看机器人的一些状态数据,如图 2-17 所示。

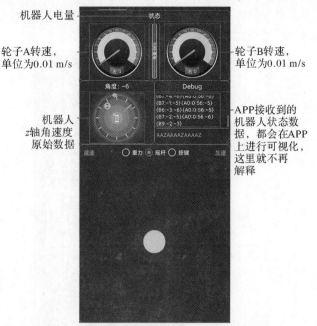

机器人电量

轮子A转速，
单位为0.01 m/s

机器人
z轴角速度
原始数据

轮子B转速，
单位为0.01 m/s

APP接收到的
机器人状态数
据，都会在APP
上进行可视化，
这里就不再
解释

图 2 - 17　APP 首页界面的机器人状态数据

在 APP 的波形界面可以查看机器人绕三轴的角速度数据，如图 2 - 18 所示。

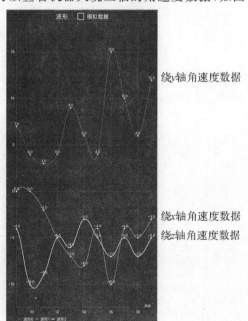

绕y轴角速度数据

绕x轴角速度数据
绕z轴角速度数据

图 2 - 18　APP 波形界面的机器人状态数据

2.6.3　APP 控制机器人

在 APP 的首页界面可以对机器人进行控制，APP 提供了 3 种控制模式——摇杆、重力和按键(见图 2 - 19 和图 2 - 20)。其中：摇杆模式是控制机器人 8 个方向的移动，前进、后退、左移、右移和斜对角的 4 个方向(即同时进行前/后＋左/右方向的移动)，需要注意的是，如果是非全向移动机器人,左/右方向代表的是控制机器人进行顺/逆时针旋转;按键模式则主要用于控制机器人(不区分全向/非全向移动机器人)的顺/逆时针旋转。

摇杆模式:
摇杆控制机器人
8个方向的移动

加/减速按键:
单击一次
机器人速度增大/
减小100 mm/s

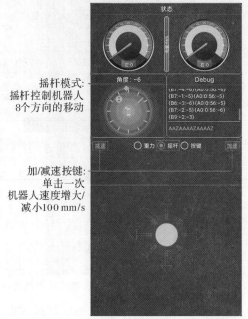

图 2-19　APP 控制机器人图解——摇杆

重力模式:
倾斜手机控制机器人
8个方向的移动,例如
前倾控制机器人前进

①按键模式:
同时按下左上角和
右下角按键控制
机器人顺时针旋转

②按键模式:
同时按下右上角和
左下角按键控制
机器人逆时针旋转

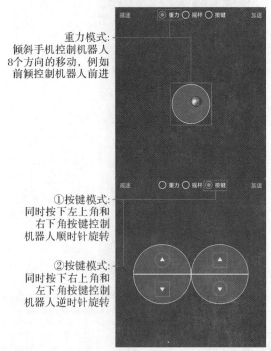

图 2-20　APP 控制机器人图解——重力和按键

在控制界面的斜上方有加速和减速按键(3 种模式都可以加/减速),每按下一次机器人的速度增大/减小 100 mm/s,机器人开机后速度默认为 500 mm/s。

注意:要控制机器人,首先要往前推 APP 摇杆 0.5 s,使机器人进入 APP 控制模式,否则无法控制。进入 APP 控制模式后，OLED 显示屏左下角会显示"APP"，如图 2-21 所示。

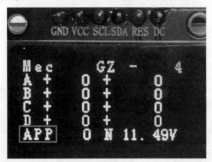

图 2-21　进入 APP 控制模式的 OLED 显示屏界面

APP 操作界面对应的每一个操作实际上是向 STM32 发送不同的指令信息（切换控制模式也同样发送指令），STM32 接收到指令信息后做出响应，APP 各控制操作对应的向 STM32 发送的数据及实现效果见表 2-4。

表 2-4　APP 控制界面下不同按键对应的数据与效果

1.摇杆/重力模式控制操作对应数据及实现效果							
摇杆/重力模式	↑	↗	→	↘	↓	↙	←	↖
机器人接收到的数据	0X41	0X42	0X43	0X44	0X45	0X46	0X47	0X48
机器人实现效果	前进运动	右前运动	向右运动/旋转	右后运动	后退运动	左后运动	向左运动/旋转	左前运动

2.按键模式控制操作对应数据及实现效果			
按键模式同时按下	左上角右上角	左上角右下角	左下角右下角	左下角右上角
机器人接收到的数据	0X41	0X43	0X45	0X47
机器人实现效果	前进运动	顺时针旋转	后退运动	逆时针运动

3.切换模式/加减速控制操作对应数据及实现效果				
切换模式/加减速	重力	摇杆	按键	减速	加速
机器人接收到的数据	0X49	0X4a	0X4b	0X59	0X58
机器人实现效果	进入重力控制模式	进入摇杆控制模式	进入按键控制模式	降低控制速度	增加控制速度

2.6.4　APP 调节机器人速度及相关参数

点击【调试】（APP 界面顶部）进入调试界面后，点击【获取设备参数】（右上角菜单按钮调出），把机器人的参数更新到 APP 上面。该界面可以精确设置机器人的速度、精度（mm/s）以及电机（速度）控制的 PID 参数，如图 2-22 和图 2-23 所示。

获取设备默认参数后,如果要调整参数,拖动参数进度条,当松手的时候,APP 即可把参数发送到机器人上面。在 APP 的调试界面中,每个通道的名称可以点击【参数 x】进行自定义修改。

需要注意的是,假设当前机器人控制速度是 500 mm/s,如果想把速度参数调到 1 500 mm/s(超过范围)时,需要在第一次调到 1 000 mm/s 后,再点击一次【获取设备参数】,这时调整范围就改变成 0~2 000 mm/s 了。

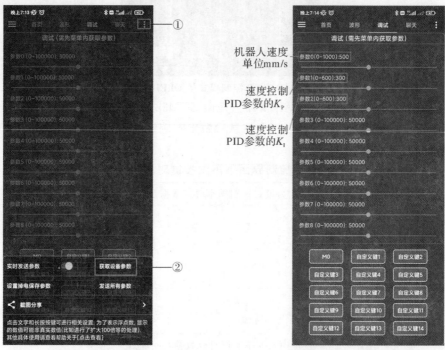

图 2-22 获取机器人参数　　　　图 2-23 可调参数说明

2.7　PS2 无线手柄遥控部分

如图 2-24 所示,PS2 手柄通过 2.4 GHz 无线信号与 PS2 手柄接收器连接,而 STM32 通过识别接收器上的电信号变化获取控制命令,遥控距离可达 15 m。

图 2-24　PS2 手柄与运动底盘 STM32 控制器

PS2 无线手柄有两个功能,分别是控制机器人运动和调节机器人速度。接下来介绍如何通过 PS2 手柄控制机器人。

如图 2-25 所示,要使用 PS2 手柄控制机器人,需要先将 PS2 手柄接上机器人,再将机器人开机。开机后首先要打开 PS2 手柄开关,然后按下 PS2 手柄 START 按键,最后往前推 PS2 手柄左摇杆,使机器人进入 PS2 控制模式,即可通过左/右摇杆控制机器人运动。PS2 手柄控制的默认速度也为 500 mm/s。进入 PS2 控制模式后,OLED 显示屏左下角会显示"PS2",如图 2-26 所示。

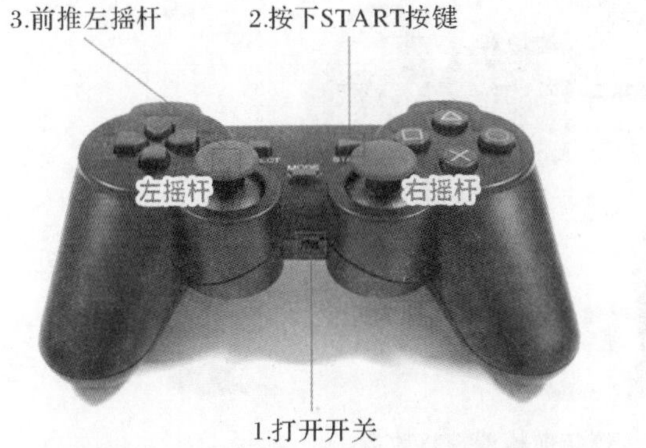

图 2-25　使机器人进入 PS2 控制模式 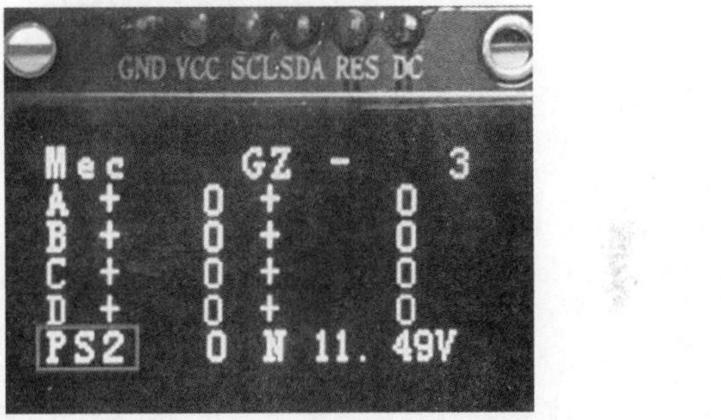　　　图 2-26　进入 PS2 控制模式的显示屏界面

在 PS2 控制模式中,可使用左遥杆控制机器人在空间中 8 个方向的运动,可使用右摇杆控制机器人的原地自旋转运动(非全向移动机器人则为左遥杆控制机器人的前/后移动,右摇杆控制机器人的左/右转向)。

PS2 手柄背面有两个按键,分别为加速、减速按键。指示灯常亮代表 PS2 手柄连接上了机器人,指示灯闪烁代表没有连接上机器人,如图 2-27 所示。

加速按键

减速按键

指示灯

图 2-27　PS2 手柄背面

2.8　航模遥控器遥控部分

如图 2-28 所示,航模遥控器通过 2.4 GHz 无线信号与接收器连接,STM32 通过识别接收器上的电信号变化获取控制命令,遥控距离在开阔环境下可达 200 m。

航模遥控器有两个功能,分别是控制机器人运动和调节机器人速度。接下来介绍如何通过航模遥控器控制机器人。

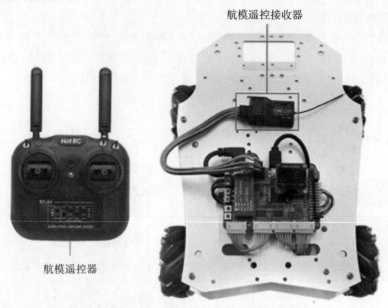

图 2 - 28   航模遥控器与航模遥控接收器

　　航模遥控器说明如图 2 - 29 所示。要使用航模遥控器控制机器人，需要先将航模遥控接收器接上机器人，再将机器人开机。机器人开机后首先要打开航模遥控器的电源，航模遥控接收器绿色指示灯常亮说明接收器和遥控器已经连接上，然后往前推航模遥控器的左摇杆，使机器人进入航模控制模式，此时即可通过左/右摇杆控制机器人运动。航模遥控的默认速度也为 500 mm/s。进入航模控制模式后，OLED 显示屏左下角会显示"R-C"，如图 2 - 30 所示。

　　航模遥控的控制方式如下：航模遥控的左遥杆控制机器人在空间中 8 个方向的运动，右摇杆控制机器人的原地自旋转运动（非全向移动机器人则为左摇杆控制机器人的前进、后退，右摇杆控制机器人的左、右转向），同时右摇杆前/后拨动可以控制机器人的速度（相当于油门）。右上方的 SWC 推杆切换正常速度模式和低速模式，如图 2 - 29 所示。

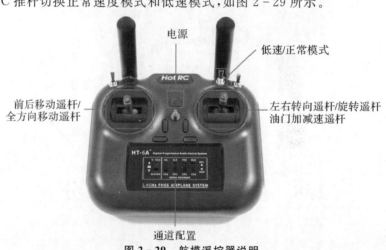

图 2 - 29   航模遥控器说明

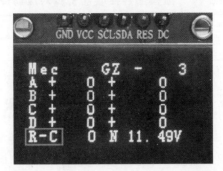

图 2-30　进入 PS2 控制模式的显示屏界面

　　需要注意的是,航模遥控器的通道配置需要按图 2-31 所示进行配置,其中最左边的按键打到中间,其余的四个按键打到下面。

图 2-31　航模遥控器通道配置

　　下面讲解一下航模遥控接收器该如何连接转接板。

　　如图 2-32、图 2-33 和表 2-5 所示,航模遥控接收器有三列,分别是 GND、5 V 和信号线,使用的时候 GND 和 5 V 只接一对即可,然后信号线的 CH1、CH2、CH3、CH4 分别接转接板上的排针 PE9、PE11、PE13、PE14。PE14 引脚只有全向移动小车才需要用到,用于左/右横移。

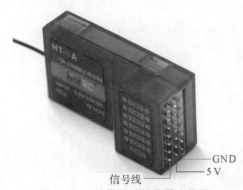

图 2-32　航模遥控接收器实物图

图 2-33　转接板上的航模接口

表 2-5　航模遥控接收器引脚对应通道

航模遥控接收器	GND	5 V	CH1	CH2	CH3	CH4
转接板	G	5 V	PE9	PE11	PE13	PE14

2.9　STM32 源码简述

以上功能在 STM32 源码的实现可以分为两个部分——中断服务函数部分与 FreeRTOS 任务部分。STM32 源码在本书的资料包下已经提供。

中断服务函数是单片机自带的一个功能,以本书的 ROS 机器人为例,当通过串口 1、串口 2(APP)、串口 3、CAN、定时器 1(航模)接收到速度控制命令数据时,单片机就会单独开一个线程对这个数据进行处理,以获取速度控制命令。

中断服务函数的数量取决于单片机上的资源数量,而 ROS 机器人已经使用了 STM32 所有的定时器:定时器 1 用于获取航模遥控数据;定时器 2、3、4、5 用于获取轮子 A、B、C、D 的实时速度;定时器 8 用于获取 PWM 控制电机的转速。

如果需要再创建一些有时序要求的任务,则已经没有定时器可用了。此时就可以使用 FreeRTOS 实时操作系统,使用 FreeRTOS 可以创建任意数量的任务,任务的频率可以在 0～1 000 Hz 任意设置,任务优先级可以在 0～31 任意调节(数值越大优先级越高,但是中断服务函数的优先级始终高于 FreeRTOS 任务)。总的来说,FreeRTOS 的优点是可以很方便地创建定时任务,缺点则是任务频率最高只有 1 000 Hz,因此高频的任务都是通过单片机自带的定时器实现的。

图 2-34 为 STM32 的定时中断任务和 FreeRTOS 任务总览,STM32 开机后首先需要进行初始化创建中断任务,RTOS 任务也是需要创建的,创建完成后就是正式运行阶段了。可以看到总共有 5 个中断任务获取控制命令和 6 个 RTOS 任务,其中 5 个中断任务和 1 个 PS2 的 RTOS 任务获取速度控制命令,最后都是由运动控制任务来处理实现运动的。接下来对应前文一一进行讲解(注意:本章后续的任务都指 FreeRTOS 任务)。

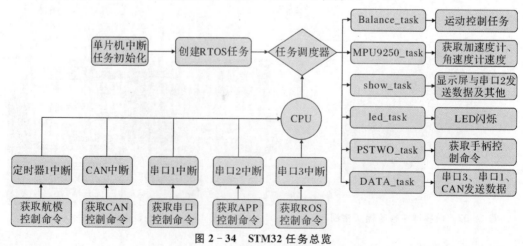

图 2-34　STM32 任务总览

2.9.1　串口 3 通信接收速度控制命令部分

串口 3 接收到速度控制命令后,直接给出三轴目标速度,运动控制任务再对应控制电机实现目标速度,如图 2-35 所示。

图 2-35　串口 3 通信接收命令

2.9.2　串口 1 通信接收速度控制命令部分

串口 1 接收到速度控制命令后,直接给出三轴目标速度,运动控制任务再对应控制电机实现目标速度,如图 2-36 所示。

图 2-36　串口 1 通信接收命令

2.9.3　CAN 通信接收速度控制命令部分

CAN 接收到速度控制命令后,直接给出三轴目标速度,运动控制任务再对应控制电机实现目标速度,如图 2-37 所示。

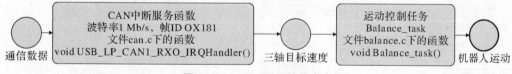

图 2-37　CAN 通信接收命令

2.9.4　运动执行部分

如图 2-38 所示,运动执行部分为 RTOS 任务,任务频率是 100 Hz,任务优先级为 4 级。可以看到 APP 控制模式、PS2 控制模式和航模控制模式向运动执行部分输出的是对应的控制数据,运动执行部分需要先对其进行处理才能获得三轴目标速度,而串口 3、串口 1 和 CAN 控制模式则是直接向运动执行部分输出三轴目标速度。

有了三轴目标速度后,运动执行部分会对三轴目标速度进行运动学逆解计算,以求出各轮子的目标速度,然后根据各轮子的目标速度和实时速度分别进行 PID 控制计算 PWM,最后使用计算结果控制电机带动轮子,以实现对应轮子的目标速度。

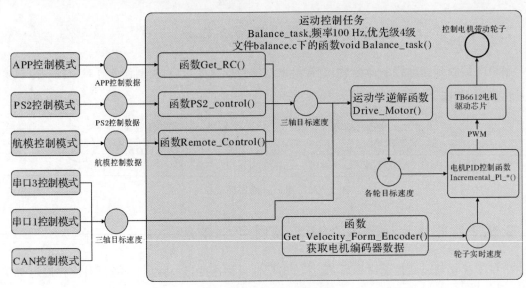

图 2 - 38　运动执行部分

2.9.5　向决策层发送信息部分

如图 2 - 39 所示,向决策层发送信息部分为 RTOS 任务,任务频率是 20 Hz,任务优先级为 4 级。该任务会接收其他任务获取的机器人信息,经过函数 data_transition() 的处理得到 24 B 的数据后,各轮实时速度会经过运动学正解处理得到三轴实时速度数据,再由串口 1、串口 3 和 CAN 通信接口向外发送。

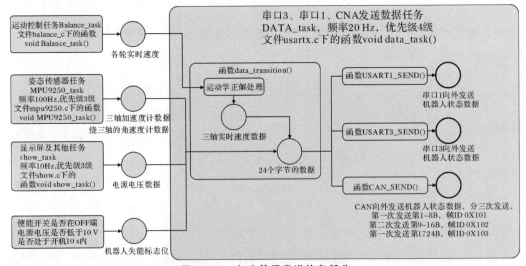

图 2 - 39　向决策层发送信息部分

2.9.6　手机蓝牙 APP 遥控部分

如图 2 - 40 所示,APP 遥控发送和接收数据都是通过串口 2 进行的,波特率为 9 600 b/s。APP 控制的过程是,提供串口 2 中断服务函数,获取并处理手机发送过来的控制数据,转换为

APP 控制数据后,再经过运动控制任务处理,进而控制机器人的运动。

同时 STM32 会通过串口 2 向 APP 发送机器人的状态数据,发送数据的函数是显示屏及其他任务 show_task 中的 APP_Show()函数(文件 show.c 第 68 行),这些状态数据有些是由其他任务提供的,有些是在 show_task 本身处理得到的。

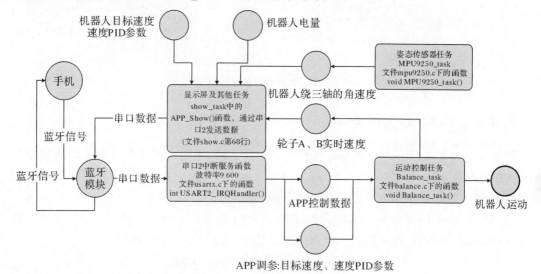

图 2-40　手机蓝牙 APP 遥控部分

2.9.7　PS2 无线手柄遥控部分

PS2 手柄的控制是单向的控制,通过 RTOS 任务 PSTWO_task 获取按键按下和摇杆拨动的信息,这些信息再传入运动控制任务 Balance_task 中的函数 PS2_control(),由该函数处理得到当前 PS2 控制的目标运动方向和速度大小,如图 2-41 所示。

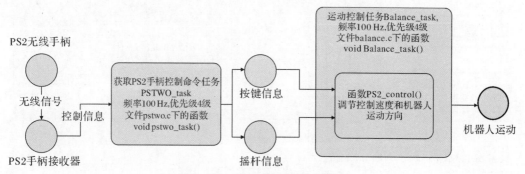

图 2-41　PS2 无线手柄遥控部分

2.9.8　航模遥控器遥控部分

航模遥控器的控制同样是单向的控制,通过定时器 1 的输入捕获中断服务函数获取摇杆拨动的信息,这些信息再传入运动控制任务 Balance_task 中的函数 Remote_Control(),由该函数处理得到当前航模控制的目标运动方向和速度大小,如图 2-42 所示。

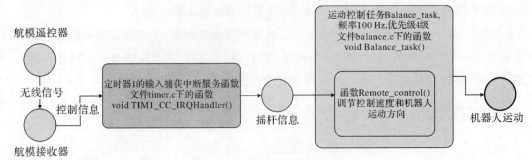

图 2-42 航模遥控器遥控部分

2.9.9 人机交互任务

除了以上功能外，ROS 机器人还有人机交互功能，即方便用户了解机器人状态的功能。这个功能由两个 RTOS 任务（Show_task 和 LED_task）组成。这部分的内容比较简单，因此前文没有进行讲解，接下来对其进行简单的介绍。

（1）Show_task 任务如图 2-43 所示，其有三大功能——蜂鸣器提醒、向 APP 发送数据、OLED 显示屏显示数据，同时机器人电源电压也是由该任务直接读取的。

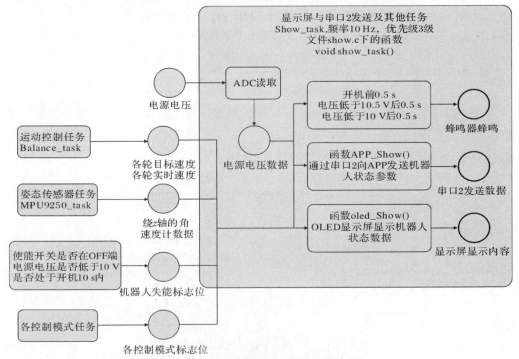

图 2-43 显示屏与串口 2 发送及其他任务

1）蜂鸣器提醒功能包括开机蜂鸣提醒，电池电量低于 10.5 V 时蜂鸣警告，以及电池电量低于 10 V 时蜂鸣警告。

2）向 APP 发送数据部分在 2.9.6 节已经讲述过。

3）OLED 显示屏显示的数据包括电源电压、各轮目标与实时速度、绕 z 轴的角速度计数据、控制模式提示以及机器人失能标志位数据，后三项数据由其他任务提供。

图 2-44 和图 2-45 为 OLED 显示屏的图例及其说明。

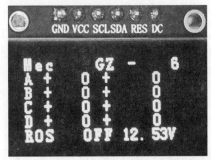

图 2-44　OLED 显示屏显示内容

第一行：车型，绕 z 轴的角速度计数据；
第二行：轮子 A 速度的目标值和实时值；
第三行：轮子 B 速度的目标值和实时值；
第四行：轮子 C 速度的目标值和实时值；
第五行：轮子 D 速度的目标值和实时值；
第六行：当前控制模式、机器人使能状态和电池电压。

图 2-45　OLED 显示屏显示内容说明

（2）LED_task 就非常简单，如图 2-46 所示，其作用就是区分开机 10 s 前和 10 s 后。开机 10 s 前，机器人处于初始化状态，机器人禁止控制；开机 10 s 后，机器人初始化完毕，允许控制。LED 灯所在位置如图 2-47 所示。

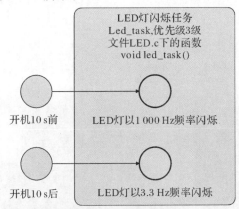

图 2-46　LED 灯闪烁任务

图 2-47　LED 灯

【课程思政教育案例】

一位老战士的"飞天"情节

沙伯南,一位航空教育工作者,一位久经沙场的老战士。

1950—1957 年,沙伯南服役于海军航空兵部队,担任飞机大队机务主任。抗美援朝战争烽火连天,一声集结号令吹响,千千万万志愿军毅然奔赴朝鲜战场,其中就有沙伯南。争高地,夺山岗……在这场捍卫国家安全与荣光的战役中,沙伯南三次荣立战功并获得两枚朝鲜军功章。

这段经历让沙伯南老师不仅对作战飞机有着格外特殊的感情,也对部队需要什么样的飞机有着敏锐的认识。

1982 年,西北工业大学沙伯南教授带领学生在成都飞机公司实习。当时,沙伯南教授发现,歼 7Ⅱ飞机的机头,有 130 kg 的"死配重",而且存在航程短、机动性能和起飞着陆性能差等缺陷。作为当时大量装配部队的主力机种,这些缺陷在未来战争中意味着什么,是不言而喻的。

"拿掉死配重,提高飞机作战性能!"——这不仅是一名航空教育工作者的责任,更是一名参加过抗美援朝老战士的心愿。

在综合考虑当时的各种因素后,一条"渐改"的思路在沙伯南教授的脑海中渐渐清晰起来。几经艰辛,终于在 1990 年 5 月 18 日,英姿飒爽的歼 7E 在起飞点第一次拥抱蓝天……

1990 年 5 月 18 日,歼 7E 飞机首飞成功,主要参与人员合影(从左至右李为吉、沙伯南、傅恒志、虞企鹤)

第3章　常见轮式机器人运动学分析

在 2.9.4 节和 2.9.5 节可以看到运动执行部分和向决策层发送信息部分都用到了运动学分析。

运动执行部分使用的是运动学逆解,即根据三轴目标速度求出各个轮子的目标速度,由各个轮子的联合运动达成需要的三轴目标速度。向决策层发送信息部分使用的是运动学正解,即根据各个轮子的当前速度求出机器人当前的三轴速度。可以看到运动学正解和逆解只是一条公式的两个表达,如果已知正解,只需要对正解进行逆推即可求出逆解,如果已知逆解也是同理。

轮式机器人的运动学分析取决于机器人的机械结构,主要是取决于轮子的分布方式和轮子类型,轮子类型主要决定了机器人是否可以进行横向移动,例如使用麦克纳姆轮和全向轮的机器人就可以进行横向移动,这种机器人称为全向移动机器人。非全向移动机器人一般只可以进行前后移动和旋转运动。

下面对一些常见轮式机器人的运动学分析进行讲解。

3.1　麦克纳姆轮式

麦克纳姆轮(Mecanum Wheel)又称为艾隆轮(Ilon Wheel)。其由轮毂和固定在外周的许多小辊子构成,轮轴和辊轴之间的夹角通常为 45°,如图 3-1 和图 3-2 所示。每个轮子具有 3 个自由度,分别是绕轮轴转动,沿垂直于与地面接触的辊子的辊轴方向移动,绕轮子和地面的接触点转动。根据机械原理,机构的原动件数应该等于机构的自由度,因此,若要实现 3 个自由度的控制,则应该有 3 个独立的输入。而每个麦克纳姆轮(以下简称为"麦轮")可以看作一个原动件,因此,若要实现平面 3 个自由度的控制,就应该至少有 3 个麦轮。也就是说,理论上只要有 3 个这样的轮子组成的移动平台便可实现全向移动。但是,在实际应用中,麦轮都是成对使用的,两个左旋轮,两个右旋轮,总共 4 个,其中左旋轮和右旋轮呈手性对称,这样既可以增加机构的稳定性,又方便控制,同时还提升了载重能力。

图 3-1　麦克纳姆轮实物图(带轴承)

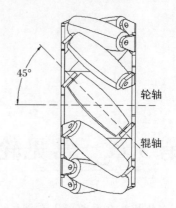

图 3-2　麦克纳姆轮的轮轴和辊轴

下面以四轮麦轮机器人为例进行运动学分析,其分析图如图 3-3 所示。

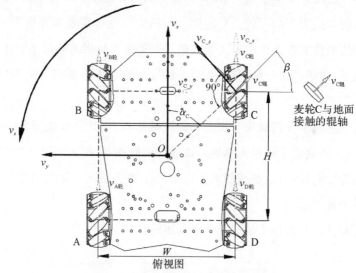

图 3-3　四轮麦轮机器人运动学分析图

下面先对图 3-3 所用到的参数一一进行讲解。

W:轮距,机器人左、右麦轮的距离,单位:m;

H:轴距,机器人前、后麦轮的距离,单位:m;

v_x:机器人前、后移动速度,前进为正,单位:m/s;

v_y:机器人左、右移动速度,左移为正,单位:m/s;

v_z:机器人绕 O 点旋转速度,逆时针为正,单位:rad/s(注意:O 点为轮距、轴距中心线的交点);

$v_{A轮}$、$v_{B轮}$、$v_{C轮}$、$v_{D轮}$:麦轮 A、B、C、D 的线速度,由电机转动带动麦轮轮毂产生,大小为麦轮轮毂转速×麦轮直径,前进为正,单位:m/s。

运动学分析求的就是 v_x、v_y、v_z 与 $v_{A轮}$、$v_{B轮}$、$v_{C轮}$、$v_{D轮}$ 的关系。

下面讲解与麦轮 C 相关的参数,为作图方便,这里只讨论麦轮 C,其他三个麦轮 A、B、D 是类似的。

$v_{C辊}$:麦轮 C 与地面接触的辊子的线速度,大小为辊子转速×辊子直径,由麦轮 C 与地面的相对滑动产生(注意是滑动,不是麦轮 C 的转动产生的 $v_{C轮}$),垂直辊轴向前为正,单位:m/s;

v_{C_z}：麦轮 C 质心绕 O 点旋转的线速度，正方向垂直于麦轮 C 质心与 O 点的连线，偏逆时针方向；

v_{C_x}：麦轮 C 质心的前、后移动速度，与机器人前、后移动速度 v_x 和机器人绕 O 点旋转速度 v_z 相关，前进为正，单位：m/s；

v_{C_y}：麦轮 C 质心的左、右移动速度，与机器人左、右移动速度 v_y 和机器人绕 O 点旋转速度 v_z 相关，左移为正，单位：m/s；

α_C：轮子 C 质心与 O 点的连线与前进方向的夹角，其值易知为 $\arctan\dfrac{W}{H}$；

β：轮轴和辊轴之间的夹角，为 $45°$。

参数讲解完毕，现在讲解这些参数之间的关系，以及如何求出四轮麦轮机器人的运动学正逆解公式。

首先求麦轮 C 质心的前、后、左、右移动速度 v_{C_x}、v_{C_y} 与机器人整体的前、后、左、右移动速度，绕 O 点旋转速度 v_x、v_y、v_z 之间的关系，小车车身与 4 个麦轮质心可以认为是一个刚体，则速度分解可得

$$v_{C\_x} = v_x + v_z\sqrt{\left(\frac{H}{2}\right)^2 + \left(\frac{W}{2}\right)^2}\sin\alpha_C \tag{3.1.1}$$

$$v_{C\_y} = v_y + v_z\sqrt{\left(\frac{H}{2}\right)^2 + \left(\frac{W}{2}\right)^2}\cos\alpha_C \tag{3.1.2}$$

式（3.1.1）和式（3.1.2）说明的是麦轮 C 质心速度与机器人整体速度的关系，而麦轮 C 质心的速度从根本上来说，还是靠 $v_{C轮}$ 和 $v_{C辊}$ 合并产生的。

前面说了麦轮 C 的线速度 $v_{C轮}$ 是由电机转动带动麦轮轮毂产生的，而 $v_{C辊}$ 是由麦轮 C 与地面的相对滑动产生的，$v_{C辊}$ 的大小、方向是由麦轮 A、B、C、D 的差速和机械结构决定的，其动力来源也是电机，因此当机器人的速度需要 $v_{C辊}$ 转动时，就需要电机产生更大的扭矩，带动麦轮轮毂的同时带动麦轮辊子。

通过速度分解可得

$$v_{C\_x} = v_{C轮} + v_{C辊}\sin\beta \tag{3.1.3}$$

$$v_{C\_y} = -v_{C辊}\cos\beta \tag{3.1.4}$$

联立式（3.1.1）、式（3.1.3）和式（3.1.2）、式（3.1.4）可得

$$v_{C轮} + v_{C辊}\sin\beta = v_x + v_z\sqrt{\left(\frac{H}{2}\right)^2 + \left(\frac{W}{2}\right)^2}\sin\alpha_C \tag{3.1.5}$$

$$-v_{C辊}\cos\beta = v_y + v_z\sqrt{\left(\frac{H}{2}\right)^2 + \left(\frac{W}{2}\right)^2}\cos\alpha_C \tag{3.1.6}$$

式（3.1.6）可以变形为

$$v_{C辊} = -\frac{v_y + v_z\sqrt{\left(\frac{H}{2}\right)^2 + \left(\frac{W}{2}\right)^2}\cos\alpha_C}{\cos\beta} \tag{3.1.7}$$

将式（3.1.7）代入式（3.1.5），设 $L = \sqrt{\left(\frac{H}{2}\right)^2 + \left(\frac{W}{2}\right)^2}$，可得

$$v_{C轮} - v_y - v_zL\cos\alpha_C\tan\beta = v_x + v_zL\sin\alpha_C$$

$$v_{C轮} = v_x + v_y + v_zL(\sin\alpha_C + \cos\alpha_C\tan\beta)$$

其中，$\beta = 45°$，则有

$$v_{C轮} = v_x + v_y + v_z L (\sin \alpha_C + \cos \alpha_C)$$

又 $L \sin \alpha_C = \dfrac{H}{2}$，$L \cos \alpha_C = \dfrac{W}{2}$，则有

$$v_{C轮} = v_x + v_y + v_z \left(\frac{H}{2} + \frac{W}{2} \right)$$

采用类似的推导方式可以求出 $v_{A轮}$、$v_{B轮}$、$v_{D轮}$ 与 v_x、v_y、v_z 的关系，推导时需要注意的是 A、B、D 三个麦轮与地面接触的辊子的线速度方向，观察图 3-3 容易知道，其方向影响的是麦轮 C 质心的左、右移动速度：

$$\begin{cases} v_{A\_y} = -v_{A辊} \cos\beta \\ v_{B\_y} = v_{B辊} \cos\beta \\ v_{D\_y} = v_{D辊} \cos\beta \end{cases}$$

最后可以得到机器人的运动学逆解公式，由三轴目标速度求出四个轮子的目标速度：

$$v_{A轮} = v_x + v_y - v_z \left(\frac{H}{2} + \frac{W}{2} \right) \tag{3.1.8}$$

$$v_{B轮} = v_x - v_y - v_z \left(\frac{H}{2} + \frac{W}{2} \right) \tag{3.1.9}$$

$$v_{C轮} = v_x + v_y + v_z \left(\frac{H}{2} + \frac{W}{2} \right) \tag{3.1.10}$$

$$v_{D轮} = v_x - v_y + v_z \left(\frac{H}{2} + \frac{W}{2} \right) \tag{3.1.11}$$

联立式(3.1.8) ～ 式(3.1.11)，可以求出机器人的运动学正解公式，由四个轮子的实时速度求出三轴实时速度：

$$v_x = \frac{v_{A轮} + v_{B轮} + v_{C轮} + v_{D轮}}{4} \tag{3.1.12}$$

$$v_y = \frac{v_{A轮} - v_{B轮} + v_{C轮} - v_{D轮}}{4} \tag{3.1.13}$$

$$v_z = \frac{-v_{A轮} - v_{B轮} + v_{C轮} + v_{D轮}}{2H + 2W} \tag{3.1.14}$$

3.2 全 向 轮 式

全向轮由轮毂和固定在外周的许多小辊子构成，轮轴和辊轴之间的夹角为 $90°$，如图 3-4 和图 3-5 所示。每个轮子具有三个自由度，分别是绕轮轴转动，沿垂直于与地面接触的辊子的辊轴方向移动，绕轮子和地面的接触点转动。根据机械原理，机构的原动件数应该等于机构的自由度，因此，若要实现三个自由度的控制，则应该有三个独立的输入。而每个全向轮可以看作一个原动件，因此，若要实现平面 3 个自由度的控制，就应该至少有 3 个全向轮。也就是说只要有 3 个这样的轮子组成的移动平台便可实现全向移动。

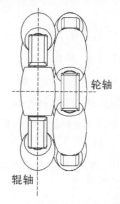

图 3-4 全向轮实物图(带轴承)　　　　图 3-5 全向轮的轮轴和辊轴

下面以三轮全向轮机器人为例进行运动学分析,其分析图如图 3-6 所示。

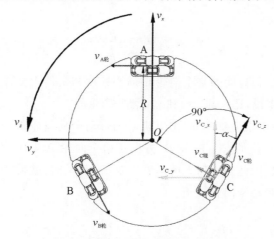

图 3-6 三轮全向轮机器人运动学分析图

下面先对图 3-6 所用到的参数——进行讲解,这里 3 个全向轮是绕机器人中心等边三角形分布的。

R:旋转半径,全向轮到机器人中心的距离,单位:m;

v_x:机器人前、后移动速度,前进为正,单位:m/s;

v_y:机器人左、右移动速度,左移为正,单位:m/s;

v_z:机器人绕 O 点旋转速度,逆时针为正,单位:rad/s(注意:O 点为机器人中心);

$v_{A轮}$、$v_{B轮}$、$v_{C轮}$:全向轮 A、B、C 的线速度,由电机转动带动全向轮轮毂产生,大小为全向轮轮毂转速×全向轮直径,绕 O 点逆时针为正,单位:m/s。

运动学分析求的就是 v_x、v_y、v_z 与 $v_{A轮}$、$v_{B轮}$、$v_{C轮}$ 的关系。

下面讲解与全向轮 C 相关的参数,为作图方便,这里只讨论全向轮 C,其他两个全向轮 A、B 是类似的。

$v_{C辊}$:全向轮 C 与地面接触的辊子的线速度,大小为辊子转速×辊子直径,由全向轮与地面的相对滑动产生(注意是滑动,不是全向轮 C 的转动产生的 $v_{C轮}$),垂直辊轴向前为正,单位:m/s;

v_{C_z}:全向轮 C 质心绕 O 点旋转的线速度,正方向垂直于全向轮 C 质心与 O 点的连线,偏逆时针方向；

v_{C_x}：全向轮 C 质心的前、后移动速度，与机器人前、后移动速度 v_x 和机器人绕 O 点旋转速度 v_z 相关，前进为正，单位：m/s；

v_{C_y}：全向轮 C 质心的左、右移动速度，与机器人左、右移动速度 v_x 和机器人绕 O 点旋转速度 v_z 相关，左移为正，单位：m/s；

α：全向轮 C 前进方向与机器人前进方向的夹角，因为全向轮是等边三角形安装的，所以易知其值为 30°。

参数讲解完毕，现在讲解这些参数之间的关系，以及如何求出三轮全向轮机器人的运动学正逆解公式。

首先求全向轮 C 质心的前、后、左、右移动速度 v_{C_x}、v_{C_y} 与机器人整体的前、后移动速度，绕 O 点旋转速度 v_x、v_y、v_z 之间的关系，小车车身与三个全向轮质心可以认为是一个刚体，则速度分解可得

$$v_{C\_x} = v_x + v_z R\cos\alpha \tag{3.2.1}$$

$$v_{C\_y} = v_y - v_z R\sin\alpha \tag{3.2.2}$$

式(3.2.1)和式(3.2.2)说明的是全向轮 C 质心速度与机器人整体速度的关系，而全向轮 C 质心的速度从根本上来说，还是靠 $v_{C轮}$ 和 $v_{C辊}$ 合并产生的。

前面说了全向轮 C 的线速度 $v_{C轮}$ 是由电机转动带动全向轮轮毂产生的，而 $v_{C辊}$ 是由全向轮 C 与地面的相对滑动产生的，$v_{C辊}$ 的大小、方向是由全向轮 A、B、C 的差速和机械结构决定的，其动力来源也是电机，因此当机器人的速度需要 $v_{C辊}$ 转动时，就需要电机产生更大的扭矩，带动全向轮轮毂的同时带动全向轮辊子。

通过速度分解可得

$$v_{C\_x} = v_{C辊}\sin\alpha + v_{C轮}\cos\alpha \tag{3.2.3}$$

$$v_{C\_y} = v_{C辊}\cos\alpha - v_{C轮}\sin\alpha \tag{3.2.4}$$

联立式(3.2.1)、式(3.2.3) 和式(3.2.2)、式(3.2.4) 可得

$$v_{C辊}\sin\alpha + v_{C轮}\cos\alpha = v_x + v_z R\cos\alpha \tag{3.2.5}$$

$$v_{C辊}\cos\alpha - v_{C轮}\sin\alpha = v_y - v_z R\sin\alpha \tag{3.2.6}$$

式(3.2.6) 可以变形为

$$v_{C辊} = \frac{v_y - v_z R\sin\alpha + v_{C轮}\sin\alpha}{\cos\alpha} \tag{3.2.7}$$

将式(3.2.7) 代入式(3.2.5)，可得

$$\tan\alpha(v_y - v_z R\sin\alpha + v_{C轮}\sin\alpha) + v_{C轮}\cos\alpha = v_x + v_z R\cos\alpha$$

其中，$\alpha = 30°$，则有

$$\frac{\sqrt{3}}{3}v_y - \frac{\sqrt{3}}{6}v_z R + \frac{\sqrt{3}}{6}v_{C轮} + \frac{\sqrt{3}}{2}v_{C轮} = v_x + \frac{\sqrt{3}}{2}v_z R$$

$$\frac{2\sqrt{3}}{3}v_{C轮} = v_x - \frac{\sqrt{3}}{3}v_y + \frac{2\sqrt{3}}{3}v_z R$$

$$v_{C轮} = \frac{\sqrt{3}}{2}v_x - \frac{1}{2}v_y + v_z R$$

采用类似的推导方式可以求出 $v_{A轮}$、$v_{B轮}$ 与 v_x、v_y、v_z 的关系。

最后可以得到机器人的运动学逆解公式,由三轴目标速度求出三个轮子的目标速度:

$$v_{A轮} = v_y + v_z R \tag{3.2.8}$$

$$v_{B轮} = -\frac{\sqrt{3}}{2}v_x - \frac{1}{2}v_y + v_z R \tag{3.2.9}$$

$$v_{C轮} = \frac{\sqrt{3}}{2}v_x - \frac{1}{2}v_y + v_z R \tag{3.2.10}$$

联立式(3.2.8)~式(3.2.10),可以求出机器人的运动学正解公式,由 3 个轮子的实时速度求出三轴实时速度:

$$v_x = \frac{v_{B轮} + v_{C轮}}{\sqrt{3}} \tag{3.2.11}$$

$$v_y = \frac{2v_{A轮} - v_{B轮} - v_{C轮}}{3} \tag{3.2.12}$$

$$v_z = \frac{v_{A轮} + v_{B轮} + v_{C轮}}{3R} \tag{3.2.13}$$

3.3　两轮差速式

　　两轮差速式机器人是比较常见的轮式机器人,它的控制最为简单。两轮指的是它只有两个驱动轮,它的特点是从动轮为全向轮或者万向轮等可以进行全向移动的轮子,因此只需要控制两个驱动轮的速度存在差异(两轮差速),即可控制机器人实现无滑动摩擦的旋转,也可以实现零半径转弯。图 3-7 和图 3-8 分别为全向轮、万向轮两轮差速式机器人,两者相比较,全向轮的特点是控制比较稳定,但是负载能力相对较弱,万向轮的控制不稳定体现在急转向的时候会有一定的甩尾效应。

图 3-7　全向轮两轮差速式机器人

图 3 - 8　万向轮两轮差速式机器人

下面对两轮差速式机器人进行运动学分析,其分析图如图 3 - 9 所示。

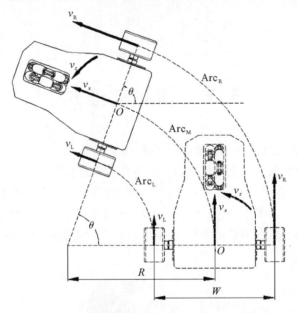

图 3 - 9　两轮差速式机器人运动学分析图

下面先对图 3 - 9 所用到的参数一一进行讲解。

W:两个驱动轮的距离,距离中心为 O 点,单位:m;

v_x:机器人在 O 点的目标前进速度,前进为正,单位:m/s;

v_z:机器人绕 O 点的目标旋转速度,逆时针为正,单位:rad/s;

R:机器人同时前进和旋转产生的转弯半径,单位:m;

v_L、v_R:机器人左、右轮速度,配合实现目标速度 v_x、v_z,前进为正,单位:m/s;

Arc_L、Arc_M、Arc_R:机器人左轮、O 点、右轮在一定时间 t 内走过的路径,单位:m;

θ:机器人在一定时间 t 内旋转的角度,单位:rad。

下面讨论它们之间的关系,并求出两轮差速式机器人的运动学正、逆解公式。

由速度对时间的积分等于路程得

$$\left.\begin{array}{l} \mathrm{Arc_L} = v_\mathrm{L} t \\ \mathrm{Arc_M} = v_x t \\ \mathrm{Arc_R} = v_\mathrm{R} t \end{array}\right\} \tag{3.3.1}$$

由弧长除以半径等于弧度得

$$\theta = \frac{\mathrm{Arc_L}}{R - \dfrac{W}{2}} = \frac{\mathrm{Arc_M}}{R} = \frac{\mathrm{Arc_R}}{R + \dfrac{W}{2}}$$

$$\theta = \frac{v_\mathrm{L} t}{R - \dfrac{W}{2}} = \frac{v_x t}{R} = \frac{v_\mathrm{R} t}{R + \dfrac{W}{2}} \tag{3.3.2}$$

式(3.3.2)等号两边同时除以 t,即对时间积分得

$$v_z = \frac{v_\mathrm{L}}{R - \dfrac{W}{2}} = \frac{v_x}{R} = \frac{v_\mathrm{R}}{R + \dfrac{W}{2}} \tag{3.3.3}$$

对式(3.3.3)分解可得

$$R = \frac{v_x}{v_z} \tag{3.3.4}$$

$$\frac{v_x}{R} = \frac{v_\mathrm{L}}{R - \dfrac{W}{2}} \tag{3.3.5}$$

$$\frac{v_x}{R} = \frac{v_\mathrm{R}}{R + \dfrac{W}{2}} \tag{3.3.6}$$

将式(3.3.4)代入式(3.3.5)、式(3.3.6)可得运动学逆解公式,已知目标速度 v_x、v_z,求驱动轮的目标速度 v_L、v_R:

$$v_\mathrm{L} = v_x - \frac{W}{2} v_z \tag{3.3.7}$$

$$v_\mathrm{R} = v_x + \frac{W}{2} v_z \tag{3.3.8}$$

式(3.3.7)和式(3.3.8)可以变形为运动学正解公式,已知驱动轮的当前速度 v_L、v_R,求当前机器人的实时速度 v_x、v_z:

$$v_x = \frac{v_\mathrm{L} + v_\mathrm{R}}{2} \tag{3.3.9}$$

$$v_z = \frac{v_\mathrm{R} - v_\mathrm{L}}{W} \tag{3.3.10}$$

3.4　阿克曼转向式

阿克曼转向式机器人其实就是现代汽车的转向结构,阿克曼转向式与两轮差速式类似,同样依靠驱动轮的差速实现转弯,但是转弯的同时还需要控制前轮的转角进行配合,否则前轮与地面的摩擦力将会非常大,严重影响机器人转向运动以及磨损轮子。

阿克曼转向式的优点是可以使用普通轮子,不需要使用全向轮、万向轮,可以提高机器人的整体强度和降低成本,缺点则是受限于前轮的转角幅度,无法进行 0 半径转弯。如图 3-10 所示为阿克曼转向式机器人转向时的状态,要求 4 个轮子运动方向的垂线相交于一点,即 4 个轮子围绕同一个圆心进行旋转。

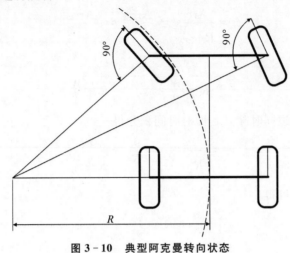

图 3-10 典型阿克曼转向状态

3.4.1 运动学分析

首先讨论运动学逆解,即由 v_x、v_y、v_z 三轴目标速度求出驱动轮的目标速度,驱动轮为两个后轮,其速度分别用 v_L 和 v_R 表示,前进为正,后退为负;阿克曼转向式机器人还要求出两个前轮的偏角——左前轮偏角 $Angle_L$ 和右前轮偏角 $Angle_R$,左偏为正,右偏为负。阿克曼转向式机器人无法直接横向移动,因此不讨论 y 轴目标速度。

对于阿克曼转向式机器人,要求运动学逆解,必须先确定 v_x、v_z 与转弯半径 R 的关系(这里以后轴中心为机器人旋转中心)。如图 3-11 所示,假设机器人以速度 v_x、v_z 运动了时间 t,则圆弧 O_1O_2 的长度为速度 v_x 对时间 t 的积分:$O_1O_2 = v_x t$;机器人姿态旋转了 θ,为速度 v_z 对时间 t 的积分:$\theta = v_z t$。由圆的性质易知,转弯半径为

$$R = \frac{O_1 O_2}{\theta} = \frac{v_x t}{v_z t} = \frac{v_x}{v_z}$$

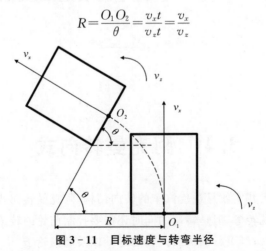

图 3-11 目标速度与转弯半径

现在已知 v_x、v_z 与转弯半径 $R = \dfrac{v_x}{v_z}$，接下来求左、右后轮的速度 v_L、v_R 和左、右前轮偏角 Angle_L、Angle_R。还需要知道的参数是轮距 W 和轴距 H，如图 3-12 所示。

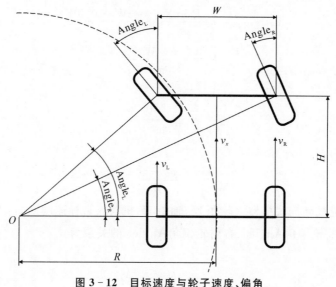

图 3-12　目标速度与轮子速度、偏角

如图 3-12 所示，已知转向时机器人整体在绕 O 点做旋转运动，则易知左、右后轮的速度 v_L、v_R 为

$$v_L = v_x \frac{R - 0.5W}{R} \tag{3.4.1}$$

$$v_R = v_x \frac{R + 0.5W}{R} \tag{3.4.2}$$

由几何关系可得左、右前轮偏角 Angle_L、Angle_R 为

$$\text{Angle}_L = \arctan\left(\frac{H}{R - 0.5W}\right) \tag{3.4.3}$$

$$\text{Angle}_R = \arctan\left(\frac{H}{R + 0.5W}\right) \tag{3.4.4}$$

转弯半径为

$$R = \frac{v_x}{v_z} \tag{3.4.5}$$

则运动学逆解公式已经求出来了，接下来求运动学正解：

$$v_L + v_R = v_x \frac{R - 0.5W}{R} + v_x \frac{R + 0.5W}{R}$$

$$v_L + v_R = v_x \frac{R + R + 0.5W - 0.5W}{R}$$

$$v_L + v_R = 2v_x$$

则有

$$v_x = \frac{v_L + v_R}{2} \tag{3.4.6}$$

v_x 求出来了,再求 v_z:

$$v_R - v_L = v_x \frac{R + 0.5W}{R} - v_x \frac{R - 0.5W}{R}$$

$$v_R - v_L = v_x \frac{R - R + 0.5W + 0.5W}{R}$$

$$R = v_x \frac{W}{v_R - v_L}$$

联立式(3.4.5),得

$$\frac{v_x}{v_z} = v_x \frac{W}{v_R - v_L}$$

则有

$$v_z = \frac{v_R - v_L}{W} \tag{3.4.7}$$

总结:已知阿克曼转向式机器人轮距 W,轴距 H,机器人目标速度 v_x、v_z 与左后轮速度 v_L、右后轮速度 v_R、左前轮偏角 $\mathrm{Angle_L}$、右前轮偏角 $\mathrm{Angle_R}$ 的关系为

（1）正解:

$$v_L = v_x \frac{R - 0.5W}{R} \tag{3.4.1}$$

$$v_R = v_x \frac{R + 0.5W}{R} \tag{3.4.2}$$

$$\mathrm{Angle_L} = \arctan\left(\frac{H}{R - 0.5W}\right) \tag{3.4.3}$$

$$\mathrm{Angle_R} = \arctan\left(\frac{H}{R + 0.5W}\right) \tag{3.4.4}$$

$$R = \frac{v_x}{v_z} \tag{3.4.5}$$

（2）逆解:

$$v_x = \frac{v_L + v_R}{2} \tag{3.4.6}$$

$$v_z = \frac{v_R - v_L}{W} \tag{3.4.7}$$

3.4.2 如何控制前轮转角

通过运动学分析逆解,知道了实现目标速度 v_x、v_z 所需要的左后轮速度 v_L、右后轮速度 v_R、左前轮偏角 $\mathrm{Angle_L}$、右前轮偏角 $\mathrm{Angle_R}$。驱动轮速度的实现在 2.4 节已经讨论过,那么前轮偏角又该如何实现呢?

图 3-13 为基于曲柄摇杆机构的阿克曼转向结构,通过驱动舵机带动舵盘,舵盘再通过机械传动控制两个前轮进行转向。两个前轮偏角大小的差异则由机械设计决定,机械设计的要求为两个前轮的垂线与后轮轴线相交于一点。

图 3-13　基于曲柄摇杆机构的阿克曼转向结构

由式(3.4.5)、式(3.4.6)和式(3.4.7)知道每一组确定的目标速度 v_x、v_z，都有一组确定的 Angle_L、Angle_R，也即每一个 Angle_L 都有一个对应的 Angle_R，因此只需要知道舵盘的偏角与其中一个前轮对应的偏角关系即可。

这里就只讨论舵盘偏角与右前轮的关系。

在这之前再讨论一下如何控制舵盘的偏角，这里的机器人控制舵盘偏角都是使用舵机进行控制的，主要是因为舵机的控制需要的单片机资源很少，只需要一个定时器和一个 IO 引脚即可对舵机进行控制，实现舵盘的偏角控制。单片机是提供 PWM 控制舵机的，即不同大小的 PWM 与不同的舵机位置一一对应，然后舵机带动舵盘进行转动。

实际上也可以使用直流电机对舵盘偏角进行控制，但是这时候需要一个编码器获取电机的位置，通过负反馈控制达到控制舵盘偏角的目的。这时候需要的资源就是两个定时器，一个用于控制电机，一个用于获取电机位置；5 个 IO 引脚，3 个用于控制电机，2 个用于获取电机位置。

此时已经知道使用舵机控制舵盘时，舵盘偏角与右前轮的关系，可以等价为舵机 PWM 控制值与右前轮的关系，因为 PWM 与舵盘偏角是一一对应的关系。

因为这个曲柄摇杆的结构分析起来比较复杂，而舵盘偏角与前轮偏角是一一对应的，所以决定采用曲线拟合模型来近似地获得舵盘偏角与前轮偏角之间的关系公式。

图 3-14 为高配阿克曼 ROS 机器人的舵盘偏角与前轮偏角关系的散点图。

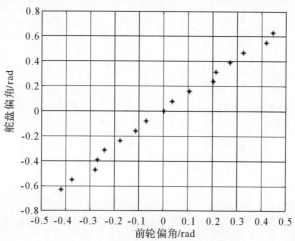

图 3-14　舵盘偏角与前轮偏角的散点图

通过观察，不难看出曲线的走势可以用一次曲线或者二次曲线来进行拟合。为了简单起见,可以调用 MATLAB 的曲线拟合工具箱(在 MATLAB 的命令行上输入 cftool 即可)查看两种曲线的拟合情况,如图 3 - 15~图 3 - 18 所示。

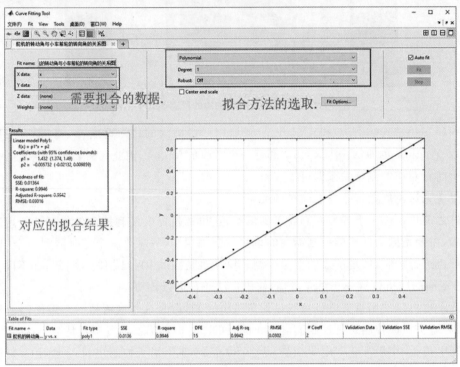

图 3 - 15　一次曲线的拟合情况

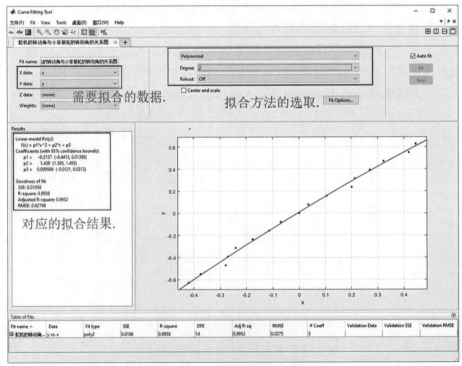

图 3 - 16　二次曲线的拟合情况

```
Linear model Poly1:
    f(x) = p1*x + p2
Coefficients (with 95% confidence bounds):
    p1 =     1.432 (1.374, 1.49)
    p2 = -0.005732 (-0.02132, 0.009859)

Goodness of fit:
SSE: 0.01364
R-square: 0.9946
Adjusted R-square: 0.9942
RMSE: 0.03016
```

图 3 - 17 一次曲线的拟合结果

```
Linear model Poly2:
    f(x) = p1*x^2 + p2*x + p3
Coefficients (with 95% confidence bounds):
    p1 =  -0.2137 (-0.4413, 0.01388)
    p2 =    1.439 (1.385, 1.493)
    p3 = 0.009599 (-0.0121, 0.0313)

Goodness of fit:
SSE: 0.01058
R-square: 0.9958
Adjusted R-square: 0.9952
RMSE: 0.02749
```

图 3 - 18 二次曲线的拟合结果

(1)SSE:误差二次方和(Sum of the Squared Error),计算方法为

$$SSE = \sum_{i=1}^{n} (y_i - \widehat{y_i})^2$$

误差二次方和越小,说明曲线对观测值的拟合效果越好。

(2)R^2:拟合优度(Goodness of Fit),计算方法为

$$R^2 = 1 - \sum_{i=1}^{n} (y_i - \widehat{y_i})^2 / \sum_{i=1}^{n} (y_i - \bar{y_i})^2$$

拟合优度越接近 1,说明曲线对观测值的拟合效果越好。

(3)RMSE:均方根误差(Root Mean Squared Error),计算方法为

$$RMSE = \sqrt{\frac{1}{n} \sum_{i=1}^{n} (y_i - \widehat{y_i})^2}$$

均方根误差的意义和误差二次方和的意义一样,都是用以描述拟合值和观测值之间的误差大小。均方根误差越小,说明曲线对观测值的拟合效果越好。

因此,二次曲线对观测值的拟合效果比一次曲线对观测值的拟合效果稍好一些,这里选择二次曲线作为拟合曲线,对应的 C 语言代码如下所示。

```
//Angle_Servo:舵盘偏角,AngleR:右前轮偏角
Angle_Servo    = -0.2137 * pow(AngleR, 2) + 1.439 * AngleR + 0.009599;
```

第4章 Ubuntu

4.1 概　　述

ROS 机器人的上层决策部分主流上是运行在 Ubuntu 系统下的,因此在学习 ROS 之前必须要对 Ubuntu 系统有一定程度的认识。

Ubuntu 是一个以桌面应用为主的 Linux 操作系统,与 Windows 一样可以安装在电脑中,可以运行程序,可以连接显示屏、键盘、鼠标等外设,可以通过网线或者 Wi-Fi 连接网络。这里电脑的定义也不局限于台式电脑、笔记本电脑,任何可以安装电脑操作系统的设备都可以称作电脑。

我们平时使用的台式电脑、笔记本电脑都是可以安装 Ubuntu 操作系统的。

英伟达(NVIDIA)推出的微型电脑 JetsonNano、JetsonNX、AGX Xavier、JetsonTX2(已停产)也可以安装 Ubuntu,但是要使用英伟达官网提供的系统镜像。

英国 Raspberry Pi 基金会开发的微型电脑树莓派(Raspberry)也可以安装 Ubuntu,树莓派官网也提供有对应的 Ubuntu 系统镜像,但是目前官网已不再提供 Ubuntu 18.04 版本的系统镜像。

工控机(Industrial Personal Computer,IPC)是一种专门用于在工业环境运行、稳定性比较高的电脑,也可以安装 Ubuntu,其本质上也是台式电脑。因此它的 Ubuntu 安装方式和台式电脑一样。

以下给出了各种 Ubuntu 镜像文件的官网下载地址,在其官网下都有对应的安装教程。

(1)Ubuntu 官网镜像:https://ubuntu.com/download/alternative-downloads。

(2)英伟达官网镜像:https://developer.nvidia.com/zh-cn/embedded/downloads。

(3)树莓派官网镜像:https://www.raspberrypi.org/software/raspberry-pi-desktop/。

注意:本书讲解的 ROS 机器人是基于 Ubuntu 18.04 开发的,读者自行安装 Ubuntu 环境的话,最好同样使用 18.04 版本的 Ubuntu。

4.2 虚 拟 机

在 4.1 节主要讲述了如何在电脑上安装一个新的 Ubuntu 系统(双系统或者直接覆盖电脑旧有系统)。但是大多数人平时使用的都是 Windows 系统,很多资料文件都是存放在 Windows 上的,而一般情况下一台电脑上的两个操作系统是不能直接互相访问文件的。

那么有没有办法可以直接在 Windows 下运行 Ubuntu 呢？这样的话,Ubuntu 就像是在 Windows 下运行的一个软件,这个办法是有的,就是虚拟机。

4.2.1 虚拟机所需文件

本书提供的实现方案只需要一个软件和一个系统镜像文件。

软件:VMware Workstation 15。

系统镜像文件:Ubuntu 的虚拟机系统镜像文件。

相关文件在本书的资料包内已经提供。

4.2.2 打开虚拟机

安装好 VMware Workstation 15 后,下载并解压系统镜像文件,使用 VMware 打开解压出来文件夹下的系统镜像文件即可,系统镜像文件格式为【.vmx】,如图 4-1～图 4-4 所示。

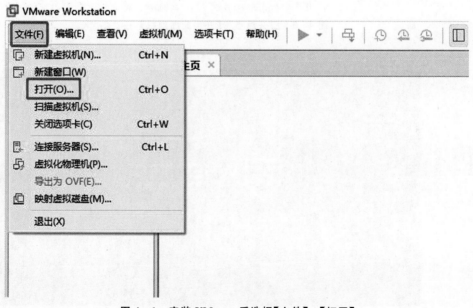

图 4-1 安装 VMware 后选择【文件】—【打开】

图 4 - 2　选择打开下载并解压后的系统镜像文件

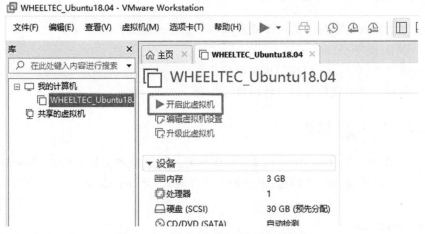

图 4 - 3　打开后点击【开启此虚拟机】

图 4 - 4　虚拟机打开成功

4.2.3　虚拟机的快照(备份)功能

VMware 提供了快照功能,相当于系统的备份和恢复。如果在使用的过程中系统出现了一些无法解决的问题,可以使用快照功能恢复到某个已备份的系统状态。本书提供的虚拟机镜像默认已经备份了一个状态,如图 4－5 所示。

图 4－5　虚拟机的快照功能

4.2.4　虚拟机的网络选择功能

一般的笔记本电脑至少有一个有线网卡和一个无线网卡,台式电脑一般至少都有一个有线网卡,也可以通过 USB 外接一个无线网卡。有线网卡用于连接网线,无线网卡用于连接Wi-Fi。

而虚拟机只会选择连接一个网卡,在不进行设置的情况下虚拟机会自动选择一个网卡进行连接,但是有时候虚拟机自动选择的网卡不是人们希望连接的网卡,因此一般都会手动固定虚拟机连接的网卡,即手动进行虚拟机的网络选择。

手动固定网络需要设置两个地方,一个是【虚拟网络编辑器】,另一个是【桥接模式】,下面讲解如何进行设置。

1.虚拟网络编辑器

首先点击 VMware 左上角的【编辑】和【虚拟网络编辑器(N)...】,如图 4－6 所示。

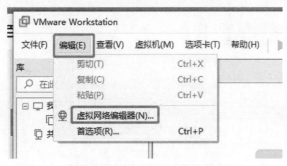

图 4－6　选择【编辑】和【虚拟网络编辑器(N)...】

然后在弹出的【虚拟网络编辑器】窗口点击【更改设置(C)】，如图 4 - 7 所示。

图 4 - 7 点击【更改设置(C)】

最后选择要固定的网卡，点击【应用(A)】，再点击【确定】，如图 4 - 8 所示。

图 4 - 8 选择网卡，点击【应用(A)】和【确定】

下面讲解一下如何确定希望连接的网络的网卡。在 Windows 10 系统下进入系统设置的【网络和 Internet】,点击进入【状态】界面,点击希望连接的网络下的【属性】,如图 4 - 9 所示。

图 4 - 9　查看网卡 1

然后在接下来的界面下可以看到【描述】,其内容就是对应网络的网卡名字,如图 4 - 10 所示。

图 4 - 10　查看网卡 2

2.桥接模式

本书提供的虚拟机镜像是默认配置了桥接模式的,桥接模式就是不会对网卡网络进行任何处理,而是直接连接到虚拟机。下面讲解如何进行配置。

首先点击虚拟机文件的【编辑虚拟机设置】,如图 4 - 11 所示。

图 4 - 11 编辑虚拟机设置

然后在弹出的窗口选择【网络适配器】,点选【桥接模式(B):直接连接物理网络】,然后点击【确定】,如图 4 - 12 所示。

图 4 - 12 选择桥接模式

4.3　Ubuntu 的常用命令

虚拟机打开成功之后可以看到其桌面如图 4-4 所示,这时便可以使用鼠标和键盘进行操作,这一点和 Windows 是一样的。接下来主要讲解 Ubuntu 命令行终端(以下简称为"终端")的使用,这是 Ubuntu 和 Windows 的一大区别,打开终端后可以仅靠键盘对所有文件、文件夹进行创建、删除、运行等操作,终端将是 Ubuntu 最常使用的操作方法。

下面介绍 Ubuntu 一些常用的文件操作命令,所有命令输入完成后按下 Enter(回车键)执行。

4.3.1　打开终端:Ctrl+Alt+t

在任何情况下都可以通过同时按下键盘按键 Ctrl+Alt+t(不区分大小写)打开一个终端,如图 4-13 所示。

图 4-13　Ctrl+Alt+t 打开终端

注意:你打开的终端界面可能与本书的不一样,这是因为笔者安装了一个终端切割工具,这个工具的安装命令是 sudo apt-get install terminator,安装该工具后可以在终端单击鼠标右键,然后可以选择对终端进行分割。

同时笔者对终端背景颜色进行了设置。背景颜色可以通过在终端单击鼠标右键,然后单击【配置文件首选项(P)】,再在弹出的界面的【配置→色彩】里对终端的文本颜色、背景颜色进行调整,如图 4-14 和图 4-15 所示。

图 4 - 14　在终端单击鼠标右键

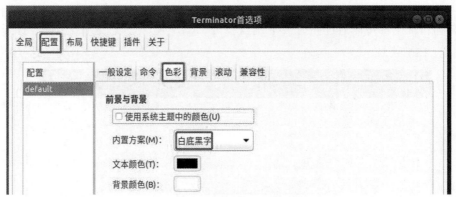

图 4 - 15　终端颜色配置界面

4.3.2　查看当前文件夹下的内容:ls

Ctrl+Alt+t 打开的终端默认对应的是系统的主目录,可以通过命令"ls"查看当前终端对应文件夹(主目录)下的内容,如图 4 - 16 所示。也可以用鼠标点击系统桌面侧边栏的"文件柜"图标,其默认也是打开主目录,可以看到该文件夹下的内容与命令"ls"输出的内容是一致的,如图 4 - 17 所示。

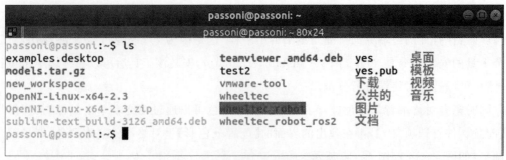

图 4 - 16　ls 查看当前文件夹下的内容

图 4 – 17　主目录下的内容

4.3.3　查看当前文件夹的绝对路径:pwd

如图 4 – 18 所示,输入命令 pwd 后,终端输出的内容是"/home/passoni",代表主目录的绝对路径,路径最前面的"/"代表根目录,passoni 是系统用户名。

图 4 – 18　查看当前文件夹绝对路径

4.3.4　打开文件夹:cd 文件夹名

例如输入命令 cd wheeltec_robot,则进入了文件夹【wheeltec_robot】,再输入命令 ls,可以看到该文件夹下的内容,如图 4 – 19 所示。

图 4 – 19　打开文件夹

常用技巧：输入文件夹名的时候，输入"w"后，可以按下"Tab"键，系统会对文件夹名进行自动补全，因为该主目录下"w"开头的文件夹只有【wheeltec_robot】和【wheeltec_robot_ros2】两个，系统会自动补全到"wheeltec_robot"。

4.3.5　返回上一级文件夹：cd ..

如图 4-20 所示，输入命令 cd..，返回到了主目录下。

```
                          passoni@passoni: ~
                          passoni@passoni: ~ 80x24
passoni@passoni:~$ cd wheeltec_robot
passoni@passoni:~/wheeltec_robot$ ls
build  devel  src
passoni@passoni:~/wheeltec_robot$ cd ..
passoni@passoni:~$
```

图 4-20　返回上一级文件夹

4.3.6　绝对路径打开文件夹：cd 文件夹绝对路径

例如输入命令 cd /home/passoni/wheeltec_robot，结果如图 4-21 所示。

```
                          passoni@passoni: ~/wheeltec_robot
                          passoni@passoni: ~/wheeltec_robot 80x24
passoni@passoni:~$ cd /home/passoni/wheeltec_robot
passoni@passoni:~/wheeltec_robot$
```

图 4-21　绝对路径打开文件夹

4.3.7　创建文件夹：mkdir 文件夹名

例如打开终端后，输入命令 mkdir new123，此时终端对应文件夹为主目录。如图 4-22 所示，可以看到主目录下多了一个文件夹【new123】。

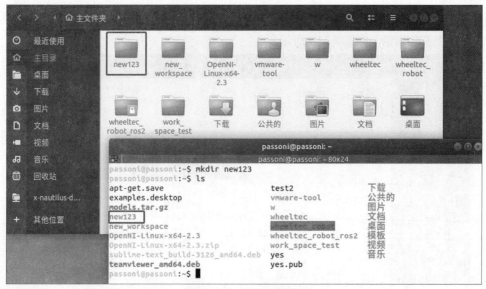

图 4-22　创建文件夹

"文件夹名"也可以是"已存在路径/文件夹名",即可以在指定路径下创建文件夹,前提是该文件夹是已经存在的。

4.3.8　创建文件:touch 文件名

例如打开终端后,输入命令 touch new1234,此时终端文件夹为主目录。如图 4 - 23 所示,可以看到主目录下多了一个文件【new1234】。

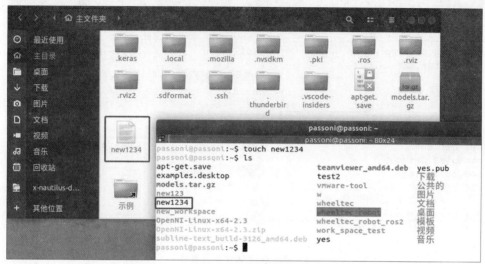

图 4 - 23　创建文件

"文件名"也可以是"已存在路径/文件名"。

4.3.9　删除文件:rm 文件名

如图 4 - 24 所示,输入命令 rm new1234,即可把刚才创建的文件【new1234】删除。

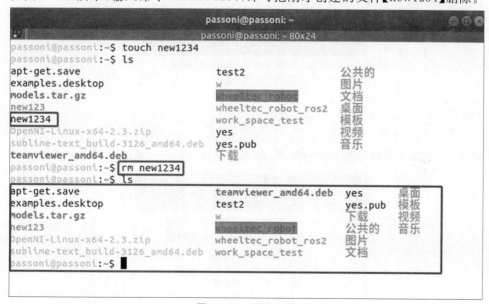

图 4 - 24　删除文件

"文件名"也可以是"已存在路径/文件名"。

4.3.10 删除文件夹及其内容:rm-rf 文件夹名

如图 4-25 所示,输入命令 rm-rf new123,即可把刚才创建的文件夹【new123】删除。

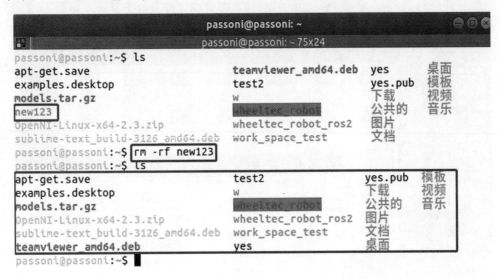

图 4-25 删除文件夹及其内容

"文件夹名"也可以是"已存在路径/文件夹名"。

4.3.11 文本编辑器:nano 文件名

先创建一个文件【new】,如图 4-26 所示。

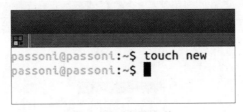

图 4-26 创建文件

再使用 nano 文本编辑器对其进行编辑,输入命令 nano new,如图 4-27 所示。

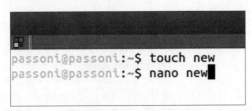

图 4-27 nano new

图 4-28 为 nano 文本编辑器打开文件 new 的界面。

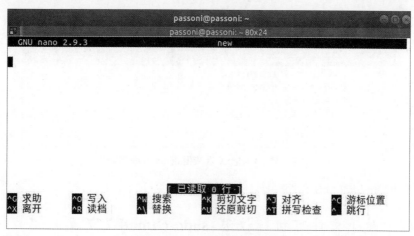

图 4 - 28　nano 文本编辑器

输入一些内容，例如一个创建文件的命令，如图 4 - 29 所示，稍后再运行这个文件，看会发生什么。

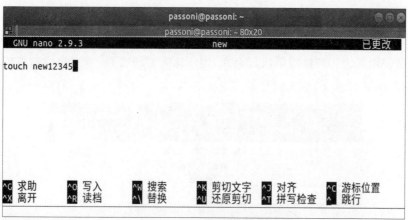

图 4 - 29　输入内容：touch new12345

然后按下 Ctrl＋O（不区分大小写），再按下回车键，保存文件内容，如图 4 - 30 所示。

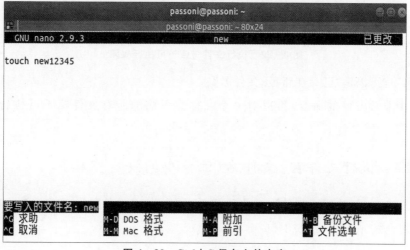

图 4 - 30　Ctrl＋C 保存文件内容

按下 Ctrl＋X(不区分大小写),退出 nano 编辑器,如图 4 – 31 所示。

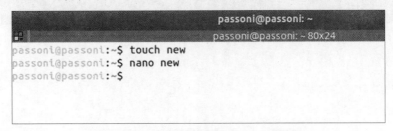

图 4 – 31　Ctrl＋X 直接退出 nano 编辑器

"文件名"也可以是"已存在路径/文件名"。

4.3.12　赋予文件可执行权限:sudo chmod 777 文件名

一般新建的文件都没有可执行权限,需要手动赋予可执行权限,才可以执行。

如图 4 – 32 所示,使用命令"./文件名"对文件【new】进行执行,提示权限不够,此时需要赋予文件可执行。文件没有可执行权限时,使用执行命令"./",再使用"Tab"键是无法自动补全的。

"sudo"是使用系统管理员权限执行命令,提示输入系统密码,本书提供的虚拟机系统密码是"raspberry",密码是密文,输入时是看不见内容的,输入完成按回车键即可。

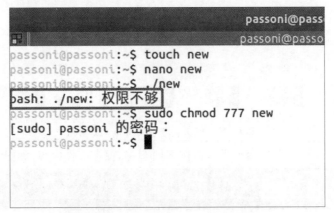

图 4 – 32　执行文件与赋予可执行权限

"文件名"也可以是"已存在路径/文件名"。

还有一个非常方便的命令,可以对一个文件夹下面的所有文件赋予可执行权限:sudo chmod -R 777 文件夹名字。

4.3.13　执行文件:./文件名(注意中间没有空格)

如图 4 – 33 所示,执行了文件【new】,主目录下多了一个文件【new123456】,由前文知道文件【new】的内容是"touch new123456"。

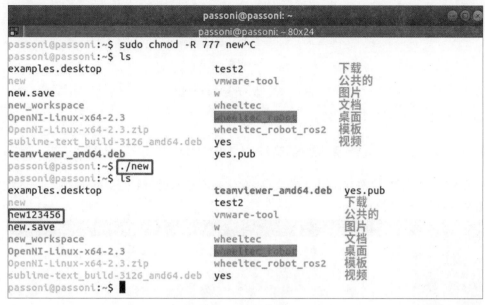

图 4 - 33　执行文件 new

"文件名"也可以是"已存在路径/文件名"。

4.3.14　python 文件执行命令:python 文件名(中间有空格)

python 文件也是可执行文件,但是无法使用命令". /文件名"执行,需要使用命令"python 文件名"来执行。

如图 4 - 34 所示,在主目录新建了一个 python 文件【new. py】,其内容是"print("aaaa")"。

图 4 - 34　python 文件 new. py

如图 4 - 35 所示,使用命令 python new. py 执行该文件,终端打印出了"aaaa",说明该 python文件正常执行了。

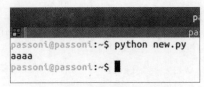

图 4 – 35　执行 python 文件

"文件名"也可以是"已存在路径/文件名"。

4.3.15　显示文件夹隐藏文件:Ctrl＋h

前缀为"."的文件、文件夹属于隐藏文件,默认是不显示的,通过按下按键 Ctrl＋h 把它们显示出来,如图 4 – 36 所示。

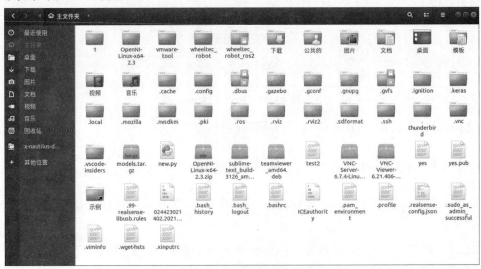

图 4 – 36　显示隐藏文件

4.3.16　其他常用命令

(1)给命令添加管理员权限:在命令前面加 sudo。

(2)清除终端当前内容:clear。

(3)复制文件:cp 已存在路径/文件名 目标路径/文件名。

(4)复制文件到指定路径:cp 已存在路径/文件名 指定路径。

(5)复制某个路径下的所有文件到指定路径:cp －r 已存在路径/ ＊ 指定路径。

(6)移动文件到指定路径:mv 已存在路径/文件名 指定路径。

(7)修改系统时间:sudo date -s"2021-08-18 13:26:00"。

(8)递归修改当前(终端)文件夹下所有文件及子文件夹下的文件的修改时间为当前系统时间:find . / ＊ -exec touch {} \。

(9)安装依赖库、功能包(联网后运行):sudo apt-get install 库名/功能包名。

(10)删除依赖库、功能包:sudo apt-get remove 库名/功能包名。

(11)"＊"代表通选,可以用于任何命令。例如:rm a ＊ 代表删除所有文件名第一个字母是"a"的文件,sudo apt-get install b ＊ 代表安装所有库/功能包名第一个字母是"b"的库/功能包。

4.4 远程控制

4.4.1 概述

一台电脑通过网络对另一台电脑的文件进行编辑、运行，就称为远程控制。

为什么需要进行远程控制呢？最直接的原因就是，机器人的上层决策功能程序是运行在机器人的微型电脑上的，当要运行功能程序时，如果要在微型电脑接上键盘、鼠标、显示屏，再运行程序的话，是很不方便的。

第一个不便是键盘、鼠标、显示屏会占用微型电脑上有限的 USB 接口，由 1.3 节可知 STM32 控制、雷达、摄像头都是通过 USB 接口与微型电脑连接的。

第二个不便是机器人运动起来后，是很难使用键盘、鼠标进行操作的，而机器人的大部分功能都是要求机器人运动起来才能实现的。

因此需要一台电脑对机器人上的微型电脑进行远程控制。

4.4.2 网络通信要求

远程控制是一台电脑通过网络对另一台电脑进行控制，这里就对网络通信有要求，要求就是两台电脑要处于同一个局域网下。

那么如何查看两台电脑是否处于同一个局域网下呢？

假设一台电脑的 IP 地址是 192.168.0.100，在另一台 Ubuntu 电脑输入命令：ping 192.168.0.100，如果出现如图 4-37 所示结果，则代表两台电脑已经处于同一个局域网下。

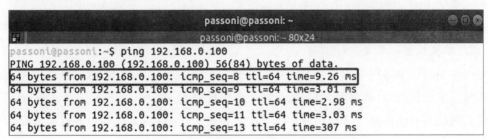

图 4-37　输入命令：ping 192.168.0.100

那么如何确定电脑的 IP 地址呢？在 Ubuntu 系统上输入命令 ip a，则可以查看电脑的 IP 地址，如图 4-38 所示，该电脑的 IP 地址就是 192.168.0.136。其实只要两台电脑 IP 地址前三段是一致的（在这里是 192.168.0），那么这两台电脑就处于同一个局域网下，反之则不在同一个局域网下。

要对一台电脑进行远程控制，除了要求两台电脑处于同一个局域网下之外，还要知道该电脑的 IP 地址、用户名和系统密码。

图 4 - 38　查看当前电脑的 IP 地址

对于 Ubuntu 电脑,IP 地址可以使用命令 ip a 进行查看,用户名就是终端绿色字体中"@"前面的部分"passoni",如图 4 - 39 所示。本书提供的虚拟机系统密码为"raspberry",ROS 机器人上的微型电脑系统密码则统一为"dongguan"。

图 4 - 39　终端下会显示 Ubuntu 电脑用户名

4.5　远程控制:网络通信配置

前面说了远程控制的网络通信要求,那么这些要求该怎么达成呢? 由于这部分的内容比较多,所以单独设置一节来进行讲解。

远程控制的网络通信要求两台(或多台)电脑处于同一个局域网下,通过有线网络和无线网络都可以实现使两台(或多台)电脑处于同一个局域网下。

使用网线的有线网络方法在网速和实时性上有很大优势,但是运动中的机器人是不方便连接网线的,只有在为机器人更新软件需要联网时才会接入网线。

因此这里只讨论无线网络实现的方法。

第一种方法是其中一台电脑通过无线网卡开启热点,发出 Wi-Fi 信号,其他电脑连接上该 Wi-Fi,这样这些电脑就处于同一个局域网下了。这种方法简称为热点模式。

第二种方法是使用路由器发出的 Wi-Fi 信号,所有电脑连接上路由器的 Wi-Fi,这样所有电脑就处于同一个局域网下了。这种方法简称为路由器模式。

这两种方法本质上是一样的,都是通过 Wi-Fi 信号实现的。

热点模式的优点是成本低,不需要额外购买路由器,同时信号范围是随机器人的移动而改变的,比较灵活;缺点是受网卡性能限制,一般只能接受两台电脑(不包括发出 Wi-Fi 的电脑)的接入。

路由器模式的优点是信号强,信号覆盖范围广,可以让 3 台以上的电脑处于同一个局域网下;缺点就是成本高,需要额外购买路由器,以及机器人只能在路由器信号范围内运动。

网卡的要求是单个频段(2.4 GHz/5 GHz)带宽至少 300 MHz,路由器要求至少是 1 000 MHz 路由器。

以本书的 ROS 机器人为例,其是由 ROS 机器人的微型电脑开启热点发出 Wi-Fi 信号,然后其他电脑连接该 Wi-Fi 进行远程控制的,即热点模式。

下面讲解一下相关的操作,包括以下 4 个,其用处说明如下。

(1)电脑创建热点:用于热点模式。

(2)电脑连接 Wi-Fi:用于路由器模式。

(3)固定 IP 地址-微型电脑:多电脑时,方便管理电脑。

(4)固定 IP 地址-Ubuntu 系统:多电脑时,方便管理电脑。

下面对这 4 个操作进行详细说明。

4.5.1 电脑创建热点

注意:ROS 机器人默认是创建热点/发出 Wi-Fi 模式,以及虚拟机无法创建热点。

这一步微型电脑需要连接显示屏、键盘和鼠标进行操作。

如果是微型电脑,开机后,点击桌面右上角的 Wi-Fi 图标,再点击展开栏的"Edit Connections...",如图 4-40 所示,然后会进入"Network Connections"("网络连接")界面。

工控机和普通电脑一般没有"Edit Connections..."这个选项,可以通过命令"nm-connection-editor"进入"Network Connections"("网络连接")界面。

图 4-40 Wi-Fi 图标与"Edit Connections..."

在"Network Connections"界面点击"＋",新建网络,如图 4-41 所示。

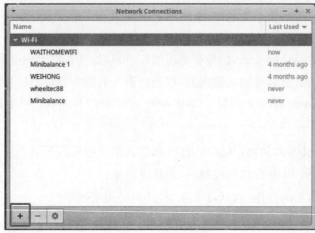

图 4-41　新建网络

选择网络连接类型"Wi-Fi",如图 4-42 所示。

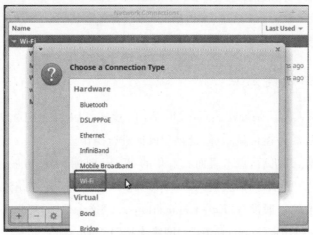

图 4-42　选择网络连接类型

点击"Create…"(创建),如图 4-43 所示。

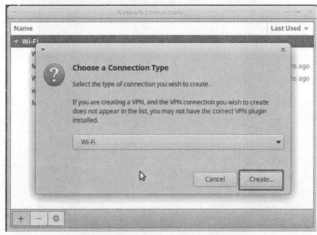

图 4-43　点击"Create…"(创建)

　　然后会弹出编辑网络的窗口,如图 4 - 44 所示,首先"Connection name"是这个网络连接的名字,后面开启时会用到它。

　　"Connection name"下面有 6 个选项,分别是"General" "Wi-Fi" "Wi-Fi Security" "Proxy" "IPv4 Settings"和"IPv6 Settings"。只需要编辑"Wi-Fi"和"Wi-Fi Security"这两个选项。

　　首先是"Wi-Fi",其下的"SSID"是 Wi-Fi 名称,开启热点后,其他电脑搜索到的 Wi-Fi 名称就是它。

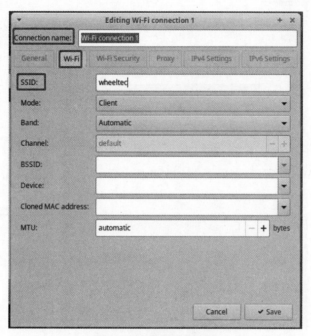

图 4 - 44　编辑网络连接

　　之后是"Mode",如图 4 - 45 所示,这里选择"Hotspot"(即热点模式)。

图 4 - 45　选择 Hotspot(热点模式)

　　然后是"Band"(即频段),这里选择默认的"Automatic"(即自动),如图 4 - 46 所示,也可以选择为 2.4 GHz 或 5 GHz。

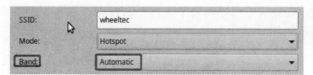

图 4 - 46　Band(频段)

"Wi-Fi"部分只需要设置这三项,其次是"Wi-Fi Security",在其下的"Security"选择"WPA & WPA2 Personal",如图 4 - 47 所示。

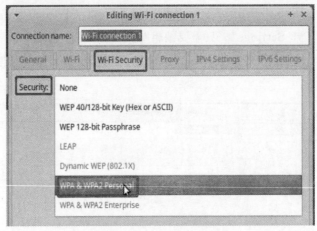

图 4 - 47　"Wi-Fi Security"

此时即可设置 Wi-Fi 密码,密码要求至少 8 位字符,设置完成后点击"Save",即可保存该热点网络配置,如图 4 - 48 所示。

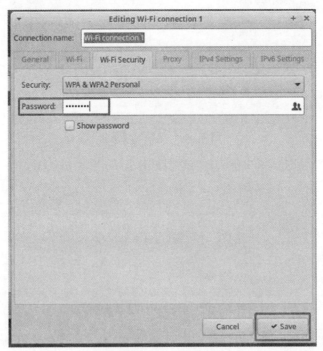

图 4 - 48　设置 Wi-Fi 密码

在热点配置完成后,就可以启动热点了。启动前首先需要断开当前的无线连接。

微型电脑点击桌面右上角 Wi-Fi 图标,然后点击"Connect to Hidden Wi-Fi Network...",如图 4 - 49 所示。工控机或者普通电脑则可以在"Settings"系统设置的"Wi-Fi"界面的右上角点击"三横杠",再点击"Connect to Hidden Network...",如图 4 - 50 所示。

图 4 - 49　Connect to Hidden Network...

图 4 - 50　Connect to Hidden Network...

在弹出窗口的"Connection"处下拉菜单中选择刚才配置好的热点,如图 4 - 51 所示。

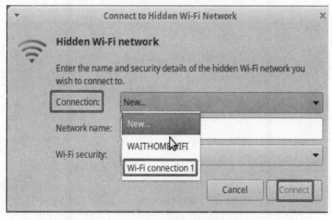

图 4 - 51　选择配置好的热点网络

然后点击"Connect"即可开启热点,如图 4 - 52 所示。

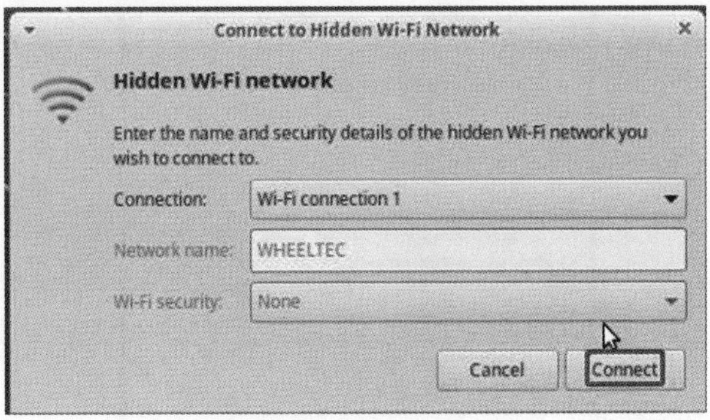

图 4 - 52　开启热点

当桌面右上角显示"Connection Established"时,即代表热点开启成功,如图 4 - 53 所示。此时其他电脑可以搜索到该 Wi-Fi,Wi-Fi 名称是热点配置中的"SSID"。

图 4 - 53　热点开启成功

4.5.2　电脑连接 Wi-Fi

对于微型电脑,只需要点击桌面右上角的 Wi-Fi 图标,然后点击"Disconnect",即可断开当前无线网络,再点击 Wi-Fi 图标即可看见电脑当前搜索到的 Wi-Fi,然后进行连接,如图 4 - 54 所示。

图 4 - 54　关闭当前无线网络

对于工控机或普通电脑来说,当其处于 Wi-Fi 网络连接状态时,默认可见其他 Wi-Fi 网络,如果需要断开当前 Wi-Fi 网络,连接其他 Wi-Fi 网络时,只需要点击其他 Wi-Fi 网络进行连接即可;当其处于热点网络连接状态时,则只需要在系统设置的"Wi-Fi"界面下,点击"Wi-Fi Hotspot"的"ON",即可关闭当前热点,如图 4 - 55 所示。

然后在系统设置的"Wi-Fi"界面下即可看见电脑当前搜索到的 Wi-Fi,然后进行连接,如图 4 - 56 所示。

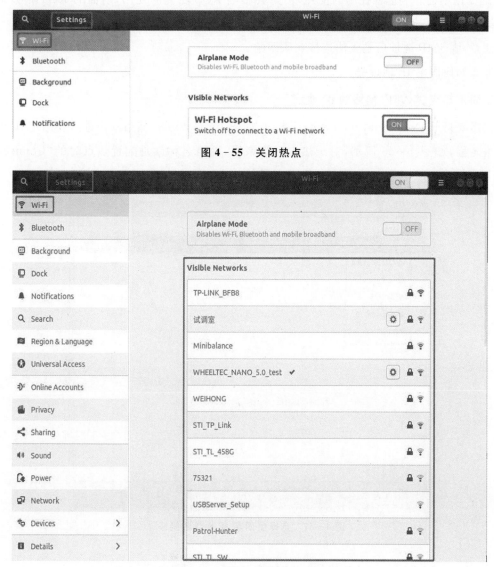

图 4 - 55　关闭热点

图 4 - 56　选择 Wi-Fi 进行连接

4.5.3　固定 IP 地址

固定 IP 地址主要是为了方便管理不同的电脑,像笔者在为 ROS 机器人创建热点网络时,都会将其 IP 地址设置为 192.168.0.100,这样在其他电脑连接上 ROS 机器人时,就可以直接使用这个 IP 地址对机器人进行远程控制。

上面是为热点网络固定 IP 地址的原因,有时候也会为连接 Wi-Fi 的电脑进行 IP 地址固定。因为虽然当电脑连接上热点时,其网络会自动处于同一局域网下,即前三段 IP 地址一致,但是第 4 段 IP 地址有时候是会发生变化的。例如热点网络是 192.168.0.100,电脑 A 连接该热点后,电脑 A 的 IP 地址就会是 192.168.0.×××,后面这个×××是会变化的,虽然这个 IP 地址变化不会影响远程控制的使用,但是会影响 ROS 功能的使用,后面的 ROS 相关章节会详细讲解原因。

注意:固定 IP 地址后是无法连接互联网的。

那么如何固定 IP 地址呢?

1. 固定热点 / Wi-Fi 网络的 IP 地址

只需要打开"Network Connections"界面,如图 4 - 57 所示。然后双击进入要固定 IP 地址的网络名称,如图 4 - 58 所示,对于热点网络来说,网络名称就是配置热点时的"Connection name",对于 Wi-Fi 网络来说,网络名称就是连接的 Wi-Fi 名。

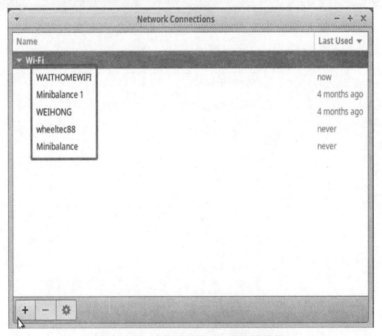

图 4 - 57　选择要固定 IP 地址的网络

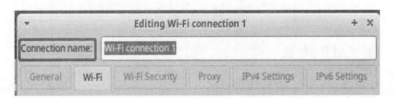

图 4 - 58　**Connection name**

进入网络配置页面,如图 4 - 59 所示。进入"IPv4 Settings"选项,点击"Add",编辑 "Address(optional)"的内容,其中的"Address"就是要设置的固定 IP 地址,"Netmask"默认配置为"255.255.255.0","Gateway"则是前三段与固定 IP 地址一致,第四段为"1",然后点击 "Save"即可,至此固定热点/Wi-Fi 网络的 IP 地址成功。断开并重新连接该网络,固定 IP 地址即可生效。

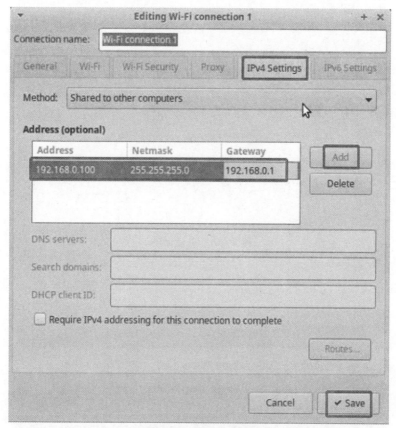

图 4 - 59　固定 IP 地址

2.固定有线网络的 IP 地址

这里主要是用于虚拟机,因为虚拟机是没有 Wi-Fi 选项的,虚拟机的网络都是以有线网络的形式显示出来的。这个固定有线网络的 IP 地址的操作也适用于其他 Ubuntu 电脑。下面讲解如何固定有线网络的 IP 地址。

输入命令 nm-connection-editor,打开"Network Connections"界面,如图 4 - 60 所示。

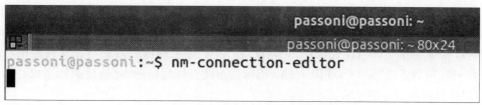

图 4 - 60　输入命令 nm-connection-editor

点击"十"新建网络,如图 4-61 所示。

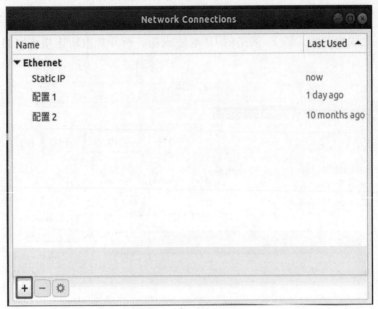

图 4-61　新建网络

选择"Ethernet"(即以太网),并点击"Create..."创建网络配置,如图 4-62 所示。

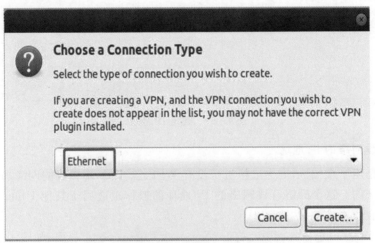

图 4-62　创建网络配置

　　进入网络配置页面,可以看到"Connection name"(稍后会用到),"Method"选择"Manual"(即手动),然后点击"Add",设置固定 IP 地址,注意 IP 地址的前三段要与想要控制的电脑的 IP 地址一致,最后点击"Save",如图 4-63 所示。至此有线网络的 IP 地址固定完成。下来还需要启用该网络配置才能生效。

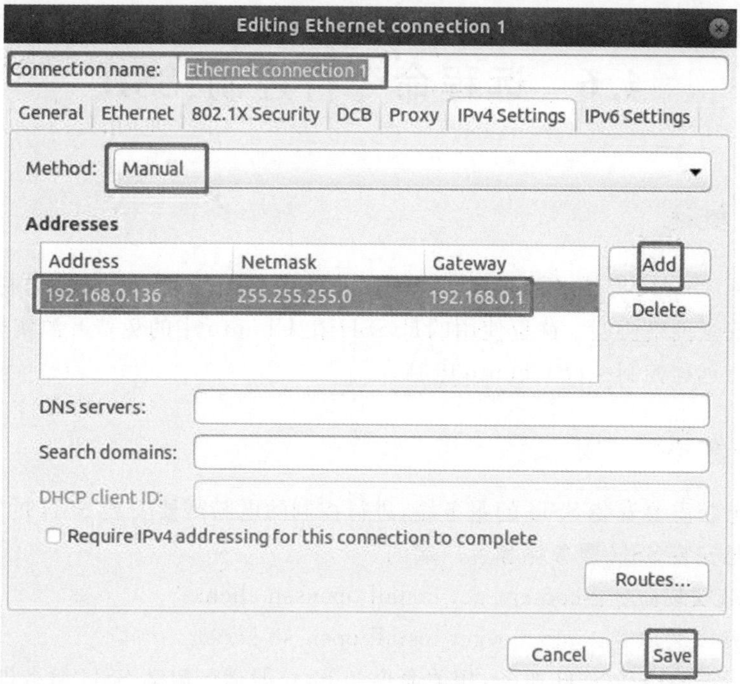

图 4 - 63　固定 IP 地址

　　点击桌面右上角的网络连接图标,点击"Wired Connected"(即有线连接),再选择刚才创建的固定 IP 地址的网络配置"Ethernet connection 1",如图 4 - 64 所示。之后固定 IP 地址即可生效,可以使用命令"ip a"查看当前的 IP 地址。注意:如果要连接互联网,需要选择未固定 IP 地址的网络配置。

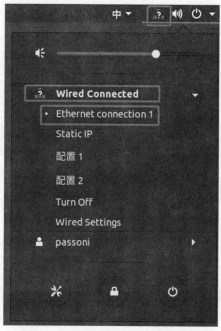

图 4 - 64　选择"Ethernet connection 1"

4.6 远程命令行控制：SSH

4.6.1 概述

Secure Shell(SSH) 是由 IETF(The Internet Engineering Task Force) 制定的建立在应用层基础上的安全网络协议。这里使用的是 SSH 在 Ubuntu 中的免费开源实现。通过 SSH，可以使用命令行远程控制一台 Ubuntu 电脑。

4.6.2 安装

被控制的电脑需要安装 SSH 的服务端，进行控制的电脑需要安装 SSH 的客户端，而一台电脑是可以同时安装 SSH 服务端和客户端的。

SSH 服务端安装命令：sudo apt-get install openssh-client。

SSH 客户端安装命令：sudo apt-get install openssh-server。

安装完成后需要启动 SSH 服务，相关命令如下，一般运行启动 SSH 服务即可。

启动 SSH 服务：sudo /etc/init. d/ssh start。

关闭 SSH 服务：sudo /etc/init. d/ssh stop。

重启 SSH 服务：sudo /etc/init. d/ssh restart。

本书提供的虚拟机是已经安装了 SSH 服务端、客户端和启动了 SSH 服务的。

4.6.3 使用

这里的使用以远程控制 ROS 机器人为例，即 ROS 机器人是服务端。

客户端需要先对主目录下的一个文件【. bashrc】进行配置，如图 4 - 65 所示，在该文件的最后加上一行文字 export SVGA_VGPU10＝0，这个与图形化窗口权限有关。该文件配置一次即可。

图 4 - 65 export SVGA_VGPU10＝0

然后首先客户端电脑需要连接服务端发出的 Wi-Fi，本书使用的 ROS 机器人 Wi-Fi 的前缀都是 WHEELTEC，密码是 dongguan。注意：虚拟机要检查网络连接（可参考 4.2.4 节）。

客户端连接服务端的 Wi-Fi 后，Ctrl＋Alt＋t 打开终端，输入命令 ssh -Y wheeltec@192. 168.0.100 进行 SSH 登录，登录成功后才可以进行远程控制。下面解释下这个命令的含义。

ssh:SSH 登录的意思。

-Y:赋予 SSH 打开图形化窗口权限,因为机器人的很多功能需要弹窗进行交互,所以如果没有打开图形化窗口的权限,这些功能将会报错并无法运行。

wheeltec:服务端的用户名。

192.168.0.100:服务端的 IP 地址。

输入命令 ssh -Y wheeltec@192.168.0.100 后按下回车键,会提示输入密码,此时的密码应该输入服务端的系统密码,这里的服务端是 ROS 机器人,密码是 dongguan,密码是密文无法看见,输入完成后点击回车键,结果如图 4-66 所示。可以看到 SSH 登录成功后,"用户名@主机名"由"passoni@passnoi"变为了"wheeltec@wheeltec",代表 SSH 登录成功,可以进行远程命令行控制了。

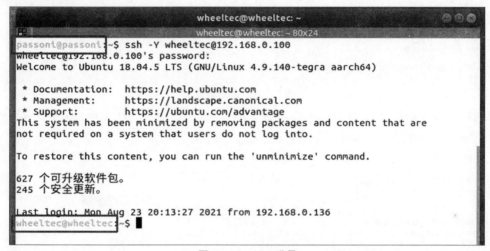

图 4-66　SSH 登录

如果 SSH 登录的时候遇到如图 4-67 所示的警告,只需要在终端复制粘贴警告里面提示的命令 ssh-keygen -f "/home/passoni/.ssh/known_hosts" -R "192.168.0.100",然后重新登录即可,如图 4-68 所示。

```
passoni@passoni: ~
passoni@passoni: ~ 80x24
passoni@passoni:~$ ssh -Y wheeltec@192.168.0.100
@@@@@@@@@@@@@@@@@@@@@@@@@@@@@@@@@@@@@@@@@@@@@@@@@@@@@@@@@@@@@@@
@    WARNING: REMOTE HOST IDENTIFICATION HAS CHANGED!     @
@@@@@@@@@@@@@@@@@@@@@@@@@@@@@@@@@@@@@@@@@@@@@@@@@@@@@@@@@@@@@@@
IT IS POSSIBLE THAT SOMEONE IS DOING SOMETHING NASTY!
Someone could be eavesdropping on you right now (man-in-the-middle attack)!
It is also possible that a host key has just been changed.
The fingerprint for the ECDSA key sent by the remote host is
SHA256:mDDl50jei0A5+m4k0y3iHNz914NaGa8p8AxzALJSSOw.
Please contact your system administrator.
Add correct host key in /home/passoni/.ssh/known_hosts to get rid of this messag
e.
Offending ECDSA key in /home/passoni/.ssh/known_hosts:7
  remove with:
  ssh-keygen -f "/home/passoni/.ssh/known_hosts" -R "192.168.0.100"
ECDSA host key for 192.168.0.100 has changed and you have requested strict check
ing.
Host key verification failed.
passoni@passoni:~$
```

图 4-67　SSH 登录警告

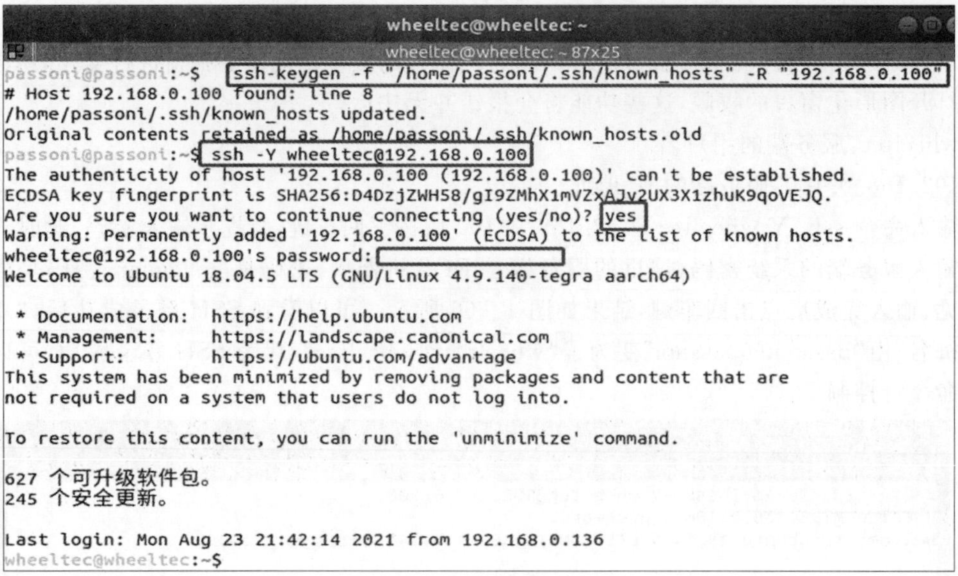

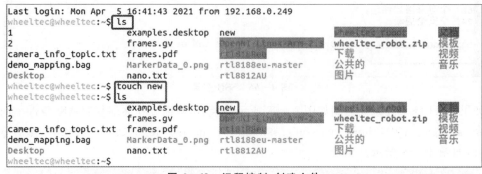

图 4 - 68　重新登录

SSH 登录成功后,即可通过命令行对服务端进行控制,例如创建文件,如图 4 - 69 所示,SSH 登录就相当于把服务端的终端转移到了客户端上来。

退出 SSH 登录命令:Ctrl+d。

图 4 - 69　远程控制:创建文件

4.6.4　SSH 别名登录

别名登录就是在 SSH 登录的时候只需要输入命令"ssh 别名"即可进行 SSH 登录,这样可以节省部分登录的时间,那么如何设置别名登录呢?

只需要在文件【/home/用户名/.ssh/config】添加别名设置即可,别名设置包括别名、服务端 IP 地址、服务端用户名和服务端登录端口号(默认 22)。

首先使用 nano 编辑器打开文件【/home/用户名/.ssh/config】,如图 4 - 70 所示。如果没有该文件,手动创建即可(nano 编辑器的使用见 4.3.11 节)。

图 4 - 70　打开文件 config

然后设置别名,这里别名设置为"abc",如图 4 - 71 所示。

图 4 - 71 设置别名

设置完成即可使用别名登录,如图 4 - 72 所示,输入命令 ssh abc,然后输入客户端密码,按回车键,登录成功。

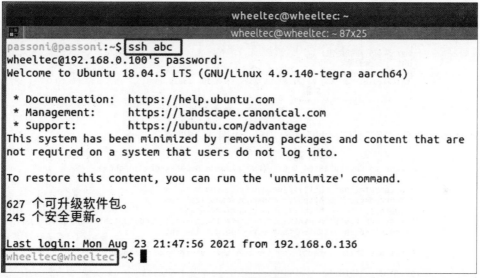

图 4 - 72 别名登录

4.6.5 SSH 免密登录

免密登录可以节省登录时输入密码的时间,其实现操作也很简单。

首先在客户端生成公钥密钥对,命令为 ssh-keygen -t rsa,然后按两次回车键,如图 4 - 73 所示。

```
passoni@passoni:~$ ssh-keygen -t rsa
Generating public/private rsa key pair.
Enter file in which to save the key (/home/passoni/.ssh/id_rsa):
/home/passoni/.ssh/id_rsa already exists.
Overwrite (y/n)?
passoni@passoni:~$ 
```

图 4 - 73 生成公钥密钥对

然后把公钥上传到服务端,这里同样需要知道服务端的用户名、IP 地址,命令为 ssh-copy-id 服务端用户名@服务端 ip 地址,按回车键后同样需要输入服务端的系统密码。如图 4 - 74 所示,输入命令为 ssh-copy-id wheeltec@192.168.0.100。至此免密登录设置完成。这样以后使用该客户端电脑 SSH 登录该服务端就不需要输入密码了。

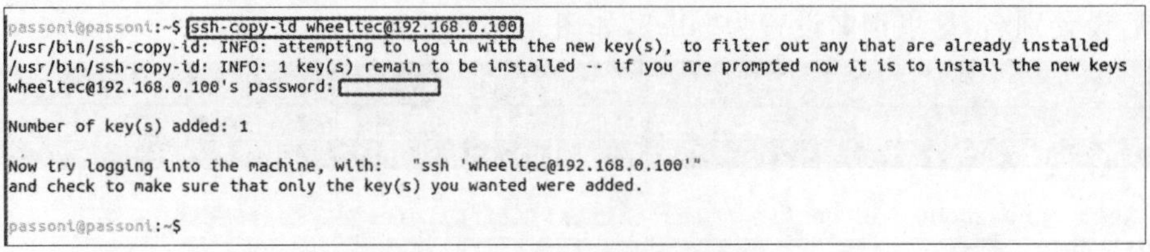

图 4-74 上传公钥到服务端

如图 4-75 所示,SSH 登录没有提示需要输入服务端密码。

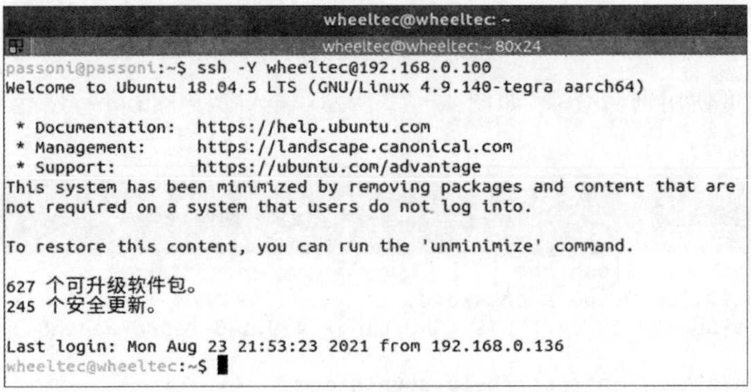

图 4-75 免密登录

别名登录和免密登录是可以同时使用的,如图 4-76 所示。

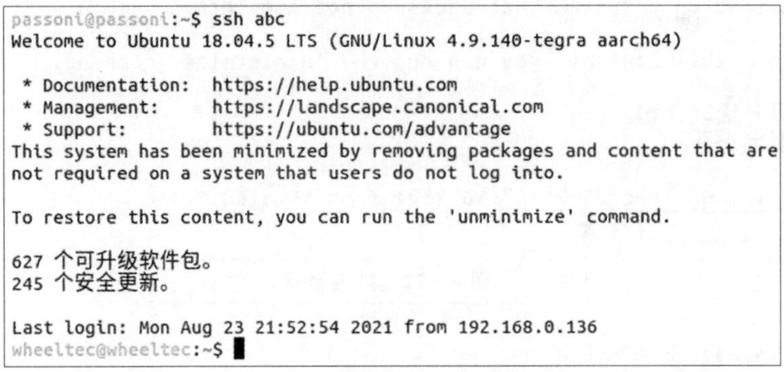

图 4-76 别名登录+免密登录

4.7 远程桌面控制:VNC

4.7.1 概述

前面讲解了远程命令行控制方法 SSH,但是有时候命令行控制不方便,想用桌面图形化界面进行控制该怎么做呢? 那么 VNC 就可以解决该问题。

VNC 是一个使用非常简单和安全的远程桌面控制软件工具,它支持所有系统间的远程桌面控制,前提是被控制的系统电脑安装了 VNC 的服务端,而控制端的系统只需要安装 VNC 的客户端即可对安装了 VNC 服务端的系统进行远程桌面控制。这里仅说明 Ubuntu 服务端、客户端的安装使用以及 Windows 客户端的安装使用。

VNC 服务端官网下载网址：https://www.realvnc.com/en/connect/download/vnc/。

VNC 客户端官网下载网址：https://www.realvnc.com/en/connect/download/viewer/。

4.7.2　Ubuntu 服务端的安装与配置

VNC 的 Ubuntu 服务端的安装直接通过 apt 进行安装，运行命令 sudo apt-get install vino，如图 4-77 所示。

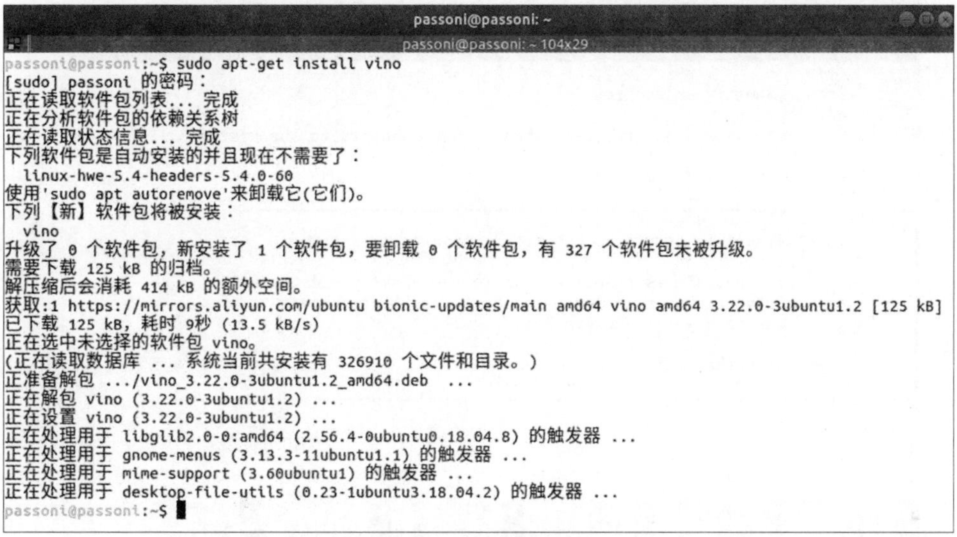

图 4-77　安装 vino

然后运行以下 3 条命令，如图 4-78 所示。

sudo ln -s ../vino-server.service /usr/lib/systemd/user/graphical-session.target.wants

gsettings set org.gnome.Vino prompt-enabled false

gsettings set org.gnome.Vino require-encryption false

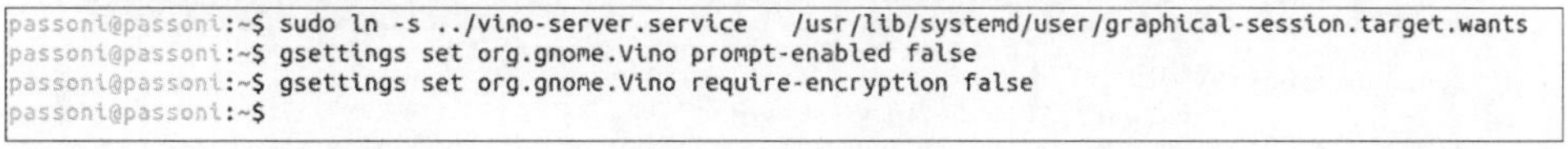

图 4-78　运行命令

然后运行 nano 命令（sudo nano /usr/share/glib-2.0/schemas/org.gnome.Vino.gschema.xml）打开文件 org.gnome.Vino.gschema.xml（nano 编辑器的使用见 4.3.11 节），如图 4-79 所示。

图 4-79　打开文件

在该文件最后面的"</schema>"前加上以下内容，如图 4-80 所示。

<key name='enabled' type='b'>

　<summary>Enable remote access to the desktop</summary>

<description>

 If true，allows remote access to the desktop via the RFB

 protocol. Users on remote machines may then connect to the

 desktop using a VNC viewer.

</description>

<default>false</default>

</key>

图 4 - 80　编辑文件

运行以下两条命令，然后按下 Ctrl+C 键，如图 4 - 81 所示。

sudo glib-compile-schemas /usr/share/glib-2. 0/schemas

/usr/lib/vino/vino-server

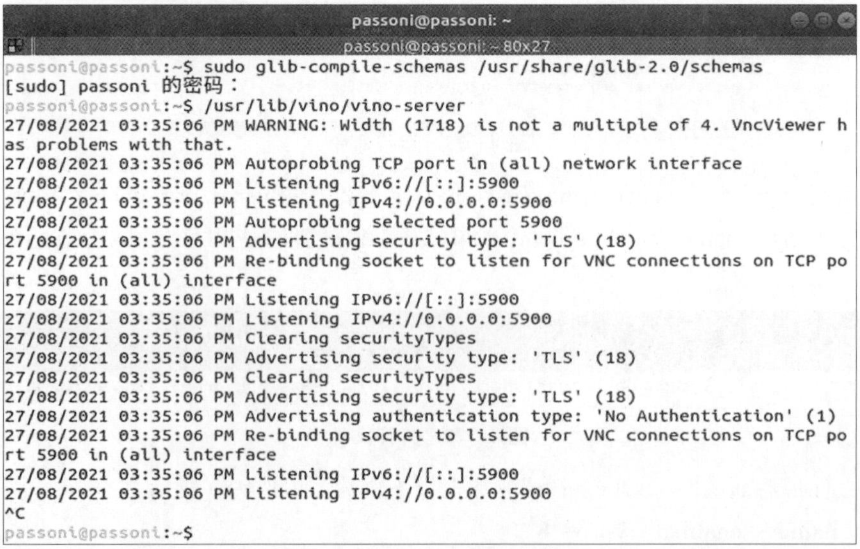

图 4 - 81　运行命令

　　然后输入以下两条命令,设置 VNC 登录密码,其中的"dongguan"就是密码,用户可以自定义密码,如图 4 - 82 所示。

gsettings set org. gnome. Vino authentication-methods "['vnc']"

gsettings set org. gnome. Vino vnc-password $(echo -n 'dongguan'|base64)

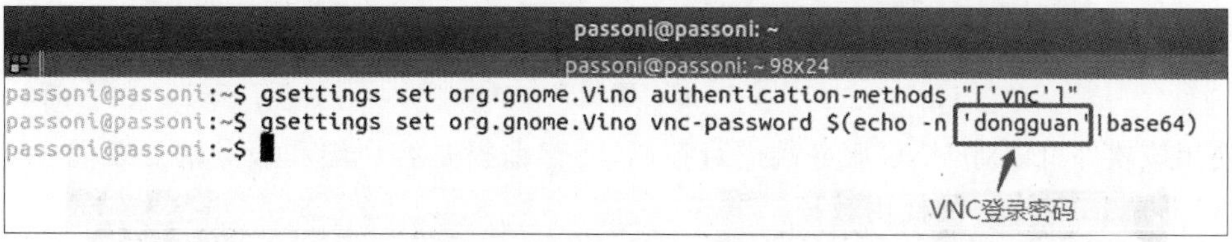

图 4 - 82　设置 VNC 登录密码

　　然后重启电脑。电脑重启完成再运行以下命令,设置开机启动 VNC 服务,如图 4 - 83 所示。

gsettings set org. gnome. Vino enabled true

mkdir -p ~/. config/autostart

nano ~/. config/autostart/vino-server. desktop

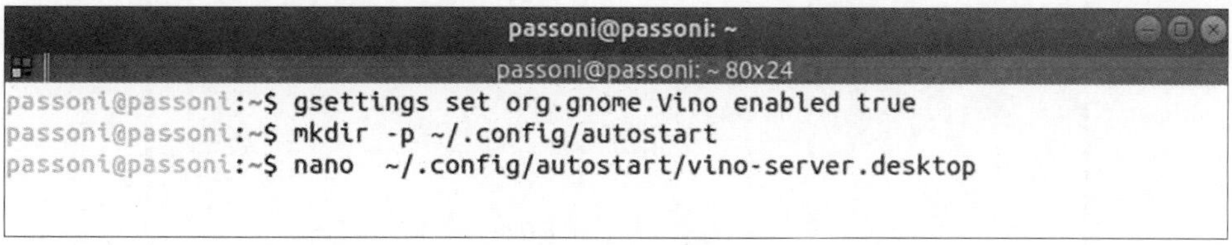

图 4 - 83　运行命令

　　以上最后一个命令是使用 nano 编辑器编辑文件 vino-server. desktop,在该文件最后面加入以下内容,如图 4 - 84 所示。

[Desktop Entry]

Type＝Application

Name＝Vino VNC server

Exec＝/usr/lib/vino/vino-server

NoDisplay＝true

图 4 - 84　添加内容

　　然后再重启电脑,至此 VNC 服务端安装完成。

4.7.3　Ubuntu 客户端的安装与使用

　　这里 Ubuntu 的 VNC 客户端本书不使用 VNC 官方提供的软件,而是使用另一个软件

Remmina,这个软件同时提供了 RDP、VNC、XDMCP 和 SSH 等远程连接协议的支持。这个软件一般 Ubuntu 系统都是自带的,如果没有该软件的话可以运行命令"sudo apt-get install remmina"进行安装,如图 4 - 85 所示。

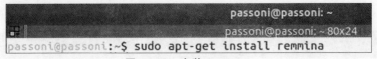

图 4 - 85　安装 Remmina

使用该软件可以对 VNC 服务端进行控制,当然前提是客户端和服务端处于同一个局域网下,以下是 Remmina 的使用教程。

在终端输入命令 remmina 打开软件 Remmina 后,首先选择 VNC 协议,然后输入服务端的 IP 地址,按回车键即可,如图 4 - 86 所示。

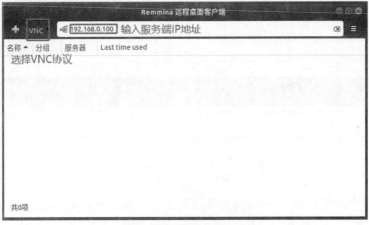

图 4 - 86　使用 Reminna

然后输入 VNC 登录密码,上文设置的密码是 dongguan,点击"确定(O)"按钮,如图 4 - 87 所示。

图 4 - 87　输入 VNC 密码

点击"确定(O)"铵钮后即会进入 ROS 机器人上的微型电脑的桌面,代表 VNC 登录成功,点击 Remmina 界面左侧的大齿轮按键可以调整远程桌面的画质,如图 4 - 88 所示。

图 4 - 88　VNC 登录成功与画质调整

在 VNC 桌面单击鼠标右键,再点击"Open Terminal",可以打开终端,如图 4 - 89 和图 4 - 90所示。

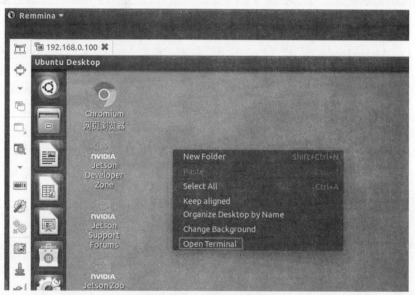

图 4 - 89　右键打开终端

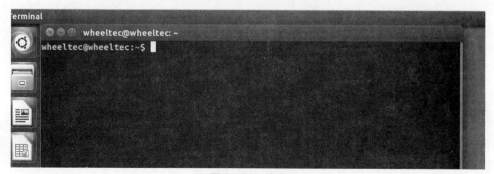

图 4 - 90　终端

如果觉得远程桌面的分辨率太高或者太低，可以使用命令 xrandr --fb 1024 * 768 进行调整，其中"1024 * 768"代表分辨率，如图 4 - 91 所示。

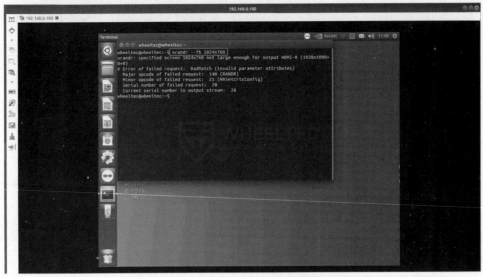

图 4 - 91　xrandr --fb 1024x768 调整分辨率

4.7.4　Windows 客户端的安装与使用

VNC 的 Windows 客户端使用 VNC 官网提供的软件，官方链接如下，下载完成后安装即可。

VNC 的 Windows 官方客户端网址：https://www.realvnc.com/en/connect/download/viewer/windows/。

VNC 的 Windows 官方客户端打开后，只需要在地址栏输入服务端的 IP 地址，如图 4 - 92 所示，按回车键，然后输入 VNC 登录密码即可。

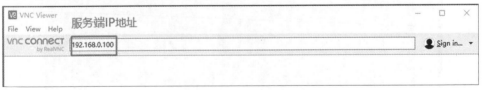

图 4 - 92　VNC 登录

4.8　远程挂载文件：NFS

4.8.1　概述

NFS 是网络文件系统（Network File System）的缩写，是由 SUN 公司研制的 UNIX 表示层协议（presentation layer protocol），能使使用者访问网络上别处的文件，就像在使用自己的计算机一样（以上是摘自百度百科的描述）。

总的来说,使用 NFS 可以让两台(或多台)电脑互相访问、修改文件,这里同样要求这些电脑处于同一个局域网下。本节主要讲解 NFS 在 Ubuntu 系统下的配置和使用。

NFS 也分为服务端和客户端,把本机文件提供(共享)出去的电脑为服务端,服务端要共享哪些文件就要把哪些文件添加到共享目录,不在共享目录的文件客户端是无法访问的。每台电脑可以同时是服务端和客户端。

4.8.2　服务端的安装与配置

(1)NFS 服务端安装命令:sudo apt-get install nfs-kernel-server。

(2)编辑文件【/etc/exports】,将要共享的文件/文件夹添加进去:

1)nano 编辑器编辑文件:sudo nano /etc/exports。

2)在文件【/etc/exports】添加内容:要共享的文件/文件夹 *(rw,sync,no_root_squash)。

以本书使用的 ROS 机器人为例,希望通过 NFS 共享【/home/wheeltec/wheeltec_robot】这个文件夹及其下的所有内容,就在文件【/etc/exports】下添加了内容【/home/wheeltec/wheeltec_robot *(rw,sync,no_root_squash)】,如图 4-93 所示。这个文件夹存放了本书使用的 ROS 机器人的绝大部分功能的源码。

图 4-93　ROS 机器人通过 NFS 共享的文件夹

(3)给要共享的文件/文件夹添加共享权限:

sudo chmod　-R　777 要共享的文件/文件夹。

sudo chown　-R　777 要共享的文件/文件夹。

(4)启动 NFS 共享服务:

sudo /etc/init. d/nfs-kernel-server start。

sudo /etc/init. d/nfs-kernel-server restart。

至此 NFS 服务端安装配置完成。

4.8.3　客户端的安装与使用

（1）NFS 客户端安装命令：sudo apt-get install nfs-common。

（2）NFS 挂载文件命令：sudo mount -t nfs 服务端 IP 地址：要挂载的服务端共享的文件/文件夹 客户端存放要挂载文件的文件夹。

（3）NFS 取消挂载文件命令：sudo umount -t nfs 服务端 IP 地址：要取消挂载的服务端共享的文件/文件夹 客户端存放挂载文件的文件夹。

客户端在安装 NFS 客户端后，就可以进行 NFS 文件挂载了，即把服务端共享出来的文件挂载到客户端指定的文件夹下，在客户端编辑/删除文件，服务端上对应的文件也会被编辑/删除，反之在服务端编辑/删除文件，客户端挂载过来的文件也会对应被编辑/删除。

接下来演示 NFS 客户端挂载文件的操作，首先看一下服务端共享的文件夹下有什么内容，如图 4 - 94 所示，ROS 机器人（即服务端）共享的文件夹是【/home/wheeltec/wheeltec_ro-bot】，其下有 3 个文件夹【build】【devel】【src】。

图 4 - 94　服务端共享的文件夹下的内容

接下来把服务端共享的文件夹挂载到客户端的【/mnt】下。

首先运行命令 cd /mnt，然后运行命令 ls，可以看到文件夹【/mnt】下除了【hgfs】什么也没有。

然后运行命令 sudo mount-t nfs 192.168.0.100：/home/wheeltec/wheeltec_robot /mnt 把服务端共享的文件夹挂载到客户端的【/mnt】下，再运行命令 ls，可以看到文件夹【/mnt】下多了 3 个文件夹【build】【devel】【src】，说明 NFS 挂载成功了。

运行命令 cd .. 退出文件夹【mnt】，再运行命令 sudo umount -t nfs 192.168.0.100：/home/wheeltec/wheeltec_robot /mnt 取消 NFS 文件挂载，如果不先退出文件夹【mnt】，取消挂载会失败。

再运行命令 cd /mnt 和 ls，可以看到文件夹【mnt】的【build】【devel】【src】消失了，说明取消挂载成功了。

以上过程如图 4 - 95 所示。

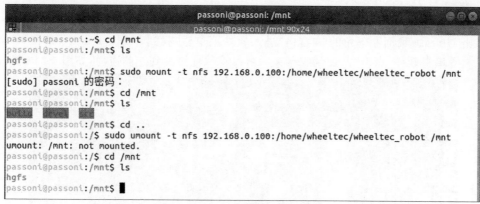

图 4 - 95　NFS 挂载与取消挂载

4.9　文本编辑器:Sublime Text

4.9.1　概述

Sublime Text 是一个功能十分强大和方便的文本编辑器软件,它可以用于编写代码,也可以识别非常多格式/语言的文本/程序并对关键信息进行高亮显示,如 txt、C＋＋、C♯、Python、YAML 等。笔者查看、编辑和讲解源码的时候都会使用该软件来进行。

Sublime Text 官网网址:http://www. sublimetext. com/。

该软件除了 Ubuntu 之外还支持 Windows 和 macOS。注意:该软件不支持树莓派、Jetson系列和 AGX 系列微型电脑。

4.9.2　安装

Sublime Text 的 Ubuntu 版官方安装教程网址:http://www. sublimetext. com/docs/linux_repositories. html。

下面将官方教程翻译并贴出来。

(1)安装 GPG 密钥:wget -qO -https://download. sublimetext. com/sublimehq-pub. gpg | sudo apt-key add-。

(2)安装 apt-transport-https:sudo apt-get install apt-transport-https。

(3)添加软件源,这里选择 Stable 稳定版,Dev 开发版为收费版本:echo "deb https://download. sublimetext. com/ apt/stable/" | sudo tee /etc/apt/sources. list. d/sublime-text. list。

(4)开始安装:

sudo apt-get update;

sudo apt-get install sublime-text。

至此 Sublime Text 安装完成。

4.9.3　使　用

点击 Ubuntu 桌面左下角的"9 宫格"进入软件菜单栏,找到 Sublime Text,单击即可打开软件。右键单击软件,点击"添加到收藏夹",可以将软件添加到左侧边栏,如图 4 - 96 所示。

图 4 - 96　软件 Sublime Text

软件打开后界面如图 4 - 97 所示,可以拖动文件夹进软件或者通过软件左上角的【File→Open Folder…】打开文件夹进行编辑,如图 4 - 98 所示。

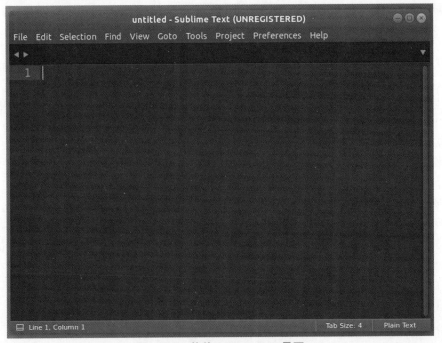

图 4 - 97　软件 Sublime Text 界面

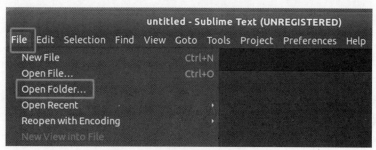

图 4 - 98   File→Open Folder...

例如通过 NFS 把 ROS 机器人的文件夹【/home/wheeltec/wheeltec_robot】挂载到文件夹【/mnt】后,可以使用 Sublime Text 打开文件夹【/mnt】进行编辑,如图 4 - 99 所示。

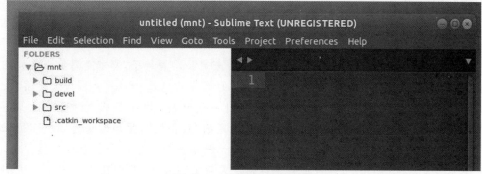

图 4 - 99   使用 Sublime Text

4.9.4   常用功能与快捷键

(1)中文界面:依次选择点击 Tools→Install Package Control,等待安装完成,然后依次选择点击 Preference→Package Control→Package Control:Install Package,等待新界面弹出,然后在新界面搜索"ChineseLocalizations",点击搜索到的"ChineseLocalizations",然后等待安装完成,中文界面即已存在于 Sublime Text 内。

(2)切换语言:Help→Language。

(3)记住文件格式对应打开方式:右下角→Open all with current extension as...。

(4)界面分栏:View→Layout 或者 Alt+Shift+(数字)。

(5)全局搜索:Find→Find in Files... 或者 Ctrl+Shift+F。

(6)多字符选中同时修改:Ctrl+D。

(7)快速跳转函数定义:Ctrl+P,输入"函数所在文件关键词@函数关键词(输入函数关键词后可以通过方向键选择函数文件)"。

(8)快速跳转函数/变量定义:将鼠标悬停在符号上,就可以跳转到其定义的文件。

(9)自定义按键绑定:Preference→Key Bindings。

(10)Ctrl+Z:撤销修改。

(11)Ctrl+Y:恢复修改。

(12)Ctrl+F:查找关键字。

(13)Ctrl+Shift+K:删除整行。

(14)Ctrl+/:注释单行。

(15)Ctrl+Shift+/:注释多行。

(16)Tab:向右缩进。

(17)Shift+Tab:向左缩进。

(18)Ctrl+M:光标移动至括号内结束或开始的位置。

【劳动教育案例】

全国劳动模范张美冲

一根拐杖,两个邮包。每年一个二万五千里(1 里=0.5 km)长征,每个月穿烂两到三双解放鞋。崎岖险峻的邮路,夏历骄阳、暴雨,冬趟积雪、寒冰,数历生命危险。17 年,走过 $18×10^4$ km 路,送达邮件百余万件,无一丢失、损毁。张美冲,一名山村邮递员,共产党员,被群众新闻媒体称作"拐杖信使"。他一个人的"长征",架起深山 7 000 名山民与大千世界的信息桥梁。

在湖北省西部山区,还有全省唯一一个至今未通公路的村子,那就是恩施土家族苗族自治州恩施市新塘乡双河邮政所乡邮员张美冲的邮路必经地——河溪村。木栗园村、河溪村、甘坪村、车营村、太山庙村等五个行政村一线相连,构成了张美冲的邮路,全程108 km,往返三日班,沿途要经过当地人闻之胆寒的"扯根坡",须涉水趟过 10 多条河流。张美冲自 1998 年成为一名乡邮员以来,几乎每天都要挂着一根满是结节的野藤拐杖,背着两个大邮包,佝偻着身子,孤独地行走在幽深偏僻的河溪里,为邮路上的老百姓送信送报、捎带物品、义务帮扶,村民亲切地称他为"拐杖哥"。

第5章 整体认识 ROS

5.1 介 绍

5.1.1 概述

ROS 是机器人操作系统(Robot Operating System)的简称,它提供了一系列的标准、库和工具,为机器人开发者提供帮助。

在以前,个人要开发一个机器人是非常困难的一件事,因为机器人是一门综合学科,它涉及机械、电子、软件、控制和通信等领域。

开发一款类人机器人需要了解和开发的硬件有以下几种:①使机器人可以移动的运动底盘;②使机器人可以抓取物体的机械臂;③使机器人可以感知外界的雷达、摄像头;④使机器人可以与人交流的麦克风、扬声器。

软件方面则需要以下几种:①各个模块的驱动程序;②机器人运动路径规划的算法;③机械臂抓取路径规划的算法;④从摄像头图像获取期望信息的图像处理算法;⑤语音识别处理算法;⑥各个模块之间通信协议的设计;⑦机器人控制系统的设计;⑧机器人调试工具的设计。

以上这些工作,不只是个人开发者难以完成,即使是公司团队在设计一个新的机器人的时候都要重新设计机器人整体的系统,就算是仅仅更换一个模块,也需要花比较多的时间进行适配。

如果有这么一套标准:每个模块使用统一的接口、数据格式和通信协议,那么机器人的开发将会变得容易许多。ROS 就提供了这么一套标准,它最初是由斯坦福大学人工智能实验室与机器人公司 Willow Garage 合作开发的。

到了今天,越来越多的硬件供应商都提供了 ROS 的支持,例如运动底盘、机械臂、雷达、相机和姿态传感器等,人们可以通过 ROS 调用这些硬件。同时也有越来越多的开发者加入 ROS 的使用中来,他们把自己开发的一些机器人功能提供到 ROS 中来,例如雷达建图功能、自主导航功能、路径规划功能,人们也可以通过 ROS 来调用这些功能。

ROS 的官方介绍:http://wiki.ros.org/ROS/Introduction。

5.1.2 ROS 具体提供了什么

总的来说,ROS 提供了开发机器人所需的通信环境、通信标准、工具、库和功能包,如图 5-1 所示。

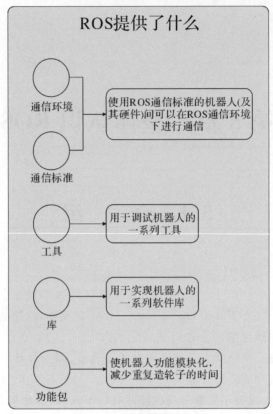

图 5 - 1 ROS 提供了什么

（1）通信环境。ROS 的通信环境是 ROS 机器人与 ROS 机器人、ROS 机器人内部模块与模块之间沟通的前提。机器人的电脑系统安装 ROS 后，其通信环境也自动安装完成。

（2）通信标准。如果说通信环境之于 ROS，相当于空气介质之于声音传播，那么通信标准之于 ROS，就相当于语言之于人类沟通。只有使用同一套标准，模块与模块、机器人与机器人之间才可以进行沟通。关于通信标准会在 5.4 节进行讲解。

（3）工具。ROS 提供一系列机器人功能调试、检查的工具，这些工具后面会进行讲解，例如 rqt 工具。

（4）库。ROS 提供了一系列软件库，开发者通过使用这些库编写程序，实现机器人及其模块间的沟通，目前对 C＋＋和 Python 实现了完全的支持，主流是使用这两种语言进行开发的。

ROS 官方支持的软件库描述：

1）http：//wiki. ros. org/APIs；

2）http：//wiki. ros. org/RecommendedRepositoryUsage/CommonGitHubOrganizations。

（5）功能包。功能包在 ROS 中是非常重要的概念，前面提到的硬件供应商提供的 ROS 支持、开发者分享的机器人功能都是以功能包的形式存在的，功能包存在的目的就是使机器人模块化。使用 ROS 库编写的程序功能，最终都会作为功能包的形式打包存在。

5.1.3 ROS 常用的文件类型

图 5 - 2 为 ROS 常用的文件类型格式汇总，后面会一一讲到。

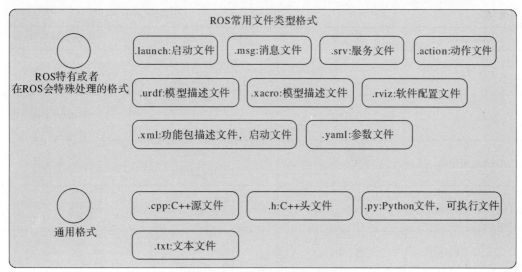

图 5 - 2　ROS 常用文件类型文件

5.2　ROS 的安装

5.2.1　ROS 的历代版本

表 5 - 1 列出了 ROS 历代版本的简略信息，从第一个版本 Box Turtle 开始到现在，ROS 基本保持着每年发布一个新版本的节奏，每个版本支持 5 年，停止支持代表 ROS 官方不再承诺对该版本进行 bug 修复和改进，但是仍是可以继续使用该版本的。

每个 ROS 版本都对应支持 1～4 个版本的当时最新的 Ubuntu 系统版本，即不同版本的 Ubuntu 只能安装对应支持版本的 ROS。ROS 也支持其他的系统（如 Windows、Debian、Android），但是都是实验版本，稳定性没有保障。

本书使用的 ROS 版本是 Melodic Morenia，基于 Ubuntu 18.04 版本系统。这里要求读者使用与本书一致的 ROS 版本和 Ubuntu 版本。

表 5 - 1　ROS 历代版本

版本名称	发布日期	支持的 Ubuntu 版本	停止支持日期
Noetic Ninjemys	2020.05.23	Ubuntu 20.04	2025 年 5 月
Melodic Morenia	2018.05.23	Ubuntu 18.04 17.10	2023 年 5 月
Lunar Loggerhead	2017.05.23	Ubuntu 17.04 16.10/16.04	2019 年 5 月
Kinetic Kame	2016.05.23	Ubuntu 16.04 15.10	2021 年 4 月

续 表

版本名称	发布日期	支持的 Ubuntu 版本	停止支持日期
Jade Turtle	2015.05.23	Ubuntu 15.04 14.10/14.04	2017 年 5 月
Indigo Igloo	2014.07.22	Ubuntu 14.04 13.10	2019 年 4 月
Hydro Medusa	2013.09.04	Ubuntu 13.04 12.10/12.04	2015 年 5 月
Groovy Galapagos	2012.12.31	Ubuntu 12.10 12.04/11.10	2014 年 7 月
Fuerte Turtle	2012.04.23	Ubuntu 12.04 11.10/10.04	—
Electric Emys	2011.08.30	Ubuntu 11.10 11.04/10.10/10.04	—
Diamondback	2011.03.02	Ubuntu 11.04 10.10/10.04	—
C Turtle	2010.08.02	Ubuntu 10.04 9.10/9.04	—
Box Turtle	2010.03.02	Ubuntu 9.10 9.04/8.10/8.04	—

这里提一下 ROS2,ROS2 是 ROS 的进化版本,加入了实现商用化和实用化所需要的特性,如支持实时通信控制、跨系统平台支持、直接在硬件层面(如 STM32)提供 ROS 层。ROS2 从 2015 年的 alpha 到 2021 年的 Galactic Geochelone,已经发布了 11 个版本。

ROS 的 2020 年 Noetic Ninjemys 是 ROS 的最后一个版本,2020 年后 ROS 官方将不再发布新的 ROS 版本,而是专注更新改进 ROS2。

可以预见对于未来的机器人开发,ROS 肯定会逐步被 ROS2 取代,但是目前机器人开发依然是 ROS 与 ROS2 并存的情况,同时以前基于 ROS 开发的机器人要更新为 ROS2 也不是件易事。因此先在成熟的 ROS 教学体系下学习 ROS,然后再学习 ROS2 是一个更为平滑和可行的学习路径。

ROS 版本的官方描述:http://wiki.ros.org/Distributions。

ROS 各版本支持的 Ubuntu 系统版本与协议:https://www.ros.org/reps/rep-0003.html。

ROS 支持的系统版本描述:http://wiki.ros.org/Installation。

ROS2 版本的官方描述:https://docs.ros.org/en/foxy/Releases.html。

5.2.2 安装

1.配置下载安装环境

首先打开"软件和更新",如图 5-3 所示。

图 5 - 3　打开"软件和更新"

　　然后勾选"Canonical 支持的免费和开源软件（main）""社区维护的免费和开源软件（universe）""设备的专有驱动（restricted）"和"有版权和合法性问题的软件（multiverse）"，如图5 - 4所示，以允许 Ubuntu 可以从这些通道下载安装软件、库。

图 5 - 4　勾选相关选项

　　Ctrl＋Alt＋t 打开终端，输入以下命令，使电脑可以下载来自 packages. ros. org 软件：
sudo sh -c ´echo "deb http：//packages. ros. org/ros/ubuntu $ (lsb_release -sc) main" ＞/etc/apt/sources. list. d/ros-latest. list´
设置下载密钥：
sudo apt install curl
curl -s https：//raw. githubusercontent. com/ros/rosdistro/master/ros. asc ｜ sudo apt-key add-
更新软件列表，确保后续下载的软件是最新的版本：
sudo apt update

2. 安装 ROS

　　这里 ROS 的下载安装工具是 Ubuntu 自带的 apt 工具，apt 工具是 Ubuntu 用于下载安装软件、库的工具。在 ROS 中有许多不同的库和工具。ROS 提供了 3 种默认配置给开发者下载安装。

　　(1)桌面完整版，包括 ROS、调试工具 rqt、可视化工具 rviz、机器人一般库、2D/3D 模拟和感知工具，安装命令如下：

sudo apt install ros-melodic-desktop-full

（2）桌面版，包括 ROS、调试工具 rqt、可视化工具 rviz、机器人一般库，安装命令如下：

sudo apt install ros-melodic-desktop

（3）基础版，包括 ROS，ROS 通信库，安装命令如下：

sudo apt install ros-melodic-ros-base

可以用 apt 命令安装 ROS，也可以用 apt 命令单独安装 ROS 功能包，假设安装了桌面版的 ROS，那么桌面完整版里面的 rqt、rviz、2D/3D 模拟和感知工具是不是就不能用了呢？

不是的，可以手动对这些工具进行安装，例如要安装 rqt，可以运行以下命令进行安装：

sudo apt install ros-melodic-rqt *

sudo apt install 就是 apt 安装的意思，而要下载的是 Melodic 版本 ROS 下的工具，因此要有前缀 ros-melodic，最后的 * 代表下载安装所有前缀为 ros-melodic-rqt 的库、工具。

这个单独安装的命令适用于后续所有的 ROS 功能包、库、工具的安装。例如要安装激光建图的一个算法功能包 gmapping，它的功能包名字是 slam－gmapping，那么安装命令如下：

sudo apt install ros-melodic-slam-gmapping *

3. 配置 ROS 环境

配置环境，可以在打开终端输入 ROS 相关命令并按下 tab 键的时候，系统自动识别相关命令并进行自动补全。

source /opt/ros/melodic/setup. bash

上面这个命令只对当前终端生效，那么每次打开新终端就要重新运行一次，这样就非常麻烦。为了解决这个问题，可运行以下命令：

echo "source /opt/ros/melodic/setup. bash" $>>$ ~/. bashrc

source ~/. bashrc

第一个命令相当于在主目录下的文件【. bashrc】内添加一段命令 source /opt/ros/melodic/setup. bash，而【. bashrc】这个文件在每次打开一个新终端时都会自动执行一遍。第二个命令相当于手动执行一遍【. bashrc】这个文件。

4. 安装 rosdep

到现在已经安装了运行核心 ROS 包所需要的软件。在后面的开发中，会用到很多第三方的功能包，这些功能包会需要安装很多依赖功能包、库，如果没有安装这些依赖功能包、库，使用的时候会报错并无法运行。如果根据报错手动一个个对这些依赖功能包、库进行安装的话，效率将非常低下。

rosdep 工具则可以解决这个问题，使用它可以一键安装绝大部分的依赖功能包、库。运行以下命令即可安装：

sudo apt install python-rosdep python-rosinstall python-rosinstall-generator

python-wstool build-essential

sudo apt install python-rosdep

sudo rosdep init

rosdep update

注意：国内的网络安装 rosdep 有时候会比较困难。

rosdep 的使用非常简单,只需要在终端打开到工作空间(这个概念会在 5.3 节进行详细讲解)所在的路径下,然后运行以下命令,即可一键安装使用依赖:

rosdep install - -from-paths src - -ignore-src-r-y

官方 ROS 安装教程:http://wiki. ros. org/melodic/Installation/Ubuntu。

5.2.3　测试例程

1.使用前配置文件

在使用测试例程前,需要在主目录下的文件【. bashrc】后面添加两行命令:

export ROS_MASTER_URI＝http://本机 IP 地址:11311

export ROS_HOSTNAME＝本机 IP 地址

如图 5 - 5 所示,这个设置将会在 5.4 节进行详细讲解。

图 5 - 5　配置. bashrc 文件

2.启动测试例程

Ctrl＋Alt＋t 打开终端,首先运行命令:roscore,开启 ROS 通信环境,如图 5 - 6 所示。

图 5 - 6　运行 roscore

然后运行命令:rosrun turtlesim turtlesim_node,启动测试例程——海龟仿真器,如图 5 - 7所示。

```
passoni@passoni:~$ rosrun turtlesim turtlesim_node
[ INFO] [1630043279.074010398]: Starting turtlesim with node nam
e /turtlesim
[ INFO] [1630043279.077334116]: Spawning turtle [turtle1] at x=[
5.544445], y=[5.544445], theta=[0.000000]
```

图 5 - 7　运行命令 **rosrun turtlesim turtlesim_node**

运行命令 rosrun turtlesim turtlesim_node 后,会弹出一个名为 TurtleSim 的图形化窗口 (Graphical User Interface,GUI),如图 5 - 8 所示。

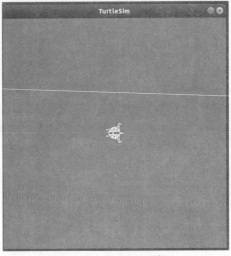

图 5 - 8　TurtleSim 窗口

然后运行命令:rosrun turtlesim turtle_teleop_key,启动海龟仿真器的控制器,如图 5 - 9 所示。

```
passoni@passoni:~$ rosrun turtlesim turtle_teleop_key
Reading from keyboard
---------------------------
Use arrow keys to move the turtle. 'q' to quit.
```

图 5 - 9　运行命令 **rosrun turtlesim turtle_teleop_key**

在运行了 rosrun turtlesim turtle_teleop_key 的窗口单击一下鼠标左键,然后就使用键盘上的方向键,如图 5 - 10 所示,可以控制 TurtleSim 窗口的海龟进行运动,如图 5 - 11 所示。

图 5 - 10　方向键

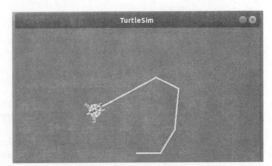

图 5 - 11　控制海龟进行运动

5.3　工作空间与功能包

工作空间与功能包是 ROS 中非常重要的两个概念,简单来说,工作空间其实就是一个文件夹,而功能包都是存放在工作空间下的。

5.3.1　工作空间的结构

ROS 所有的工具、库、功能文件都是存放在工作空间内的。

这里有 ROS 系统工作空间和用户自定义工作空间的区分,如图 5 - 12 和图 5 - 13 所示。

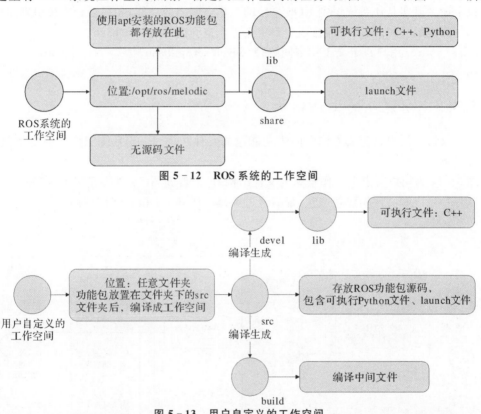

图 5 - 12　ROS 系统的工作空间

图 5 - 13　用户自定义的工作空间

ROS 系统的工作空间文件夹位置在【/opt/ros/melodic】,所有 apt 安装的工具、库、功能文件都在这里面,对用户来说,经常使用的是文件夹【/opt/ros/melodic/lib】里面的可执行文件和文件夹【/opt/ros/melodic/share】里面的 launch 文件。

用户自定义的工作空间与 ROS 系统的工作空间的区别,在于用户自定义工作空间文件夹下有还有 3 个文件夹【src】、【devel】和【build】。【src】文件夹下放的是功能包源码,这些功能包源码可以是自己编写的,也可以是拷贝别人编写的。另外两个文件夹【devel】和【build】则是由【src】里面的源码编译生成的。【build】文件夹里面是编译生成的中间文件,【devel】里面是编译生成的目标文件。

ROS 系统的工作空间文件夹【/opt/ros/melodic】相当于用户自定义工作空间文件夹下的

【devel】，区别主要在于【devel】里面的可执行文件只有 C＋＋编译生成的，用户自定义工作空间的 Python 可执行文件和 launch 文件是放置在源码文件夹【src】下的。同时这说明通过 apt 安装的 ROS 功能包是没有源码可以查看的，它只提供编译完成的二进制可执行文件，用户只能进行调用，不过大部分功能包的源码都可以在 github 找到。

5.3.2　如何让系统识别到工作空间：setup. bash

前面在 5.2.2 节提到，运行以下命令可以在打开终端输入 ROS 相关命令并按下 tab 键的时候，系统自动识别相关命令并进行自动补全：

echo "source /opt/ros/melodic/setup. bash" ＞＞ ～/. bashrc

source ～/. bashrc

以上命令其实是让系统识别 ROS 系统的工作空间内的功能，如果要让系统识别用户自定义工作空间内的功能，则需要运行用户自定义工作空间内的 setup. bash：

echo "source 用户自定义工作空间路径/devel/setup. bash" ＞＞ ～/. bashrc

source ～/. bashrc

5.3.3　功能包的文件结构

这里仅讨论用户自定义工作空间内功能包的文件结构，ROS 系统工作空间是类似的，并且更加简单。

图 5-14 为用户自定义工作空间的文件结构，可以看到 src 文件夹是根本，编程人员在 src 内编写各种代码和文件构建功能包，最后经过编译生成 devel 和 build 文件夹。

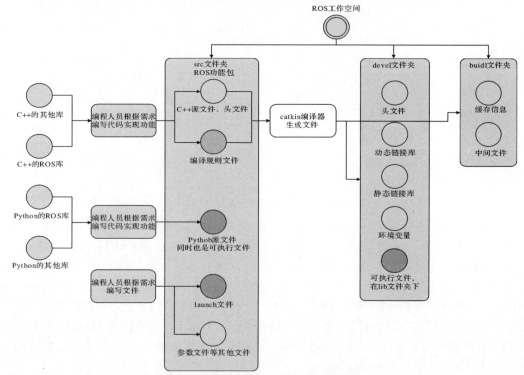

图 5-14　用户自定义工作空间的文件结构

在 src 文件夹下是一个个 ROS 功能包文件夹,然后在功能包文件夹里面就是 C++源文件、头文件、编译规则文件、Python 源文件、launch 文件夹和参数文件等文件。这些文件是大多数功能包都会有的,但是不要求全部都有,例如有些功能包的全部程序都是使用 Python 编写的,就没有 C++源文件、头文件,但是编译规则文件是一定要有的。

使用编译规则文件编译功能包后,系统才能识别到该功能包。然后可以使用命令 roslaunch、rosrun 对 launch 文件、可执行文件(Python、C++、.sh)进行调用,以运行功能包提供的功能。

一个功能包里面可以有 C++源文件、头文件、编译规则文件、Python 源文件、launch 文件夹和参数文件等文件,那么这么多文件该怎么管理呢?

在 ROS 开发中,有一套文件分类规则,如图 5-15 所示。这套规则不是强制的,即使在制作一个功能包的时候随意地放置文件,只要编译规则没问题,依然可以编译通过并正常运行程序。但是如果大家都遵守这套文件分类规定的话,其他人在使用我们的功能包的时候,就可以快速理解我们的功能包,反之亦然。同时 ROS 中开源的功能包也都是按照这个规则进行文件分类的。

图 5-15 展示了一个功能包常见的文件结构。

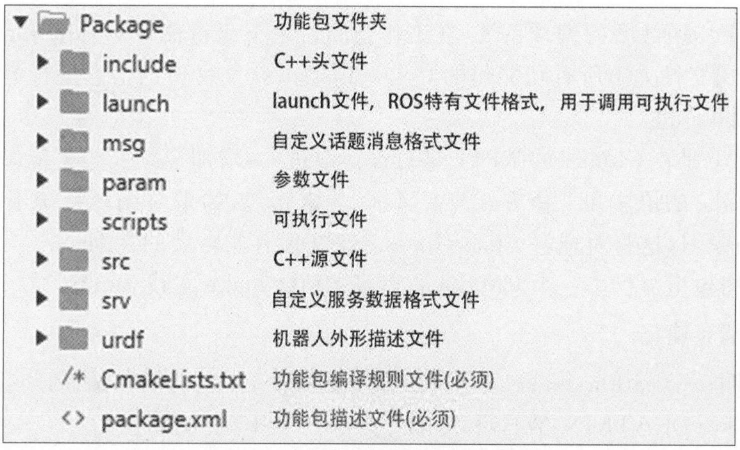

图 5-15　功能包常见的文件结构

(1)Package:存放功能包内容的文件夹,该文件夹名字可以是任意的,不影响功能包的使用,但是一般会将该文件夹名字设置为功能包的名字。

(2)CmakeLists.txt:功能包编译规则文件,主要作用是将 C++源文件编译成可执行文件,这些编译生成的可执行文件是自动存放在【工作空间/devel/lib】下的。ROS 的功能都是通过运行可执行文件进行启动的。

CmakeLists.txt 定义了功能包的名字、编译依赖项、源文件位置、生成可执行文件的名称等信息。

(3)package.xml:功能包描述文件,主要作用是描述了该功能包的依赖功能包,即编译、使用该功能包需要提前安装好的功能包。该描述可以被 rosdep 工具识别到,进而方便一键安装功能包相关依赖(rosdep 的内容在 5.2.2 节讲解过)。

package.xml 同样定义了功能包的名字,该名字与 CmakeLists.txt 定义的名字要一致,以及定义了编译、运行该功能包需要的功能包、功能包版本、功能包作者等信息。

(4)launch：该文件夹内存放的是 launch 文件，launch 文件是 ROS 特有和非常重要的一种文件格式，它可以同时调用多个可执行文件，也可以添加语法参数判断。

(5)include：该文件夹内存放的是 C++的头文件。

(6)msg：该文件夹内存放的是用户自定义的话题消息格式（话题消息格式会在 5.4 节和 5.5 节进行讲解）。

(7)param：该文件夹存放的是参数文件（参数文件会在 5.5.6 节进行讲解）。

(8)scripts：该文件夹存放的是可执行文件，例如.py、.sh 等不需要编译即可运行的脚本文件。在功能包被编译后，系统会同时识别到【工作空间/devel】和【工作空间/src】内存在的功能包的所有可执行文件。

(9)src：该文件夹内存放的是 C++的源文件。

(10)srv：该文件夹内存放的是用户自定义的服务消息格式，与 msg 类似。

(11)urdf：该文件夹内存放的是机器人的外形描述文件，可以使用 rviz、gazebo 等 ROS 可视化、仿真工具进行调用。

5.3.4　catkin_make

catkin_make 是 ROS 的编译系统，在工作空间目录下运行命令 catkin_make，该编译系统会自动根据【src】文件夹下所有功能包的 CmakeLists.txt 文件内的信息进行编译，然后生成文件夹【devel】和【build】。

catkin_make 是在 CMake 的基础上进行设计改进的，增加了寻找相关依赖 ROS 功能包的功能，catkin_make 的语法和工作方式与 CMake 非常相似，如果对编译系统不太熟悉，可以先对 CMake 进行学习，这将对理解 CmakeLists.txt 文件有非常大的帮助。

本书的资料包里提供了一个 CMake 的学习文档【Cmake 实践.pdf】。

1.指定功能包编译

这里再说明一个 catkin_make 编译非常重要的命令，指定功能包编译：

catkin_make -DCATKIN_WHITELIST_PACKAGES=功能包名

默认的 catkin_make 命令是编译文件夹【src】下的所有功能包，那么如果在功能包数量比较多的时候使用命令 catkin_make 进行编译将会耗费很多时间。这时使用指定功能包编译将会节省很多时间。

需要注意的是，运行指定功能包编译后，下次使用命令 catkin_make 进行编译，它编译的也只是上次编译时指定的功能包。要想进行全部功能包编译，则需要运行命令：

catkin_make −DCATKIN_WHITELIST_PACKAGES=

因此，下次再运行命令 catkin_make 也将会是全部功能包编译。

2.编译对文件和时间的要求

catkin_make 在对某个功能包编译完成后，除非该功能包里面的编译相关文件（即头文件、源文件、CmakeLists.txt）被修改了，不然编译系统是不会对该功能包进行编译的，而且是只会编译重新生成与该头文件、源文件相关的可执行文件。

而系统对文件是否被修改了，是有两个条件的：一是本次修改文件的时间大于上次文件被修改的时间；二是本次修改文件的时间小于当前电脑系统时间。读者可能会认为这两个条件怎么会不成立呢？那么如果电脑系统的时间会自动更新的话，这两个条件确实是肯定成立的。

但是树莓派、JetsonNano 等微型电脑不一样，它们的系统时间在重启后，都会变为上一次联网更新的时间。

例如某台微型电脑上一次联网更新的时间为"2021-08-01 00：00：00"，在其开机 10 min 后修改了某功能包的源文件，那么该文件的文件修改时间为"2021-08-01 00：10：00"。然后重启该微型电脑，这时候电脑系统时间有恢复为了"2021-08-01 00：00：00"，则当前电脑系统时间小于上次文件修改时间"2021-08-01 00：10：00"，编译时则会跳过该功能包的改动更新，并有如图 5-16 所示报错。如果此时再次修改该源文件，则本次修改文件的时间小于上次文件被修改的时间，编译同样会跳过该改动，并有如图 5-16 所示报错。

```
-- Build files have been written to: /home/wheeltec/wheeltec_robot/build
make[2]: Warning: File 'rplidar_ros/CMakeFiles/rplidarNodeClient.dir/flags.make
' has modification time 9148144 s in the future
make[2]: Warning: File 'rplidar_ros/CMakeFiles/rplidarNode.dir/flags.make' has
modification time 9148144 s in the future
make[2]: warning:  Clock skew detected.  Your build may be incomplete.
make[2]: warning:  Clock skew detected.  Your build may be incomplete.
make[2]: Warning: File 'rplidar_ros/CMakeFiles/rplidarNodeClient.dir/flags.make
' has modification time 9148144 s in the future
make[2]: Warning: File 'rplidar_ros/CMakeFiles/rplidarNode.dir/flags.make' has
modification time 9148144 s in the future
make[2]: warning:  Clock skew detected.  Your build may be incomplete.
make[2]: warning:  Clock skew detected.  Your build may be incomplete.
[ 55%] Built target rplidarNodeClient
[100%] Built target rplidarNode
wheeltec@wheeltec:~/wheeltec_robot$
```

图 5-16　**Clock skew detected. your build may be incomplete**

因此对于系统时间在断网关机后会重置的微型电脑，每次编译前，手动更新系统时间为当前时间是一个好习惯。修改系统时间的命令示例如下（精确到 min 即可）：

sudo date -s"2021-09-15 10：49：00"

在错误的系统时间进行编译后，可以在手动更新系统时间后，递归修改当前（终端）文件夹下所有文件及子文件夹下的文件的修改时间为当前系统时间：

find . / * -exec touch {} \;

这样子使文件修改时间再次变为正常的时间。

catkin_make 官方首页：http：//wiki. ros. org/catkin。

catkin_make 官方介绍：http：//wiki. ros. org/catkin/conceptual_overview。

CMake 官网：https：//cmake. org/。

5.3.5　CmakeLists. txt

catkin_make 的 CmakeLists. txt 的编写标准与 CMake 是一样的，只是多了一些限制。下面是 catkin_make 的 CmakeLists. txt 内容要求，总共 9 项，顺序不能改变。

（1）对电脑系统 Cmake 版本的最低要求，示例如下：

cmake_minimum_required(VERSION 3. 0. 2)

（2）功能包名称（需要与 package. xml 一致），示例如下：

project(package_name)

（3）编译该功能包需要的其他功能包（ROS 的功能包和 CMake 的功能包），示例如下：

find_package(catkin REQUIRED COMPONENTS

　roscpp

```
sensor_msgs
std_msgs
cv_bridge
message_generation
)
```

（4）如果要把 Python 文件也加入编译，则需要启动 Python 模组支持。但是 Python 文件不加入编译，而是直接运行更加方便，因此该命令基本不使用。使用示例如下：

```
catkin_python_setup()
```

（5）调用自定义消息/服务/动作数据格式生成器，示例如下（注意：find_package 要添加依赖 message_generation）：

```
＃添加自定义的消息数据格式文件
add_message_files(
    FILES
    Message1.msg ＃自定义的消息数据格式文件
)
＃添加自定义的服务数据格式文件
add_service_files(
    FILES
    Service1.srv ＃自定义的服务数据格式文件
)
＃添加自定义的动作数据格式文件
add_action_files(
    FILES
    Action1.action ＃自定义的动作数据格式文件
)
＃生成定义的消息/服务/动作数据格式
generate_messages(
    DEPENDENCIES
    std_msgs ＃生成这些消息/服务/动作数据格式，所需要的其他消息/服务/动作数据格式
)
```

（6）声明本功能包需要的依赖项，让其他功能包在调用本功能包时，自动寻找这里声明的依赖项，而不需要再手动 find_package()，示例如下：

```
catkin_package(
    INCLUDE_DIRS include ＃路径依赖，其他功能包优先从该路径寻找依赖
    LIBRARIES ${PROJECT_NAME} ＃库依赖，这里把本功能包生成的库声明了
    CATKIN_DEPENDS roscpp nodelet message_runtime ＃catkin 项目依赖，message_
runtime 是自定义消息/服务/动作数据格式时必须的
    DEPENDS eigen opencv ＃cmake 项目依赖
)
```

(7)指定编译生成的目标文件(库、可执行文件),示例如下:

♯指定生成的目标文件名字,生成目标文件的源文件

add_executable(package_node src/source1.cpp src/source2.cpp)

♯声明编译生成该目标文件所需要的依赖

target_link_libraries(package_node ＄｛catkin_LIBRARIES｝ ＄｛OpenCV_LIBRARIES｝ ＄｛OpenCV_LIBS｝)

♯生成或使用自定义消息/服务/动作数据格式时要添加这行

add_dependencies(some_target ＄｛＄｛PROJECT_NAME｝_EXPORTED_TARGETS｝ ＄｛catkin_EXPORTED_TARGETS｝)

(8)编译单元测试,一般不使用,示例如下:

if(CATKIN_ENABLE_TESTING)

　catkin_add_gtest(myUnitTest test/utest.cpp)

endif()

(9)把目标文件安装到系统或者指定目录,相当于 make_install,一般不使用,详情见 CmakeLists.txt 官方介绍。

CmakeLists.txt 官方介绍:http://wiki.ros.org/catkin/CMakeLists.txt。

5.3.6　package.xml

package.xml 主要描述了功能包的信息和依赖功能包,依赖功能包即编译、运行该功能包需要提前安装好的功能包。

(1)功能包信息,示例如下:

＜! —— 声明这是一个 XML 文件 ——＞

＜? xml version＝"1.0"? ＞

＜! —— 声明这里使用的功能包描述格式是 2,现在默认都是 2 ——＞

＜package format＝"2"＞

＜! —— 功能包名称,要与 CmakeLists.txt 对应 ——＞

＜name＞stepper_arm＜/name＞

　　　　＜! ——功能包版本,用户自定义内容 ——＞

＜version＞0.0.0＜/version＞

　　　　＜! ——功能包说明 ——＞

＜description＞The stepper_arm package＜/description＞

＜! ——功能包管理者信息:邮箱和名字 ——＞

＜maintainer email＝"passoni@todo.todo"＞passoni＜/maintainer＞

＜! ——功能包使用的开源协议,如:BSD, MIT, Boost Software License, GPLv2, GPLv3, LGPLv2.1, LGPLv3 ——＞

＜license＞Protocol＜/license＞

(2)依赖声明,示例如下:

```
<!--编译工具依赖,通常 catkin 即可,交叉编译的时候才需要设置其他 -->
<buildtool_depend>catkin</buildtool_depend>

<!-- 声明编译、运行、导出时需要的依赖,这是最常用的标签 -->
<depend>roscpp</depend>
<depend>std_msgs</depend>
<!-- 仅声明编译时需要的依赖 -->
<build_depend>message_generation</build_depend>
        <!-- 仅声明运行时需要的依赖 -->
<exec_depend>message_runtime</exec_depend>
<!-- 仅声明导出时需要的依赖 -->
<build_export_depend>message_runtime</build_export_depend>

<!-- 声明单元测试时需要的依赖,不可以与编译和运行依赖重复 -->
<test_depend>python-mock</test_depend>
<!-- 声明生成文档时需要的依赖 -->
<doc_depend>doxygen</doc_depend>
```

package. xml 官方介绍:http://wiki. ros. org/catkin/package. xml。

5.3.7 如何创建一个功能包和工作空间

首先新建一个文件夹作为工作空间,文件夹名字可以为任意,命令如下:

mkdir work_space_test

打开工作空间文件夹,接着在工作空间文件夹下创建文件夹【src】,用于存放功能包,命令如下:

cd work_space_test

mkdir src

打开文件夹【src】,在文件夹【src】下运行以下命令创建功能包,其中 catkin_create_pkg 为创建功能包的命令;test_pkg 为功能包名称,可以为任意;std_msgs、roscpp 为功能包依赖项,在此设置依赖项系统会自动在 CmakeLists. txt 和 package. xml 中设置添加好相关依赖,std_msgs 是最基本、最常用的一个消息数据类型,roscpp 是使用 C++编程必须添加的依赖,这两个都是常用的依赖项。

cd src

catkin_create_pkg test_pkg std_msgs roscpp

然后输入命令 cd .. 返回工作空间文件夹,并输入命令 catkin_make 编译文件夹【src】下的功能包:

cd ..

catkin_make

以上过程如图 5-17 所示。

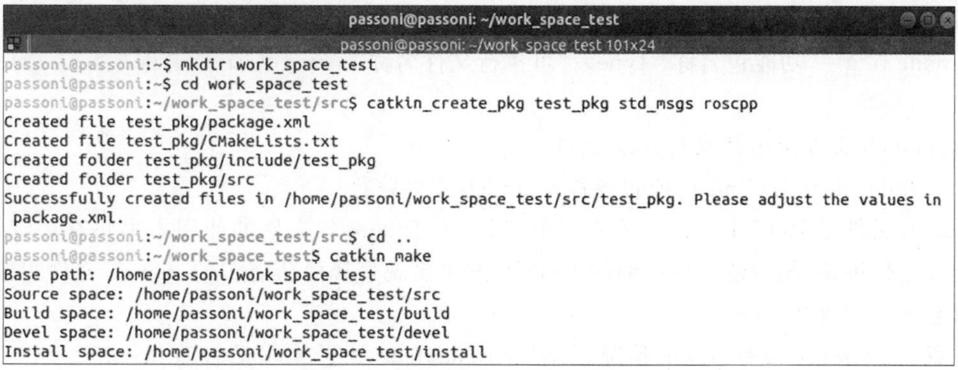

图 5 - 17　创建功能包和工作空间

然后输入命令让系统识别到工作空间,echo "source 用户自定义工作空间路径/devel/setup. bash" >> ~/. bashrc,如图 5 - 18 所示。

echo "source /home/passoni/work_space_test/devel/setup. bash" >> ~/. bashrc

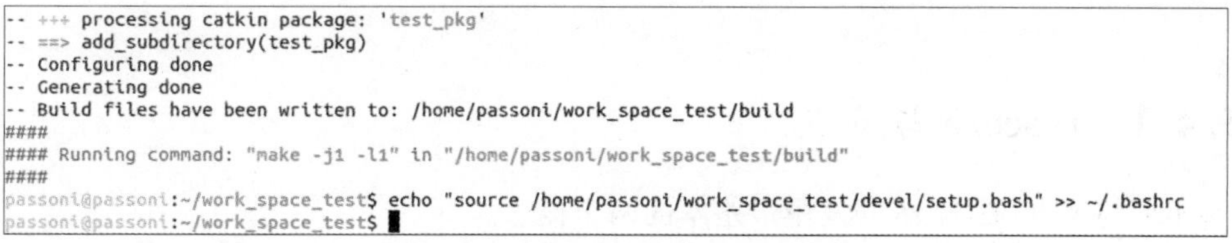

图 5 - 18　让系统能识别到工作空间

注意:只有在主机启动了 roscore 的情况下,rosrun 命令才可以运行,关于主机的概念会在 5.4.6 节进行讲解。

注意:同一个工作空间下不可以存在同名功能包,不同工作空间下可以存在同名功能包,但是系统只会识别最后 source 的工作空间下的功能包。

5.3.8　rosrun

rosrun 是 ROS 提供的调用 ROS 功能包可执行文件的命令,它的使用方法如下:

rosrun 功能包名称 可执行文件名称

该命令会自动在工作空间里面寻找对应功能包下面的对应可执行文件,关于可执行文件的位置,本书在 5.3.1 节进行过讲解。

5.3.9　roslaunch 简介

roslaunch 是 ROS 提供的调用 ROS 功能包下 launch 文件的命令,它的使用方法如下:

roslaunch 功能包名称 launch 文件名称

一个 ROS 机器人会有很多功能包,而每个功能包下面也会有很多可执行文件,而 ROS 机器人的一个功能很多时候都是需要多个功能包协同工作才能实现的。这样就需要运行很多个可执行文件,这些文件一个个手动去运行就太浪费时间了,因此有了 launch 文件。可以在 launch 文件内写好运行一个功能需要的所有可执行文件,在需要使用该功能的时候,就只需要手动运行该 launch 文件即可。

下面介绍了两个 launch 文件常用的语法。

(1)launch 文件调用可执行文件,节点的概念会在 5.4 节进行讲解。

＜node pkg＝"功能包名称" type＝"可执行文件名称" name＝"节点名称" ＞

＜/node＞

(2)launch 文件调用其他 launch 文件。

＜include file＝'＄(find 功能包名称)/launch 文件路径' /＞

launch 文件是 ROS 中非常重要的一个工具,关于 launch 文件的使用本书将在后续的实践中继续进行讲解,同时建议在后面的 ROS 开发中多观察其他功能包的 launch 文件写法,这样理解起来更加直观一些。

注意:在 roscore 没有启动的情况下,运行 roslaunch 命令,会自动启动 roscore。

launch 文件官方介绍:http://wiki.ros.org/roslaunch/XML。

5.4 ROS 的通信方式

5.4.1 roscore 与节点

roscore 与节点,是 ROS 开发中最基本的两个概念。

roscore 相当于 ROS 通信的环境,只有运行了 roscore,ROS 机器人各模块之间的通信才能建立,这是 ROS 的硬性要求。

节点是 ROS 功能的最小单元,节点由可执行文件生成,节点存在于 roscore 生成的通信环境中。所有执行 ROS 功能的可执行文件,都会定义并产生(即注册)一个节点,直到这个功能结束或被关闭,或 roscore 被关闭,节点才会消失(如果可执行文件没有注册节点,就无法参与 ROS 多机通信,就无法算作含有 ROS 功能)。

图 5-19 为 ROS 的 3 种通信方式中的话题通信架构图。

在 roscore 产生的通信环境下,运行了可执行文件 1、2,分别注册了节点 1、2,节点 1 功能产生的数据以话题的形式打包发送出去,节点 2 订阅该话题获取节点 1 功能产生的数据,该数据再用于节点 2 的功能运行。

在 ROS 中,节点数量是没有限制的。

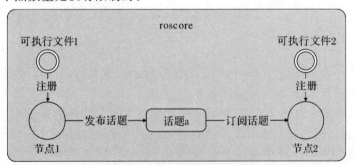

图 5-19 ROS 话题通信架构图

节点(Node)官方介绍:http://wiki.ros.org/ROS/Tutorials/UnderstandingNodes。

节点相关常用命令如下:

（1）rosnode list：列出当前运行的所有节点；

（2）rosnode info 节点名：显示指定节点的详细信息；

（3）rosnode kill 节点名：结束指定节点；

（4）rosnode machine 电脑 IP 地址：列出在指定电脑上的所有节点；

（5）rosnode cleanup：清除不可到达节点的注册信息；

（6）rosnode ping 节点名：测试指定节点的连通性；

（7）rosnode help：获取节点相关常用命令。

5.4.2 ROS 的通信方式：话题

话题是 ROS 中最常见的通信方式，如图 5-20 所示，节点 1 发布话题 a，节点 2 订阅话题 a，话题 a 包含数据信息，其中节点 1 称为话题 a 的发布者（Publisher），节点 2 称为话题 a 的订阅者（Subscriber）。

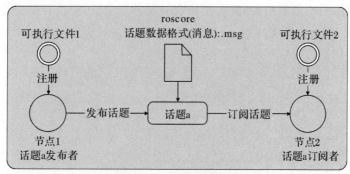

图 5-20　话题通信方式

每个话题都必须指定数据格式，就像 C++ 中的变量，必须指定变量的数据类型。用户可以自定义话题的数据格式，如何自定义数据格式会在第 6 章进行讲解。数据格式文件的文件格式为 .msg。

话题通信是单向的通信方式，通信的主动权在发布者手中，发布者发布了话题，订阅者才能接收到话题并进行处理。

每个节点发布和订阅的话题数量是没有限制的，同一个话题可以被多个节点订阅。

话题（Topic）官方介绍：http://wiki.ros.org/ROS/Tutorials/UnderstandingTopics。

话题和话题数据格式（消息）相关常用命令如下：

（1）rostopic list：显示当前存在的所有话题；

（2）rostopic info 话题名：显示指定话题的信息（如数据格式、发布者、订阅者）；

（3）rostopic echo 话题名：显示指定话题的内容；

（4）rostopic hz 话题名：显示指定话题的发布频率；

（5）rostopic pub 话题内容：手动发布话题；

（6）rostopic find 话题数据格式：显示当前所有与指定话题数据格式一致的话题；

（7）rostopic bw 话题名：显示指定话题的带宽占用大小；

（8）rostopic delay 话题名：显示指定话题时间戳与话题实际发布时间的偏差；

（9）rostopic type 话题名：显示指定话题的数据格式；

(10)rostopic help：获取话题相关常用命令；

(11)rqt_graph：显示当前节点、话题关系图；

(12)rosmsg list：显示当前系统已安装的所有话题数据格式；

(13)rosmsg info 消息名：显示指定话题数据格式（消息）的内容；

(14)rosmsg show 消息名：与 rosmsg info 等价；

(15)rosmsg md5 消息名：显示指定话题数据格式（消息）的 md5sum 值；

(16)rosmsg package 功能包名：显示指定功能包定义的所有话题数据格式（消息）；

(17)rosmsg packages：显示所有包含话题数据格式（消息）的功能包；

(18)rosmsg help：获取消息相关常用命令。

5.4.3 ROS 的通信方式：服务

服务通信方式与话题通信方式相比，其特点是双向通信，由服务端（Service）提供服务（Server），客户端（Client）请求服务，服务端接收到服务请求后，会执行服务程序，服务程序的内容由用户自定义，服务程序完成后，服务端会向客户端发送服务程序完成的结果反馈，如图 5-21 所示。服务通信的主动权是在客户端手中的。

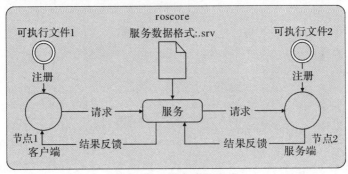

图 5-21 服务通信方式

需要注意的是，客户端程序在请求服务后，会暂停运行，直到接收到服务程序完成的结果反馈。

每个服务都必须指定数据格式，就像 C++ 中的变量，必须指定变量的数据类型。用户可以自定义服务的数据格式。

每个节点发布和订阅的服务数量是没有限制的。

服务（Services）官方介绍：http://wiki.ros.org/ROS/Tutorials/UnderstandingServicesParams。

服务和服务数据格式相关常用命令如下：

(1)rosservice list：显示当前存在的所有服务；

(2)rosservice info 服务名：显示指定服务的信息；

(3)rosservice call 服务名：请求指定服务；

(4)rosservice args 服务名：显示指定服务参数信息；

(5)rosservice find 服务数据格式：显示当前所有与指定服务数据格式一致的服务；

(6)rosservice type 服务名：显示指定服务的数据格式；

(7)rosservice uri 服务名：显示指定服务的数据格式；

(8)rossrv list：显示当前系统已安装的所有服务数据格式；

(9)rossrv info 服务数据格式名：显示指定服务数据格式的内容；

(10)rossrv show 服务数据格式名：与 rossrv info 等价；

(11)rossrv md5 服务数据格式名：显示指定服务数据格式的 md5sum 值；

(12)rossrv package：显示指定功能包定义的所有服务数据格式；

(13)rossrv packages：显示所有包含数据格式的功能包；

(14)rossrv help：获取服务数据格式相关常用命令。

5.4.4　ROS 的通信方式：动作

动作通信方式与服务通信方式相比，其特点是可以在等待服务端完成动作程序前，获取动作程序的执行状态，并可以随时请求取消动作程序，即在发送动作请求后，客户端的程序不会暂停运行，如图 5 - 22 所示。动作通信的主动权同样是在客户端手中的。

由图 5 - 22 可以看到服务端提供的动作程序的执行状态有两种——实时状态和中途反馈，其中实时状态是必须设置的，中途反馈算是另一种实时状态，但是状态反馈的格式是系统固定的，同时中途反馈可以不设置。

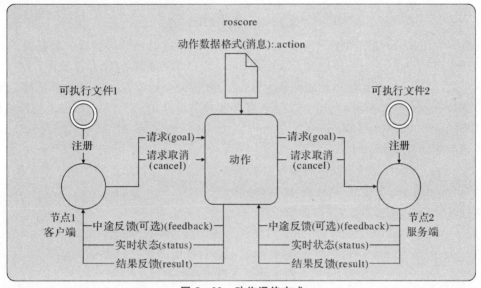

图 5 - 22　动作通信方式

每个动作都必须指定数据格式，就像 C++ 中的变量，必须指定变量的数据类型。用户可以自定义动作的数据格式。

每个节点发布和订阅的动作数量是没有限制的。

动作（Action）官方介绍 1：http://wiki.ros.org/actionlib。

动作（Action）官方介绍 2：http://wiki.ros.org/actionlib/DetailedDescription。

在本书后续的内容中，话题通信方式将是最主要的内容。

5.4.5　参数服务器

参数服务器是 ROS 中非常重要的一个功能，在每个 ROS 通信环境下都有一个参数服务器,参数服务器相当于创建了一个全局变量空间,用户可以在参数服务器里面上传、读取和设置任意参数,如图 5-23 所示。

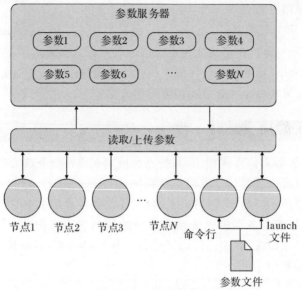

图 5-23 参数服务器

每次开启 roscore,都是创建一个新的 ROS 通信环境,这时候的参数服务器是空的,用户可以使用程序和命令行上传、读取和设置参数,launch 文件仅可以上传、设置参数。

在参数比较多的时候,可以创建参数文件,然后使用命令行或者 launch 文件进行上传。

服务(Services)官方介绍里包含了参数服务器的讲解:http://wiki.ros.org/ROS/Tutorials/UnderstandingServicesParams。

参数服务器常用命令如下:

(1)rosparam list:显示当前参数服务器的所有参数;

(2)rosparam set 参数名 参数值:设置参数;

(3)rosparam get 参数名:获取参数;

(4)rosparam load 参数文件名:从参数文件上传参数到参数服务器;

(5)rosparam dump 文件名 参数名:把参数保存到指定文件;

(6)rosparam delete 参数名:把指定参数从参数服务器删除。

5.4.6 多机通信

前面说过 ROS 可以让多个机器人进行通信,即让多台电脑上的 ROS 节点可以互相订阅所有电脑发布的话题/服务/动作/参数服务器。要实现这一点,需要对这些电脑进行 ROS 多机通信配置。

通过前文知道 roscore 代表 ROS 的通信环境,只有在同一个通信环境下不同的节点才能进行通信。多机通信配置的本质就是指定一台电脑 a 运行 roscore,这台电脑称为主机,其他电脑作为客户机,认可电脑 a 为主机。同时限制只有主机可以运行 roscore,客户机不可以运行 roscore。

那么如何将电脑设置为主机或者客户机呢? 这里仅讨论 Ubuntu 系统,在 Ubuntu 系统通过在文件【主目录/. bashrc】下添加两行代码即可进行设置：

export ROS_MASTER_URI＝http://主机 IP 地址

export ROS_HOSTNAME＝本机 IP 地址

如图 5 - 24 所示，这里虚拟机的 IP 地址为 192.168.0.136，因此这里虚拟机将自身设置为了 ROS 主机，可以运行 roscore。

注意：如果文件【主目录/. bashrc】下没有这两行代码，即会默认自身为 ROS 主机。如何查看自身 IP 地址在 4.4 节进行过说明。

图 5 - 24　虚拟机设置自身为主机

图 5 - 25 为 ROS 多机通信配置示意图。

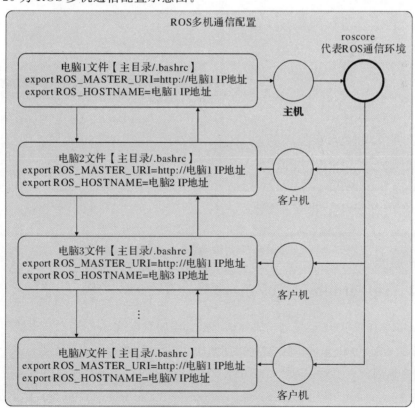

图 5 - 25　ROS 多机通信配置

5.5 节点、话题、服务、参数服务器使用实例

接下来以海龟仿真器为例演示节点、话题、服务、参数服务器的使用,动作不是常用的通信方式,这里就不做演示了。

5.5.1 运行海龟仿真器

图 5-26 为运行海龟仿真器,命令如下:

roscore

rosrun turtlesim turtlesim_node

rosrun turtlesim turtle_teleop_key

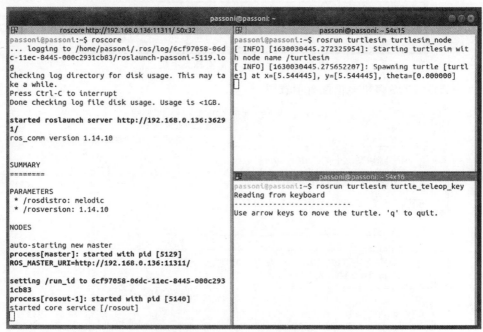

图 5-26 运行海龟仿真器

5.5.2 rqt_graph

rqt_graph 是查看 ROS 话题通信整体情况最常用的命令。

在终端输入命令 rqt_graph 后,会弹出如图 5-27 所示窗口。

图中两个椭圆代表节点,节点"/turtlesim"是由命令 rosrun turtlesim turtlesim_node 生成的,节点"/teleop_turtle"是由命令 rosrun turtlesim turtle_teleop_key 生成的,节点之间的"turtle1/cmd_vel"是话题。根据图 5-22 可知,话题"turtle1/cmd_vel"是由节点"/teleop_turtle"发布和由节点"/turtlesim"订阅的。

节点"/teleop_turtle"的作用是读取用户按下的键盘键值,如果用户按下了"q"键,则关闭该节点;如果用户按下了方向键,则发布话题"turtle1/cmd_vel",该话题的内容其实是速度命令。如果是上、下方向,则发布前进/后退速度命令,如果是左、右方向,则发布逆/顺时针旋转速度命令。

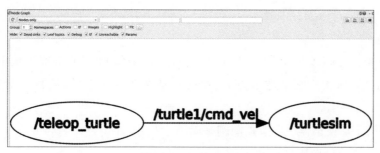

图 5 − 27   rqt_graph

节点"turtlesim"的作用是创建"Turtlesim"窗口及其中的小海龟,同时订阅话题"turtle1/cmd_vel",如果接收到话题"turtle1/cmd_vel",就根据话题里面的速度命令,对小海龟进行控制,让小海龟前进/后退、逆/顺时针旋转。

接下来讲解一下 rqt_graph 窗口的一些配置。首先是左上角下拉菜单的 3 个选项,代表显示 ROS 话题通信整体情况的 3 种模式,如图 5 − 28 所示。

(1)Nodes only:仅显示节点,不显示话题。

(2)Nodes/Topics(active):仅显示活跃的节点及话题。

(3)Nodes/Topics(all):显示当前运行的所有节点及话题(一般选择该模式)。

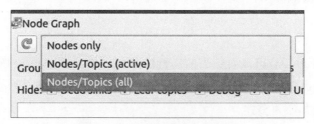

图 5 − 28   节点话题图 3 种模式

如图 5 − 29 所示,rqt_graph 还有这些配置选项,接下来分 4 个部分进行讲解。

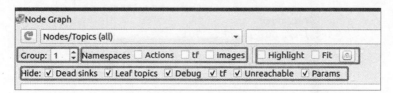

图 5 − 29   rqt_graph 配置

(1)Group:嵌套层级,有些话题为了分类方便会有多层名称,例如:"/name1/name2/name3/a""/name1/name4/name5/b"。"Group:1"代表不分层,"Group:2"代表会分两层嵌套显示,"Group:3"代表会分三层嵌套显示。

(2)Namespaces:命名空间,将某一类型的话题归类到同一个虚拟节点下。

1)Action：勾选后将动作相关的话题汇总到一个虚拟话题节点（命名为＜action_server＞/action_topics）。

2)tf：勾选后将 tf 和 tf2 话题汇总到一个虚拟话题节点（命名为/tf）。

3)Images：勾选后将图像话题汇总到一个虚拟主话题节点（命名为＜image_server＞/image_topics）

（3）显示选项。

1)Highlight：勾选后，点击话题/节点时，会把关联的话题和节点高亮显示出来。

2)Fit：勾选后，每次刷新话题节点后，都会自动调整放大系数，使整体话题节点图刚好满屏。

3)图标"1"：手动使整体话题节点图刚好满屏。

（4）Hide：隐藏项目设置，勾选后隐藏相关话题、节点。

1)Dead sinks：隐藏没有订阅者的话题。

2)Leaf topics：隐藏只有一个连接者的话题，即没有订阅者或没有发布者的话题。

3)Debug：隐藏常见的调试节点。

4)tf：隐藏 tf 话题节点。

5)Unreachable：隐藏无法到达的节点，例如开启后又关闭了的节点。

6)Params：隐藏动态调参相关的话题、节点。

rqt_graph 官方描述：http://wiki.ros.org/rqt_graph。

5.5.3 节点常用命令

1. rosnode list

运行命令 rosnode list，可以看到当前运行的所有节点，如图 5-30 所示。其中"/rosout"是固定存在的，"/rqt_gui_py_node"是运行"rqt_graph"生成的。节点"teleop_turtle"和"turtlesim"前面已经讲过，不再赘述。

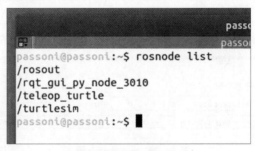

图 5-30　rosnode list

2. rosnode info 节点名

运行命令 rosnode info turtlesim，可以看到关于该节点的详细信息，如图 5-31 所示。

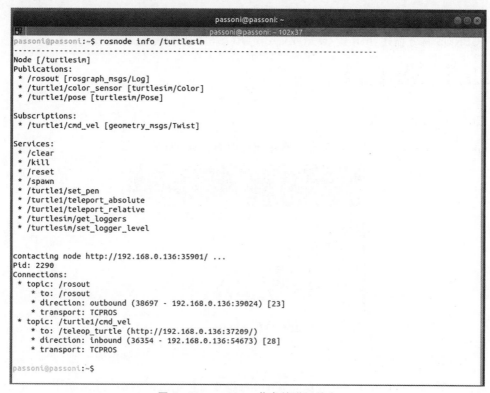

图 5-31　turtlesim 节点的详细信息

接下来对图 5-31 中的节点信息进行解释。

(1)Node：节点名。

(2)Publications：该节点发布的话题及对应话题的数据格式。

1)"/rosout"是每个节点都会发布的话题，里面同样包含了节点信息，其数据格式为[rosgraph_msgs/Log]。

2)"/turtle1/color_sensor"是海龟仿真器的当前背景颜色，其数据格式为"turtlesim/Color"。

3)"/turtle1/pose"是海龟仿真器中的小海龟 1 的位置和姿态信息，其数据格式为"turtlesim/Pose"。

(3)Subscriptions：该节点订阅的话题及对应话题的数据格式。

"/turtle1/cmd_vel"是速度控制命令，其数据格式为"geometry_msgs/Twist"。

(4)Services：该节点提供的服务。

(5)contacting node：创建该节点的电脑系统 IP 地址。

(6)Pid：2290：该节点对应的系统进程号，输入命令 kill 2290 可以关闭该节点。

(7)Connections：与该节点关联的话题和对应节点。

1)topic：关联话题。

2)to：关联话题对应节点。

3)direction：输出（发布）给该关联话题对应节点，还是输入（订阅）该关联话题和创建该关联话题对应节点的电脑系统 IP 地址。

4)transport:传输层协议,基本都是 TCPROS。

TCPROS 官方描述:http://wiki. ros. org/ROS/TCPROS。

5.5.4　话题常用命令

1. rostopic list

运行命令 rostopic list 可以查看当前存在的所有话题,如图 5-32 所示。

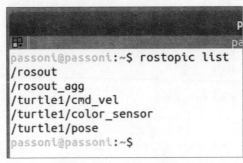

图 5-32　rostopic list

2. rostopic info 话题名

运行命令 rostopic info /turtle1/cmd_vel 可以查看该话题的详细信息,如图 5-33 所示。

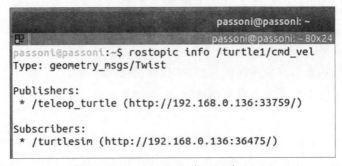

图 5-33　rostopic info /turtle1/cmd_vel

接下来对图 5-33 中的话题信息进行解释。

(1)Type:话题数据格式。

(2)Publishers:话题的发布者,包含发布者的名字和发布者所在电脑的 IP 地址。

(3)Subscribers:话题的订阅者,包含订阅者的名字和订阅者所在电脑的 IP 地址。

3. rostopic pub 话题内容

输入命令 rostopic pub －r 10 /turtle1/cmd_vel,然后按下 tab 键补全并设置相关参数,如下所示。

rostopic pub -r 10 /turtle1/cmd_vel geometry_msgs/Twist "linear:

　　x:1.0

　　y:0.0

　　z：0.0

angular：

　　x：0.0

　　y：0.0

　　z：1.0"

　　然后按回车键，即可循环发布该话题。其中"-r"是循环发布的意思，"10"代表每秒发布 10 次该话题。如图 5－34 命令所示，"x：1.0"和"z：1.0"代表小海龟将以 1 m/s 的速度前进，同时，以 1 rad/s 的速度进行逆时针旋转，命令运行结果如图 5－35 所示。

图 5－34　发布话题

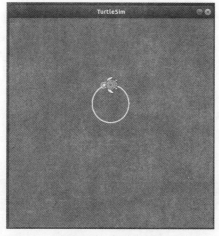

图 5－35　TurtleSim

4. rostopic hz 话题名

　　紧接上面的循环发布话题命令，输入命令 rostopic hz /turtle1/cmd_vel 可以看到话题/turtle1/cmd_vel 的发布频率、话题发布最小间隔时间和话题发布最大间隔时间，如图 5－36 所示。

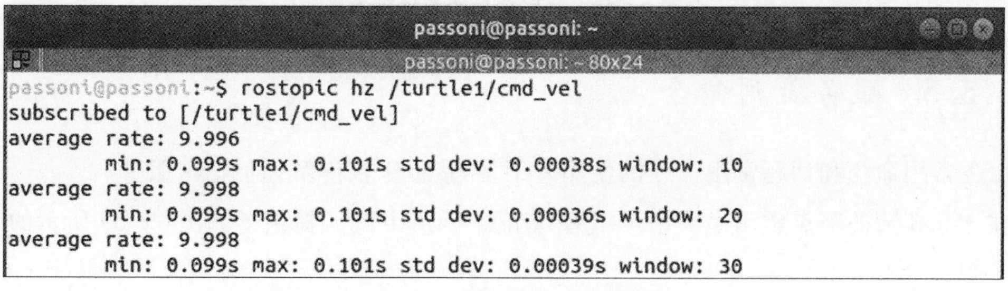

```
passoni@passoni: ~
                    passoni@passoni: ~ 80x24
passoni@passoni:~$ rostopic hz /turtle1/cmd_vel
subscribed to [/turtle1/cmd_vel]
average rate: 9.996
        min: 0.099s max: 0.101s std dev: 0.00038s window: 10
average rate: 9.998
        min: 0.099s max: 0.101s std dev: 0.00036s window: 20
average rate: 9.998
        min: 0.099s max: 0.101s std dev: 0.00039s window: 30
```

图 5－36　获取话题发布频率

5. rostopic echo 话题名

紧接上面的循环发布话题命令,输入命令 rostopic echo /turtle1/cmd_vel 可以看到话题/turtle1/cmd_vel 的内容,如图 5 - 37 所示,正是前面发布话题的内容。

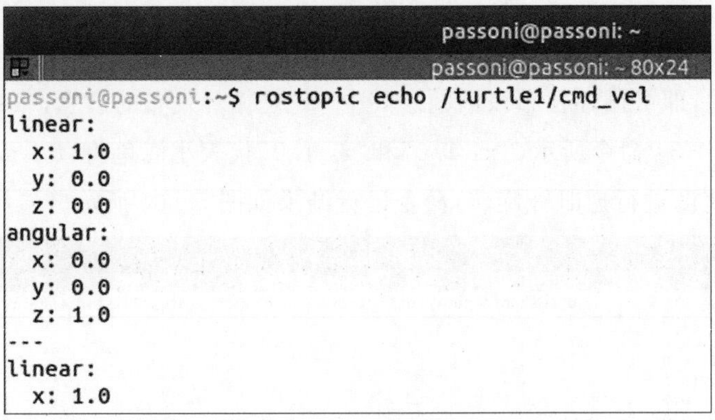

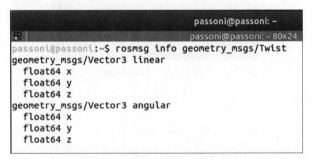

图 5 - 37　获取话题内容

6. rosmsg info 话题数据格式名

通过命令 rostopic info 知道了话题"/turtle1/cmd_vel"的数据格式为"geometry_msgs/Twist"。

然后输入命令 rosmsg info geometry_msgs/Twist 可以查看数据格式"geometry_msgs/Twist"的详细内容,如图 5 - 38 所示。

"geometry_msgs/Twist"由两个数据"linear"和"angular"组成,其数据格式为"geometry_msgs/Vector3",分别代表线速度和角速度;而数据格式"geometry_msgs/Vector3"又由 3 个数据格式为"float64"的数据组成。

图 5 - 38　获取数据格式详细内容

5.5.5　服务常用命令

服务常用命令和话题常用命令的使用差不多,接下来仅讲解如何请求服务。

在 5.5.3 节的节点常用命令中可以看到节点"/turtlesim"提供了如图 5 - 39 所示的服务。

```
Services:
 * /clear
 * /kill
 * /reset
 * /spawn
 * /turtle1/set_pen
 * /turtle1/teleport_absolute
 * /turtle1/teleport_relative
 * /turtlesim/get_loggers
 * /turtlesim/set_logger_level
```

图 5 - 39　节点"/turtlesim"提供的服务

请求服务可以输入命令 rosservice call 服务名,然后按下 tab 键补全并设置相关参数,例如服务"/spawn"是生成一个新的小海龟,要是再确定新小海龟的出生位置、朝向和名字,可输入命令:

rosservice call /spawn "x: 10. 0

y: 10. 0

theta: 0. 0

name: ′turtle2′"

如图 5 - 40 所示,输入命令,会发现"TurtleSim"窗口右上角多了一个小海龟,如图 5 - 41 所示。

```
passoni@passoni:~$ rosservice call /spawn "x: 0.0
y: 10.0
theta: 0.0
name: 'turtle2'"
```

图 5 - 40　请求服务生成新的小海龟

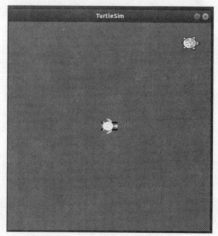

图 5 - 41　生成新的小海龟

5.5.6　参数服务器常用命令

1. rosparam list

运行命令 rosparam list 可以看到当前参数服务器下的全部参数,如图 5 - 42 所示。

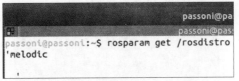

图 5-42　查看参数服务器下所有参数

接下来对图 5-42 中的参数进行解释。

(1)/rosdistro：由 roscore 上传的参数，为 ROS 发行版本。

(2)/roslaunch/uris/host_192_168_0_136__41295：由 roscore 上传的参数，为主机的 IP 地址。

(3)/rosversion：由 roscore 上传的参数，为 ROS 的版本号。

(4)/run_id：由 roscore 上传的参数，与日志消息相关。

以下"/turtlesim/background"是由节点"/turtlesim"读取的参数，决定窗口"TurtleSim"的背景颜色。

(5)/turtlesim/background_b：构成背景颜色三原色的蓝色(blue)。

(6)/turtlesim/background_g：构成背景颜色三原色的绿色(green)。

(7)/turtlesim/background_r：构成背景颜色三原色的红色(red)。

2. rosparam get 参数名

输入命令 rosparam get/rosdistro 可以获取当前 ROS 的发行版本信息，如图 5-43 所示。

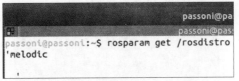

图 5-43　获取参数 /rosdistro

再输入以下命令，读取当前窗口"TurtleSim"的背景颜色三原色的值：

rosparam get /turtlesim/background_b

rosparam get /turtlesim/background_g

rosparam get /turtlesim/background_r

如图 5-44 所示，可以知道当前窗口"TurtleSim"背景颜色三原色 BGR 的值分别为 255、86、69。

图 5-44　获取窗口"TurtleSim"背景颜色参数

3. rosparam set 参数名 参数值

输入以下命令，设置窗口"TurtleSim"的背景颜色为白色：

rosparam set /turtlesim/background_b 255

rosparam set /turtlesim/background_g 255

rosparam set /turtlesim/background_r 255

再输入命令读取这 3 个参数的值，可以看到参数值确实改变了，如图 5 - 45 所示。

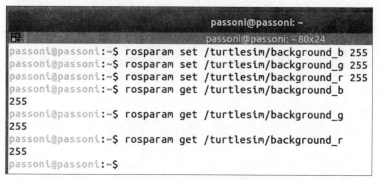

图 5 - 45　设置参数，读取参数

此时打开窗口"TurtleSim"会发现其窗口颜色并没有改变，这是因为还需要输入一个命令 rosservice call /clear 来刷新窗口颜色，如图 5 - 46 和图 5 - 47 所示。

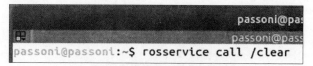

图 5 - 46　输入命令刷新窗口颜色

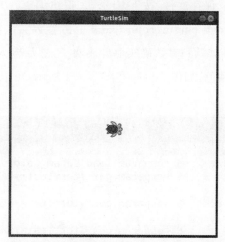

图 5 - 47　刷新颜色后的"TurtleSim"窗口

4. rosparam load 参数文件

参数服务器提供了从参数文件上传参数的功能，用户可以提前写好参数在文件内，在需要的时候再使用该文件上传参数。这个功能在需要设置大量参数的时候非常实用,例如自主导航功能。参数文件的格式一般是.yaml。

要使用该命令首先要有参数文件,可使用命令 touch param_color. yaml 创建参数文件【touch param_color. yaml】,然后使用 nano 编辑器打开该文件,如图 5-48 所示。

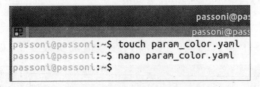

图 5-48　创建参数文件

如图 5-49 所示编辑文件【touch param_color. yaml】,这里演示了参数文件的两种写法:

(1)turtlesim/background_b:0

(2)turtlesim:

　　background_g:255

　　background_r:0

这两种写法是等价的,在参数比较多的时候,后者的写法会比较有层次。

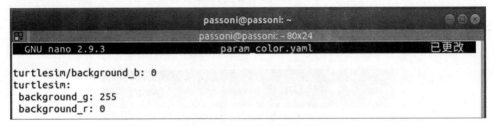

图 5-49　编写参数文件

编辑完成,按下 Ctrl+O 保存文件,按下 Ctrl+X 退出编辑。

再使用命令 rosparam load param_color. yaml 上传参数文件内的参数到参数服务器,然后使用命令 rosparam get 可以看到参数确实上传成功了,然后输入命令 rosservice call /clear 刷新"TurtleSim"窗口背景颜色,如图 5-50 和图 5-51 所示,可以看到"TurtleSim"窗口变成了绿色。

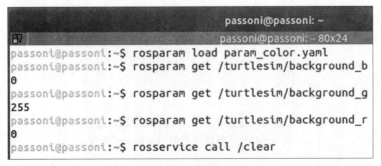

图 5-50　读取参数

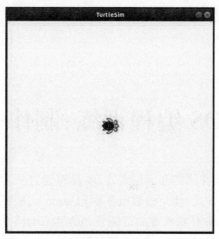

图 5 - 51　刷新颜色后的"TurtleSim"窗口

【劳动教育案例】

王进喜的简短事迹

王进喜(1923 年 10 月 8 日—1970 年 11 月 15 日),出生于甘肃省玉门县赤金堡(祖籍陕西省渭南市大荔县羌白镇焦家村),中国黑龙江省大庆市大庆油田石油工人。王进喜出生于一个贫苦家庭,随后成为一名石油工人,因用自己身体制伏井喷而家喻户晓。1970年 11 月 15 日 23 时 42 分,王进喜因胃癌医治无效不幸病逝,终年 47 岁。

打出大庆油田第一口油井。1960 年,他率领 1205 钻井队艰苦创业,打出了大庆第一口油井,并创造了年进尺 10×10^4 m 的世界钻井纪录,展现了大庆石油工人的气概,为我国石油工业的发展做出了重要贡献,成为中国工业战线的一面旗帜。他留下的"铁人精神"和"大庆精神",成为我国社会主义建设事业的宝贵财富。

用身体制服井喷。1960 年 3 月,他率队从玉门到大庆参加石油大会战,发扬"为国分忧,为民族争气"的爱国主义精神,为结束"洋油"时代而顽强拼搏。他组织全队职工把钻机化整为零,用"人拉肩扛"的方法搬运和安装钻机,奋战 3 天 3 夜把井架耸立在荒原上。打第一口井时,为解决供水不足,王进喜带领工人破冰取水,"盆端桶提"运水保开钻。打第二口井时突然发生井喷,当时没有压井用的重晶石粉,王进喜决定用水泥代替;没有搅拌机,他不顾腿伤,带头跳进泥浆池里用身体搅拌,经全队工人奋战,终于制服井喷。

第6章 ROS编程训练：制作一个功能包

第5章学习了ROS的文件结构和通信方式，本章将通过从零开始制作一个功能包，来学习编写程序实现话题的通信方式、使用参数服务器和launch文件的常用语法。

ROS官方的使用C++编写发布者和订阅者的教程：http://wiki. ros. org/ROS/Tutorials/WritingPublisherSubscriber%28c%2B%2B%29。

ROS官方的使用Python编写发布者和订阅者的教程：http://wiki. ros. org/ROS/Tutorials/WritingPublisherSubscriber%28python%29。

6.1 功能设计

如图6-1所示，该功能包的功能为创建两个节点——发布者节点发布话题，订阅者节点订阅话题并把订阅到的话题信息打印到终端；话题的数据格式是自定义的；发布者和订阅者都会从参数服务器读取参数信息并打印到终端。

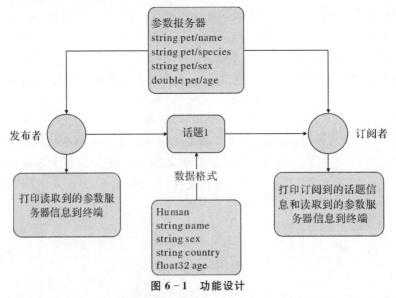

图6-1 功能设计

最后还会使用到launch文件调用可执行文件、（通过参数文件）上传参数，同时演示launch文件的各种语法。

制作该功能包需要编写以下文件，这些文件的作用如下文和图6-2所示。

（1）话题格式文件：提供自定义话题格式。

（2）C++源文件、头文件：创建节点，发布/订阅话题和读取参数信息。

（3）CmakeLists. txt：编写编译规则，将话题格式文件编译为可引用库，将 C++源文件编译为可执行文件。

（4）package. xml：描述功能包的信息和依赖功能包。

（5）参数文件：用于一次性上传全部参数。

（6）launch 文件：调用可执行文件、参数文件。

（7）Python 文件：本书提供了"创建节点，发布/订阅话题和读取参数信息"Python 版本的源码实现。

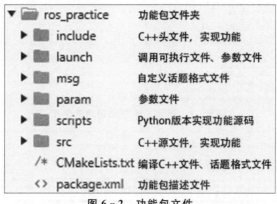

图 6-2　功能包文件

6.2　新建工作空间和功能包

首先使用命令行创建工作空间和空的功能包，如下文、图 6-3 和图 6-4 所示。

首先创建工作空间文件夹：

mkdir work_space_practice

打开工作空间文件夹：

cd work_space_practice

创建【src】文件夹：

mkdir src

打开【src】文件夹：

cd src

创建功能包【ros_practice】，同时预置依赖"std_msgs""roscpp""message_generation"到文件【CmakeLists. txt】和【package. xml】，其中"roscpp"是编写 ROS 的 C++代码必须的依赖，"std_msgs"是自定义话题数据类型所用到的话题格式，"message_generation"是自定义话题数据类型必须的依赖：

catkin_create_pkg ros_practice std_msgs roscpp message_generation

返回工作空间文件夹：

cd ..

编译生成工作空间：

catkin_make

让系统识别到该工作空间：

source /home/passoni/work_space_practice/devel/setup. bash

echo "source /home/passoni/work_space_practice/devel/setup. bash" $>>$ ~ /. bashrc

```
passoni@passoni: ~/work_space_practice                                    _ □ x
                         passoni@passoni: ~/work_space_practice 122x24
passoni@passoni:~$ mkdir work_space_practice
passoni@passoni:~$ cd work_space_practice
passoni@passoni:~/work_space_practice$ mkdir src
passoni@passoni:~/work_space_practice$ cd src
passoni@passoni:~/work_space_practice/src$ catkin_create_pkg ros_practice std_msgs roscpp message_generation
WARNING: Packages with messages or services should depend on both message_generation and message_runtime
Created file ros_practice/CMakeLists.txt
Created file ros_practice/package.xml
Created folder ros_practice/include/ros_practice
Created folder ros_practice/src
Successfully created files in /home/passoni/work_space_practice/src/ros_practice. Please adjust the values in package.xml.
passoni@passoni:~/work_space_practice/src$ cd ..
passoni@passoni:~/work_space_practice$ catkin_make
Base path: /home/passoni/work_space_practice
Source space: /home/passoni/work_space_practice/src
Build space: /home/passoni/work_space_practice/build
Devel space: /home/passoni/work_space_practice/devel
Install space: /home/passoni/work_space_practice/install
```

图 6 - 3　创建工作空间和功能包 1

```
-- Generating done
-- Build files have been written to: /home/passoni/work_space_practice/build
####
#### Running command: "make -j1 -l1" in "/home/passoni/work_space_practice/build"
####
passoni@passoni:~/work_space_practice$ source /home/passoni/work_space_practice/devel/setup.bash
passoni@passoni:~/work_space_practice$ echo "source /home/passoni/work_space_practice/devel/setup.bash" >> ~/.bashrc
passoni@passoni:~/work_space_practice$
```

图 6 - 4　创建工作空间和功能包 2

新建完成的工作空间和功能包如图 6 - 5 所示。

图 6 - 5　新建完成的工作空间和功能包

6.3　自定义话题数据格式

在编写 C++程序实现创建节点、发布/订阅话题的功能之前，需要先完成自定义话题数据格式。

6.3.1 创建自定义数据格式文件

首先在功能包【ros_practice】文件夹根目录下创建文件夹【msg】用于存放话题数据格式（消息）文件，然后在文件夹【msg】下创建自定义数据格式话题文件【Human.msg】。这里定义了一个用于描述人的话题数据格式，包含人的姓名、性别、国籍和年龄，如图 6-6 所示。

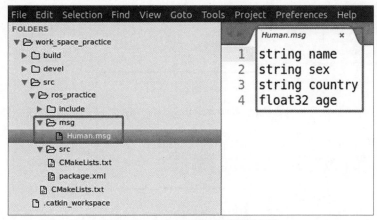

图 6-6 自定义数据格式话题文件

如图 6-6 所示，可以看到姓名、性别、国籍和年龄前面还有数据格式"string""float32"，这两个其实也是 ROS 的话题数据格式。话题数据格式是可以嵌套的，即可以由多个话题数据格式组成一个新的话题数据格式。

这里的"string"和"float32"都是"std_msgs"下的数据格式，"std_msgs"是 ROS 最基本的数据格式库，其包含的数据格式如图 6-7 所示。

图 6-7 std_msgs

6.3.2 编写编译规则文件

创建数据格式文件后，还要编写编译规则文件，用于编译生成可以引用的库。这里包括 CMakeLists.txt 和 package.xml 两个文件，这两个文件都是位于功能包【ros_practice】根目录下的。

图 6-8 为编译规则文件 CMakeLists.txt 的写法（已删除英文注释内容），图 6-8 中框出部分为新增的自定义话题数据格式相关部分，其他部分为创建功能包【ros_practice】时自动生成的。

```
File  Edit  Selection  Find  View  Goto  Tools  Project  Preferences  Help
FOLDERS                        CMakeLists.txt        ×
▼ 🗁 work_space_practice    1   #对电脑系统Cmake版本的最低要求
  ▶ 🗀 build               2   cmake_minimum_required(VERSION 3.0.2)
  ▶ 🗀 devel               3
  ▼ 🗁 src                 4   #功能包名称
    ▼ 🗁 ros_practice      5   project(ros_practice)
      ▼ 🗁 include          6
         🗋 ros_practice.h   7   #编译该功能包需要的其它功能包
      ▶ 🗀 msg             8   find_package(catkin REQUIRED COMPONENTS
      ▶ 🗀 src             9     message_generation
         🗋 CMakeLists.txt  10    roscpp
      🗋 package.xml        11    std_msgs
    🗋 CMakeLists.txt       12   )
    🗋 .catkin_workspace    13
                           14   #添加自定义话题数据格式文件
                           15   add_message_files(
                           16     FILES
                           17     Human.msg
                           18   )
                           19   #生成自定义话题数据格式需要的依赖
                           20   generate_messages(
                           21     DEPENDENCIES
                           22     std_msgs
                           23   )
                           24
                           25   #声明本功能包需要的依赖项
                           26   catkin_package(
                           27     CATKIN_DEPENDS roscpp std_msgs message_runtime
                           28   )
                           29
                           30   #声明需要的使用的头文件位置
                           31   include_directories(
                           32     ${catkin_INCLUDE_DIRS}
                           33   )
                           34
```

图 6 – 8   CMakeLists. txt

图 6 – 9 为功能包描述文件 package. xml（已删除英文注释内容），图 6 – 9 框出部分采用了更简洁的声明依赖方法，同时添加了必须的"message_runtime"的依赖。

图 6 – 9   package. xml

6.3.3　编译和查看自定义数据格式

在工作空间文件夹下运行命令 catkin_make 编译工作空间下的功能包，编译完成如图 6 - 10 所示。

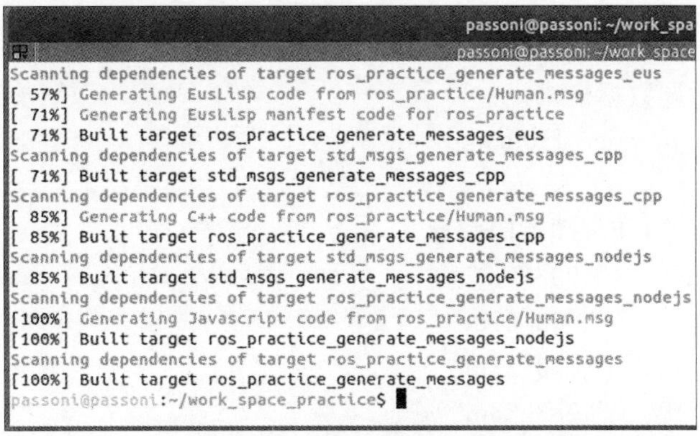

图 6 - 10　catkin_make 编译

此时使用命令 rosmsg info ros_practice/Human 可以查看到自定义的话题数据格式，说明自定义成功了，如图 6 - 11 所示。

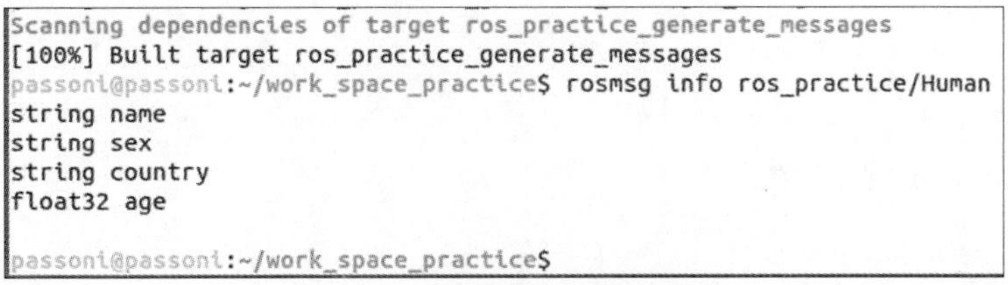

图 6 - 11　查看自定义数据格式

6.4　C++实现话题的发布、订阅和参数的读取

接下来是编写 C++源码，实现话题的发布、订阅和参数服务器的读取。

本节会编写两个源文件和一个头文件。

一个源文件实现话题的发布、参数服务器参数的读取和打印信息，另一个源文件实现话题的订阅、参数服务器参数的读取和打印信息。

头文件用于引用一些两个源文件都会用到的库和宏定义。

源文件读取的参数有 4 个，参数名分别为"/pet/name""/pet/species""/pet/sex"和"/pet/age"，代表一个宠物。

6.4.1　编写头文件

在功能包【ros_practice】的【include】文件夹下编写头文件【ros_practice.h】，如下所示。

```
#ifndef __ROS_PRACTICE_H_
#define __ROS_PRACTICE_H_
```

```
//引用 C++的 string 库
#include <string. h>
//引用 iostream 库,用于 cout 打印信息
#include <iostream>
//引用 ros 库
#include <ros/ros. h>
//引用自定义话题数据格式
#include <ros_practice/Human. h>

//cout 相关,用于打印带颜色的信息
#define RESET       "\033[0m"
#define RED         "\033[31m"
#define GREEN       "\033[32m"
#define YELLOW      "\033[33m"
#define BLUE        "\033[34m"
#define PURPLE      "\033[35m"
#define CYAN        "\033[36m"


#endif
```

6.4.2 编写源文件

接下来编写源文件。

其中发布者源文件除了发布话题和读取参数服务器外,还会在程序开始时上传两个参数"/pet/name"和"/pet/species"到参数服务器。

在功能包【ros_practice】的【src】文件夹下编写发布者源文件【HumanTopic_Pub. cpp】,如下所示。

```
//引用头文件
#include <ros_practice. h>

//使用命名空间 std,cout 相关
using namespace std;

//主函数
int main(int argc, char * * argv)
{
    //用于保存参数服务器参数的变量
    string name, species, sex;
    double age;

    //用于记录程序运行时间的变量
```

```
ros::Time Start_Time;
double Running_Time;
```

//初始化 ROS 节点，这里定义了节点名为"human_publisher"
```
ros::init(argc, argv, "human_publisher");
```

//创建 ROS 节点句柄
```
ros::NodeHandle NodeHandle;
```

//创建 ROS 话题发布者，一个发布者对应一个话题名，使用方法：
//ros::Publisher 发布者变量名 ＝ NodeHandle.advertise＜要发布的话题数据类型＞("要发布的话题名"，话题队列长度（相当于缓存）)；
```
ros::Publisher Publisher1 = NodeHandle.advertise<ros_practice::Human>("/
Zhang_San", 10);
```

//参数服务器相关变量赋值
```
name="Tom", species="Cat", sex="", age=0.0;
```
//把变量的值，上传设置到参数"/pet/name"
```
ros::param::set("/pet/name", name);
```
//把变量的值，上传设置到设置参数"/pet/species"
```
ros::param::set("/pet/species", species);
```

//从参数服务器读取参数，并赋值给变量；如果参数服务器内没有该参数，则赋值默认值给变量
```
NodeHandle.param<string>("/pet/sex",  sex, "male"); //NodeHandle.param
<string>("参数服务器内的参数",  变量，默认值)；
```

//创建一个定时器，频率为 0.5 Hz
```
ros::Rate loop_rate(0.5);
```
//记录 while 循环开始的时间作为程序开始时间
```
Start_Time=ros::Time::now();
```

//while 死循环，直到程序被 ctrl＋c 打断
```
while (ros::ok())
{
```
//创建话题，并给话题内容赋值
```
ros_practice::Human huamn_1;
    huamn_1.name    = "Zhang_San";
    huamn_1.country = "China";
    huamn_1.sex     = "Male";
    huamn_1.age     = 19.0;
```

```
//发布话题,注意话题的名字是在创建发布者时定义的
Publisher1. publish(huamn_1);

//从参数服务器获取参数
ros::param::get("/pet/name", name);
ros::param::get("/pet/species", species);
ros::param::get("/pet/sex", sex);
ros::param::get("/pet/age", age);

//cout 打印程序运行时间和参数服务器的参数
Running_Time=(ros::Time::now()-Start_Time). toSec();
cout<<GREEN<<"Publisher has running: "<<Running_Time<<"s"<<RE-
SET<<endl;
cout<<GREEN<<"Publisher param"          <<RESET<<endl;
cout<<GREEN<<"/pet/name: "   <<name   <<RESET<<endl;
cout<<GREEN<<"/pet/species: "<<species<<RESET<<endl;
cout<<GREEN<<"/pet/sex: "     <<sex     <<RESET<<endl;
cout<<GREEN<<"/pet/age: "     <<age     <<RESET<<endl<<endl;

//延时 2 s(因为定时器频率设置为了 0.5 Hz)
loop_rate. sleep();
    }

    return 0;
}
```

在功能包【ros_practice】的【src】文件夹下编写订阅者源文件【HumanTopic_Sub. cpp】,如下所示。

```
//引用头文件
#include <ros_practice. h>

//使用命名空间 std,cout 相关
using namespace std;

//话题订阅回调函数
//订阅者接收到话题后,会跳转到该函数执行,并把订阅接收到的话题作为函数输入参数,
//输入参数数据类型需要设置为对应话题数据格式
void Sub1_CallBack(const ros_practice::Human &topic)
{
    //cout 打印接收到的话题内容
```

```
    cout<<BLUE<<"Sub1_CAllBack"                    <<RESET<<endl;
    cout<<BLUE<<"human name："    <<topic. name    <<RESET<<endl;
    cout<<BLUE<<"human species： "<<topic. country<<RESET<<endl;
    cout<<BLUE<<"human sex： "      <<topic. sex      <<RESET<<endl;
    cout<<BLUE<<"human age： "   <<topic. age   <<RESET<<endl<<endl;
}


//主函数
int main(int argc, char * * argv)
{
    //用于保存参数服务器参数的变量
    string name, species, sex;
    double age;

    //用于记录程序运行时间的变量
    ros::Time Start_Time;
    double Running_Time;

    //初始化 ROS 节点，这里定义了节点名为"human_subscriber"
    ros::init(argc, argv, "human_subscriber");

    //创建 ROS 节点句柄
    ros::NodeHandle NodeHandle;

    //创建 ROS 话题订阅者，一个订阅者对应一个话题名，使用方法：
    //ros::Subscriber 订阅者变量名 = NodeHandle. subscribe("要订阅的话题名"，话
题队列长度(相当于缓存)，话题订阅回调函数)；
    ros::Subscriber Subscriber1 = NodeHandle. subscribe("Zhang_San", 10, Sub1_
CallBack);

    //创建一个定时器，频率为 0.5 Hz
    ros::Rate loop_rate(0.5);
    //记录 while 循环开始的时间作为程序开始时间
    Start_Time=ros::Time::now();

    //while 死循环，直到程序被 Ctrl+C 打断
    while (ros::ok())
    {
    //从参数服务器获取参数
        ros::param::get("/pet/name", name);
```

```
        ros::param::get("/pet/species", species);

        ros::param::get("/pet/sex", sex);

        ros::param::get("/pet/age", age);


        //cout 打印程序运行时间和参数服务器的参数
        Running_Time=(ros::Time::now()-Start_Time).toSec();
        cout<<GREEN<<"Subscriber has running: "<<Running_Time<<"s"<
<RESET<<endl;
        cout<<RED<<"Subscriber param"      <<RESET<<endl;
        cout<<RED<<"/pet/name: "   <<name   <<RESET<<endl;
        cout<<RED<<"/pet/species: "<<species<<RESET<<endl;
        cout<<RED<<"/pet/sex: "    <<sex   <<RESET<<endl;
        cout<<RED<<"/pet/age: "    <<age   <<RESET<<endl<<endl;


        //订阅者程序必须使用该函数,否则无法接收到话题
        ros::spinOnce();


        //延时 2 s(因为定时器频率设置为了 0.5 Hz)
        loop_rate.sleep();
    }


    return 0;
}
```

6.4.3　编写编译规则

源文件写好了,接下来就是编写编译规则用于生成可执行文件,如图 6-12 所示,添加了头文件所在位置和使用源文件生成可执行文件的编译规则。

图 6-12　编写编译规则

图 6 - 12 中框出部分如下所示。

♯声明需要的使用的头文件位置

include_directories(

　include

　$｛catkin_INCLUDE_DIRS｝

)

♯使用源文件 HumanTopic_Pub. cpp 生成可执行文件 humantopic_pub

add_executable(humantopic_pub src/HumanTopic_Pub. cpp)

♯声明编译生成该目标文件所需要的依赖

target_link_libraries(humantopic_pub $｛catkin_LIBRARIES｝)

♯生成或使用自定义话题数据格式时要添加这行

add_dependencies(humantopic_pub $｛$｛PROJECT_NAME｝_EXPORTED_TAR-GETS｝$｛catkin_EXPORTED_TARGETS｝)

♯使用源文件 HumanTopic_Sub. cpp 生成可执行文件 humantopic_sub

add_executable(humantopic_sub src/HumanTopic_Sub. cpp)

♯声明编译生成该目标文件所需要的依赖

target_link_libraries(humantopic_sub $｛catkin_LIBRARIES｝)

♯生成或使用自定义话题数据格式时要添加这行

add_dependencies(humantopic_sub $｛$｛PROJECT_NAME｝_EXPORTED_TAR-GETS｝$｛catkin_EXPORTED_TARGETS｝)

6.4.4　编译和使用

在工作空间文件夹下运行命令 catkin_make 编译工作空间下的功能包，编译完成如图 6 - 13所示。

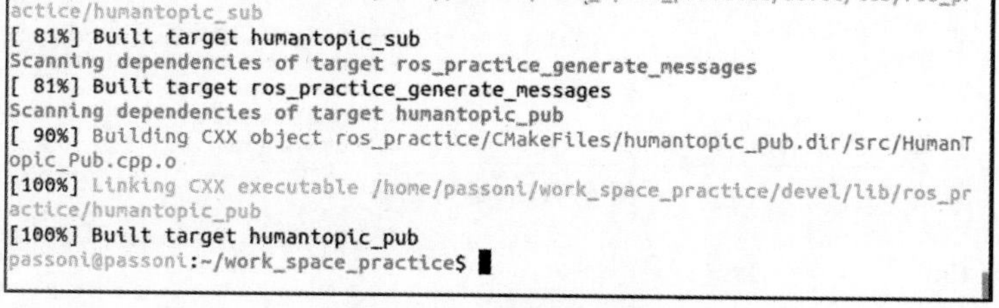

```
[ 81%] Linking CXX executable /home/passoni/work_space_practice/devel/lib/ros_pr
actice/humantopic_sub
[ 81%] Built target humantopic_sub
Scanning dependencies of target ros_practice_generate_messages
[ 81%] Built target ros_practice_generate_messages
Scanning dependencies of target humantopic_pub
[ 90%] Building CXX object ros_practice/CMakeFiles/humantopic_pub.dir/src/HumanT
opic_Pub.cpp.o
[100%] Linking CXX executable /home/passoni/work_space_practice/devel/lib/ros_pr
actice/humantopic_pub
[100%] Built target humantopic_pub
passoni@passoni:~/work_space_practice$
```

图 6 - 13　编译功能包

按顺序运行以下 4 个命令，图 6 - 14 为分别在 4 个终端运行了以下 4 个命令。

(1)开启 ROS 通信环境：roscore。

(2)运行话题发布者：rosrun ros_practice humantopic_pub。

(3)运行话题订阅者：rosrun ros_practice humantopic_sub。

(4)显示当前参数服务器内的所有参数：rosparam list。

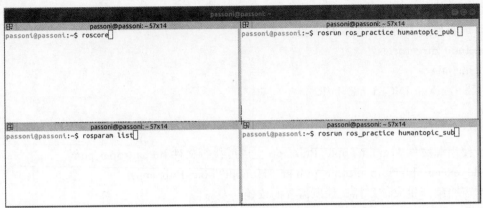

图 6-14 运行命令

运行结果如图 6-15 所示。

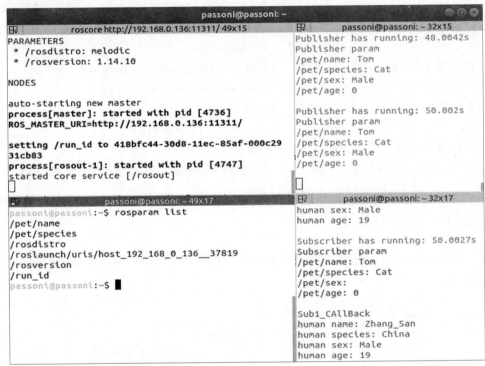

图 6-15 运行结果

1. rosparam list

首先看运行 rosparam list 的结果,可以看到参数服务器内有两个参数"/pet/name"和"/pet/species",正是话题发布者程序上传的。

2. rosrun ros_practice humantopic_pub

关于话题稍后与订阅者一起进行讲解,现在先讲解读取参数服务器的内容。

这里可以看到该程序已经运行了 50 s 了,然后是 4 个参数。

其中:"/pet/age:0"是因为参数服务器内没有该参数的值,所以为默认的 0。

"/pet/sex:male"有值,但是参数服务器内并没有该参数,这是因为发布者程序有如下这段代码：

　　NodeHandle. param＜string＞("/pet/sex"，　sex，"male")；

　　这段代码的意思是从参数服务器读取参数，并赋值给变量；如果参数服务器内没有该参数，则赋值默认值给变量。这里参数服务器内没有该参数，因此直接把变量"sex"的值设置为了"male"。

　　然后是"/pet/name：Tom"和"/pet/species：Cat"，可以使用命令 rosparam get 参数名确认这两个参数的值是否与参数服务器一致，如图 6－16 所示，两者是一致的。

```
passoni@passoni:~$ rosparam get /pet/name
Tom
passoni@passoni:~$ rosparam get /pet/species
Cat
passoni@passoni:~$ █
```

图 6－16　获取参数

3. rosrun ros_practice humantopic_sub

　　图 6－15 的订阅者终端关于参数的内容与发布者终端类似，"/pet/name：Tom"和"/pet/species：Cat"代表读取到了参数服务器的参数，"/pet/sex："和"/pet/age：0"代表参数服务器内没有该参数。

　　接下来运行以下 4 个命令，向参数服务器上传四个参数，看发布者和订阅者是否读取到这 4 个参数的内容变化：

rosparam set /pet/name Olive

rosparam set /pet/species Dog

rosparam set /pet/sex Female

rosparam set /pet/age 2

　　如图 6－17 所示，发布者和订阅者都读取到了这 4 个参数的内容变化。

图 6－17　设置上传参数

可以看到话题订阅者的终端还打印了订阅到的话题信息：

human name：Zhang_San

human species：China

human sex：Male

human age：19

先运行命令 rqt_graph 查看话题节点图（见图 6-18），可以看到节点"/human_publisher"发布了话题"/Zhang_San"，有节点"/human_subscriber"订阅。

图 6-18　话题节点图

使用命令 rostopic echo 话题名查看话题内容，确认订阅者的终端打印的话题信息是否正确，如图 6-19 所示，可以看到是正确的。

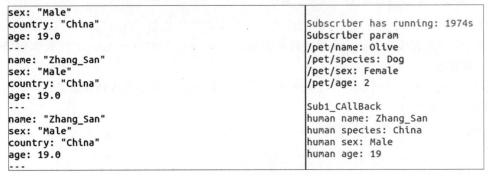

图 6-19　查看话题内容

则 C++话题的发布、订阅和参数的读取实现成功。

6.5　Python 实现话题的发布、订阅和参数的读取

C++和 Python 是目前 ROS 编程的主流语言，同样的功能使用 C++或者 Python 都可以实现，也可以同时使用两种语言配合实现功能。

Python 的特点是使用简单，不需要编写烦琐的编译规则和长时间的编译，程序编写完成即可运行，但是运行速度比 C++慢，这一点只有在运算量很高的时候才会明显体现出来，中小型的程序使用 Python 或者 C++性能区别不大。

本书提供了"话题的发布、订阅和参数的读取功能"的 Python 版本。

6.5.1　编写程序

在功能包【ros_practice】的【scripts】文件夹（需要手动创建）下编写发布者 Python 版源文件【HumanTopic_Pub.py】，如下所示。

#！/usr/bin/env python

coding=utf-8

♯1. 编译器声明和 2. 编码格式声明

♯1：为了防止用户没有将 python 安装在默认的/usr/bin 目录，系统会先从 env（系统环境变量）里查找 python 的安装路径，再调用对应路径下的解析器完成操作

♯2：Python. 源码文件默认使用 utf−8 编码，可以正常解析中文，一般而言，都会声明为 utf−8 编码

♯引用 ros 库

```
import rospy
```

♯引用自定义话题数据格式

```
from ros_practice. msg import Human
```

♯主函数

```
if __name__ == '__main__':
```

　　♯初始化 ROS 节点，这里定义了节点名为"human_publisher"

```
    rospy. init_node("human_publisher")
```

　　♯创建 ROS 话题发布者，一个发布者对应一个话题名，使用方法：

　　♯ros::Publisher 发布者变量名 = NodeHandle. advertise("要发布的话题名"，要发布的话题数据类型，话题队列长度（相当于缓存））；

```
    Publisher1 = rospy. Publisher("Zhang_San", Human, queue_size=10)
```

　　♯参数服务器相关变量赋值

```
    name="Tom"
    species="Cat"
    sex=0
    age=0
```

　　♯把变量的值，上传设置到参数"/pet/name"

```
    rospy. set_param("/pet/name", name);
    rospy. set_param("/pet/species", species);
```

　　♯从参数服务器读取参数，并赋值给变量；如果参数服务器内没有该参数，则赋值默认值给变量

```
    sex  = rospy. get_param("/pet/sex", default="male")
    age  = rospy. get_param("/pet/age", default=19.0)
```

　　♯创建一个定时器，频率为 0.5 Hz

```
    loop_rate = rospy. Rate(0.5)
```

```
# 记录 while 循环开始的时间作为程序开始时间
Start_Time＝rospy. Time. now()

# while 死循环，直到程序被 ctrl＋c 打断
while not rospy. is_shutdown():
    # 创建话题，并给话题内容赋值
    huamn_1 = Human()
    huamn_1. name    = "Zhang_San"
    huamn_1. country = "China"
    huamn_1. sex     = "Male"
    huamn_1. age     = 19.0
    # 发布话题，注意话题的名字是在创建发布者时定义的
    Publisher1. publish(huamn_1)

    # 从参数服务器获取参数
    name    = rospy. get_param("/pet/name", default="Tom")
    species = rospy. get_param("/pet/species", default="Cat")
    sex     = rospy. get_param("/pet/sex", default="Male")
    age     = rospy. get_param("/pet/age", default=19.0)

    # 打印程序运行时间和参数服务器的参数
    Running_Time＝(rospy. Time. now()－Start_Time). secs
    print("\033[1;36m"＋"Publisher has running："＋str(Running_Time)＋"s"
＋"\033[0m")
    print("\033[1;36m"＋"Publisher param"          ＋"\033[0m")
    print("\033[1;36m"＋"/pet/name："   ＋str(name)    ＋"\033[0m")
    print("\033[1;36m"＋"/pet/species："＋str(species)＋"\033[0m")
    print("\033[1;36m"＋"/pet/sex："     ＋str(sex)     ＋"\033[0m")
    print("\033[1;36m"＋"/pet/age："     ＋str(age)     ＋"\033[0m")
    print("\t")

    # 延时 2 s(因为定时器频率设置为了 0.5 Hz)
    loop_rate. sleep()
```

在功能包【ros_practice】的【scripts】文件夹(需要手动创建)下编写订阅者 Python 版源文件【HumanTopic_Sub. py】，如下所示。

```
#! /usr/bin/env python
# coding＝utf－8
```

♯1. 编译器声明和 2. 编码格式声明

♯1：为了防止用户没有将 python 安装在默认的/usr/bin 目录，系统会先从 env（系统环境变量）里查找 python 的安装路径，再调用对应路径下的解析器完成操作

♯2：Python. 源码文件默认使用 utf－8 编码，可以正常解析中文，一般而言，都会声明为 utf－8 编码

♯引用 ros 库
```
import rospy
```
♯引用自定义话题数据格式
```
from ros_practice. msg import Human
```

♯话题订阅回调函数

♯订阅者接收到话题后，会跳转到该函数执行，并把订阅接收到的话题作为函数输入参数，
```
def Sub1_CallBack(topic)：
    print("\033[1;34m"＋"Sub1_CAllBack"＋"\033[0m")
    print("\033[1;34m"＋"human name："    ＋str(topic. name)    ＋"\033[0m")
    print("\033[1;34m"＋"human country： "＋str(topic. country) ＋"\033[0m")
    print("\033[1;34m"＋"human sex： "      ＋str(topic. sex)      ＋"\033[0m")
    print("\033[1;34m"＋"human age： "      ＋str(topic. age)      ＋"\033[0m")
    print("\t")
```

♯主函数
```
if __name__ == '__main__'：
```
♯初始化 ROS 节点，这里定义了节点名为"human_subscriber"
```
    rospy. init_node("human_subscriber")
```
♯创建 ROS 话题订阅者，一个订阅者对应一个话题名，使用方法：

♯ros::Subscriber 订阅者变量名 ＝ NodeHandle. subscribe("要订阅的话题名"，话题订阅回调函数，话题队列长度(相当于缓存))；
```
    rospy. Subscriber("Zhang_San", Human, Sub1_CallBack, queue_size＝10)
```

♯参数服务器相关变量赋值
```
    name＝0
    species＝0
    sex＝0
    age＝0
```

♯创建一个定时器，频率为 0.5Hz

```
loop_rate = rospy. Rate(0.5)

#记录 while 循环开始的时间作为程序开始时间
Start_Time=rospy. Time. now()

#while 死循环,直到程序被 Ctrl+C 打断
while not rospy. is_shutdown():
        #从参数服务器获取参数
        name    = rospy. get_param("/pet/name", default="Tom")
        species = rospy. get_param("/pet/species", default="Cat")
        sex     = rospy. get_param("/pet/sex", default="Male")
        age     = rospy. get_param("/pet/age", default=19.0)

        #打印程序运行时间和参数服务器的参数
        Running_Time=(rospy. Time. now()-Start_Time). secs
        print("\033[1;31m"+"Publisher has running:
"+str(Running_Time)+"s"+"\033[0m")
        print("\033[1;31m"+"Publisher param"+"\033[0m")
        print("\033[1;31m"+"/pet/name: "    +str(name)    +"\033[0m")
        print("\033[1;31m"+"/pet/species: " +str(species) +"\033[0m")
        print("\033[1;31m"+"/pet/sex: "      +str(sex)     +"\033[0m")
        print("\033[1;31m"+"/pet/age: "      +str(age)     +"\033[0m")
        print("\t")
        #延时 2 s(因为定时器频率设置为了 0.5 Hz)
        loop_rate. sleep()
```

6.5.2 使用

. py 文件是可执行文件,也可以使用 rosrun 命令进行调用,与 6.4.4 节的使用类似。使用前需要赋予文件可执行权限,赋予一次,永久生效,运行如下命令可以赋予工作空间下所有文件可执行权限:

sudo chmod -R 777 /home/passoni/work_space_practice

然后按顺序运行以下命令。

开启 ROS 通信环境:roscore。

运行话题发布者:rosrun ros_practice HumanTopic_Pub. py。

运行话题订阅者:rosrun ros_practice HumanTopic_Sub. py。

图 6-20 为以上命令的运行结果。

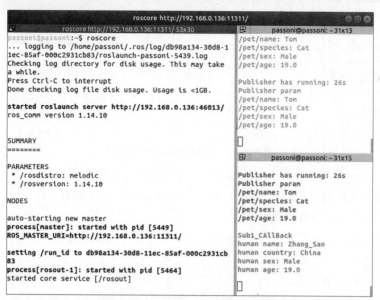

图 6 - 20 Python 版程序运行结果

无论是 C++还是 Python 创建的节点，其通信方式都是 ROS，因此 C++创建的节点发布的话题可以由 Python 创建的节点订阅，反之亦然，例如运行如下命令也是可以的：

roscore

rosrun ros_practice humantopic_pub

rosrun ros_practice HumanTopic_Sub. py

或者运行如下命令同样可以：

roscore

rosrun ros_practice HumanTopic_Pub. py

rosrun ros_practice humantopic_sub

6.6　使用 launch 文件调用功能包和上传参数

launch 文件的作用是可以一次性运行大量可执行文件和上传大量参数，同时可以像写程序一样决定执行哪些文件和上传哪些参数，还有节点、话题重命名、命名空间等方便特性。

注意：launch 文件调用的可执行文件必须是用于创建 ROS 节点的。

6.6.1　调用可执行文件

launch 文件一般存放于功能包的【launch】文件夹下，图 6 - 21 为在【ros_practice】功能包的【launch】文件夹下新建文件【ros_practice_pub. launch】。

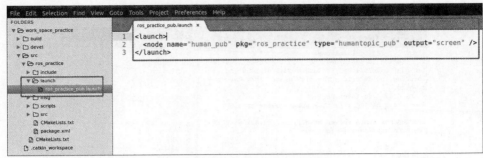

图 6 - 21   ros_practice_pub. launch

这是一个 launch 文件最基本的写法，用于调用可执行文件生成节点。

每个 launch 文件的开头都是"<launch>"，结尾都是"</launch>"。

下面讲解第二行的参数设置含义。

"node"代表调用可执行文件生成节点，launch 文件中每组代码的第一个参数一般称为"标签"。

"name"代表重命名节点。

"pkg"代表可执行文件位于哪个功能包下，ROS 会在该功能包内寻找可执行文件。

"type"代表可执行文件的文件名。

"output"代表是否允许在终端输出信息，它可以设置为"screen"和"log"。如果设置为"screen"，程序打印的信息会在终端显示；如果设置为"log"，程序打印的信息终端不会显示，而是保存在文件夹【主目录/. ros/log】下。

现在使用命令 roslaunch ros_practice ros_practice_pub. launch 调用该 launch 文件，运行结果如图 6 - 22 所示，说明该文件运行成功了。

注意这时候不需要手动运行 roscore 了，因为 roalaunch 如果检测到没有开启 roscore，会自动开启 roscore。

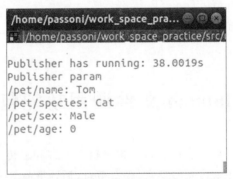

图 6 - 22   运行 ros_practice_pub. launch

然后运行命令 rosnode list(见图 6 - 23)可以看到节点"/human_pub"，说明重命名节点参数"name"起作用了。

6.6.2　命名空间与话题重命名

1.话题重命名

launch 文件在调用可执行文件时，可以对节点发布/订阅的话题进行重命名，其写法如图 6－24 所示，可执行文件【humantopic_pub】原来发布的话题名字是"Zhang_San"，经过重命名后其发布的话题名会变为"Li_Si"。注意"node"标签的变化，因为要在"node"标签内进行操作，所以由"<node … />"变为了"<node …>""操作"和"</node>"。

```
<launch>
  <node name="human_pub" pkg="ros_practice" type="humantopic_pub" output="screen">
    <remap from="Zhang_San" to="Li_Si"/>
  </node>
</launch>
```

图 6－24　话题重命名

此时可以在运行 ros_practice_pub.launch 后，再运行 rqt_graph 查看其效果，如图 6－25 所示，话题名重命名为了"LI_SI"。

图 6－25　话题重命名后的节点话题图

2.命名空间

命名空间是 launch 文件中比较需要注意的一个参数，其用法如图 6－26 所示，用在"node"标签下，它会为该程序创建的所有节点名、话题名加上前缀，例如这里的前缀是"WHEELTEC"。此时可以在运行 ros_practice_pub.launch 后，再运行 rqt_graph 查看其效果，如图 6－27 所示，可以看到原来的节点"/human_pub"和话题"/Zhang_San"名字前面都多了一个前缀"WHEELTEC"。

图 6－26　命名空间 ns

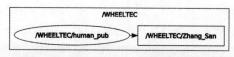

图 6－27　加了命名空间的节点话题图

命名空间不只对节点、话题名称生效，还会对使用 launch 上传的参数生效（对程序内部上传的参数无效）。

命名空间不只可以用于"node"标签，还可以用于"include"标签（launch 文件嵌套）、"rosparam"标签（上传参数），这两个标签将在后面讲解。

需要注意的是，ROS 内的名称有相对名称和绝对名称的区别，如果一个话题/参数的名称是绝对名称，那么命名空间将不会对该话题/参数生效。如果一个话题/参数的名称前面有"/"，那么就是绝对名称，如图 6－28 所示。

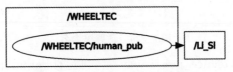

图 6 - 28　相对名称与绝对名称

如图 6 - 29 所示,为话题名称加上了前缀"/",此时可以在运行 ros_practice_pub. launch 后,再运行 rqt_graph 查看其效果,如图 6 - 30 所示,可以看到话题"/LI_SI"并没加上前缀 "WHEELTEC"。

```
<launch>
  <node name="human_pub" pkg="ros_practice" type="humantopic_pub" output="screen" ns="WHEELTEC" >
    <remap from="Zhang_San" to="/Li_Si"/>
  </node>
</launch>
```

图 6 - 29　话题绝对名称

```
/WHEELTEC

/WHEELTEC/human_pub  →  /LI_SI
```

图 6 - 30　绝对话题没有被重命名

6.6.3　向参数服务器上传参数

图 6 - 31 展示了 launch 文件向参数服务器上传参数的两个标签用法"rosparam"和 "param"。"rosparam"标签可以一次性上传多个参数;"param"标签一次只能上传一个参数。

```
<launch>
  <rosparam >
    pet/name:     "Jack"
    pet/species:  "Dog"
    pet/sex:      "Male"
  </rosparam>

  <param name="/pet/age" value="5" type="double" />

  <node name="human_pub" pkg="ros_practice" type="humantopic_pub" output="screen" />
</launch>
```

图 6 - 31　向参数服务器上传参数 1

此时可以在运行 ros_practice_pub. launch 后,再运行 rosparam list 查看当前参数服务器 参数列表,如图 6 - 32 所示,可以看到四个参数都在参数服务器内,同时发布者终端打印的参 数信息与 launch 文件设置的参数只有"/pet/sex"和"/pet/age"是一致的,这是因为程序 【humantopic_pub】最后上传覆盖了参数"/pet/name"和"/pet/species"。

```
passoni@passoni: ~
/home/passoni/work_space_practice/src/ros_pracl        passoni@passoni: ~ 41x9

Publisher has running: 26.002s          passoni@passoni:~$ rosparam list/pet/age
Publisher param                          /pet/name
/pet/name: Tom                           /pet/sex
/pet/species: Cat                        /pet/species
/pet/sex: Male                           /rosdistro
/pet/age: 5                              /roslaunch/uris/host_192_168_0_136__37549
                                         /rosversion
                                         /run_id
                                         passoni@passoni:~$
```

图 6 - 32　查看参数上传效果 1

接下来演示使用 launch 文件调用参数文件实现上传参数到参数服务器。

首先在功能包【ros_practice】下新建参数文件【param/pet_params. yaml】，如图 6-33 所示。

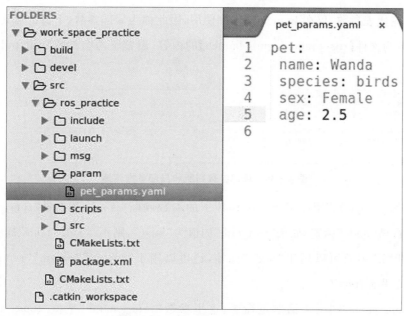

图 6-33　param/pet_params. yaml

再修改文件【ros_practice_pub. launch】，如图 6-34 所示，演示了 launch 文件调用参数文件的写法。

```
<launch>
  <rosparam file="$(find ros_practice)/param/pet_params.yaml" command="load" />
  <node name="human_pub" pkg="ros_practice" type="humantopic_pub" output="screen" />
</launch>
```

图 6-34　launch 文件调用参数文件

此时可以在运行 ros_practice_pub. launch 后，再运行 rosparam list 查看当前参数服务器参数列表，如图 6-35 所示，可以看到"/pet/sex"和"/pet/age"这两个参数上传成功了，同样的参数"/pet/name"和"/pet/species"被程序【humantopic_pub】上传覆盖了。

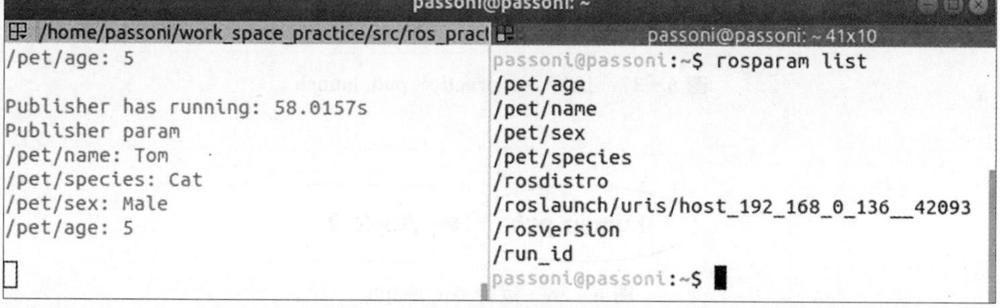

图 6-35　查看参数上传效果 2

注意：在"node"标签内也可以使用"param"标签上传参数，但是该参数为该 node 的私有参数，只会被该 node 识别到。

6.6.4 局部参数判断和局部参数传递

"arg"标签代表参数,仅在 launch 文件中使用,因此称为局部参数,下面讲解其用法。

图 6-36 为文件【ros_practice_pub. launch】的内容,设置了两个参数"run_pub"和"topic_name"。

```
<launch>
  <arg name="run_pub"        default="true"/> <!-- 是否要运行发布者 -->
  <arg name="topic_name"     default="topic_1"/> <!-- 发布者话题重命名参数 -->

  <node name="human_pub" pkg="ros_practice" type="humantopic_pub" output="screen" if="$(arg run_pub)">
    <remap from="Zhang_San" to="$(arg topic_name)"/>
  </node>
</launch>
```

图 6-36 局部参数判断和局部参数传递

其中:参数"run_pub"用在了"node"标签下的参数判断"if",代表如果"run_pub"的值为"true",则运行该"node"标签,如果"run_pub"的值为"false",则不运行该"node"标签。

参数判断"if"不只可以用于"node"标签,还可以用于"param""param""remap""arg"和"include"等几乎所有标签。

参数"topic_name"则用于话题重命名,这里参数"topic_name"把值"topic_1"传递到了"$(arg topic_name)",代表话题名将由"Zhang_San"改为"topic_1"。

图 6-37 为"run_pub=true""topic_name=topic_1"的文件【ros_practice_pub. launch】运行结果,图 6-38 为话题节点图。可以看到程序【humantopic_pub】运行了,同时话题名由"Zhang_San"变为了"topic_1"。

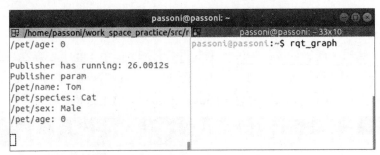

图 6-37 运行 ros_practice_pub. launch

图 6-38 运行 rqt_graph

图 6-39 为"run_pub=false""topic_name=topic_1"的文件【ros_practice_pub. launch】运行结果。可以看到程序【humantopic_pub】并没有运行,终端没有信息打印,同时运行 rqt_graph 也没有节点话题图。

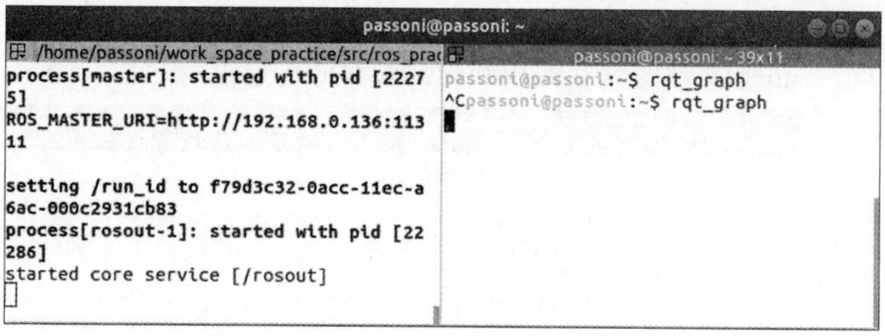

图 6 - 39　运行 ros_practice_pub. launch

6.6.5　launch 文件嵌套和局部参数传递

launch 文件是可以互相调用的，同时局部参数也可以从调用者传递到被调用者，下面讲解如何实现 launch 文件嵌套和局部参数传递。

在功能包【ros_practice】下的【launch】文件夹创建 3 个文件【ros_practice_pub. launch】【ros_practice_sub. launch】和【ros_practice. launch】，其内容分别如图 6 - 40、图 6 - 41 和图 6 - 42 所示。

【ros_practice_pub. launch】设置了两个参数"run_pub"和"topic_name"，"run_pub"用于决定是否开启发布者节点，"topic_name"用于重命名发布的话题名。

```
ros_practice_pub.launch ×
<launch>
    <!-- launch局部参数设置 -->
    <arg name="run_pub"        default="true"/> <!-- 是否要运行发布者 -->
    <arg name="topic_name"     default="topic_1"/> <!-- 发布者话题重命名参数 -->
    <node name="human_pub" pkg="ros_practice" type="humantopic_pub" output="screen" if="$(arg run_pub)">
        <remap from="Zhang_San" to="$(arg topic_name)"/> <!-- 话题重命名 -->
    </node>
</launch>
```

图 6 - 40　ros_practice_pub. launch

【ros_practice_sub. launch】类似地设置了两个参数"not_run_sub"和"topic_name"，"not_run_sub"用于决定是否不开启订阅者节点，"topic_name"用于重命名订阅的话题名。注意：这里是否开启节点使用的参数是"unless"而不是"if"。

```
ros_practice_sub.launch ×
<launch>
    <!-- 局部参数判断、局部参数传递和launch文件嵌套 -->
    <!-- launch局部参数设置 -->
    <arg name="not_run_sub"    default="false"/>    <!-- 是否不运行订阅者 -->
    <arg name="topic_name"     default="topic_1"/> <!-- 订阅者话题重命名参数 -->

    <node name="human_sub" pkg="ros_practice" type="humantopic_sub" output="screen" unless="$(arg not_run_sub)">
        <remap from="Zhang_San" to="$(arg topic_name)"/> <!-- 话题重命名 -->
    </node>
</launch>
```

图 6 - 41　ros_practice_sub. launch

【ros_practice. launch】设置了 4 个参数"run_pub""not_run_sub""topic_name_pub"和"topic_name_sub"，然后调用了【ros_practice_pub. launch】和【ros_practice_sub. launch】两个 launch 文件，同时把前面设置的 4 个参数发布传递进这两个 launch 文件。

至此只需要运行文件【ros_practice. launch】即可同时调用发布者和订阅者，同时在【ros_practice. launch】内的参数可以决定是否开启发布者或订阅者，以及对发布者或订阅者话题进行重命名。

注意:仅使用一个 launch 文件也可以同时调用发布者和订阅者,这里使用 3 个 launch 文件主要是为了演示 launch 文件的嵌套调用和局部参数的传递。

```
ros_practice.launch ×

<launch>

  <arg name="run_pub"          default="true"/>       <!-- 是否要运行发布者 -->
  <arg name="not_run_sub"      default="false"/>      <!-- 是否不运行订阅者 -->
  <arg name="topic_name_pub"   default="topic_1"/> <!-- 发布者话题重命名参数 -->
  <arg name="topic_name_sub"   default="topic_1"/> <!-- 订阅者话题重命名参数 -->

  <!-- 嵌套调用launch文件 -->
  <include file="$(find ros_practice)/launch/ros_practice_pub.launch" >
    <arg name="run_pub"        default="$(arg run_pub)"/>          <!-- 局部参数传递 -->
    <arg name="topic_name"     default="$(arg topic_name_pub)"/> <!-- 局部参数传递 -->
  </include>

  <!-- 嵌套调用launch文件 -->
  <include file="$(find ros_practice)/launch/ros_practice_sub.launch" >
    <arg name="not_run_sub"    default="$(arg not_run_sub)"/>      <!-- 局部参数传递 -->
    <arg name="topic_name"     default="$(arg topic_name_sub)"/> <!-- 局部参数传递 -->
  </include>

</launch>
```

图 6 - 42   ros_practice. launch

6.6.6   另一种局部参数判断

另一种局部参数判断是"arg"标签、"group"标签和"if-eval"判断的结合,可以判断某个参数是否等于某个指定的值。

图 6 - 43 演示了另一种局部参数判断的用法。

```
ros_practice.launch ×

<launch>

  <!-- 局部参数设置 -->
  <arg name="run"   default="both"
       doc="opt: none, pub, sub, both"/>

  <!-- 仅运行发布者 -->
  <group if="$(eval run == 'pub')">
    <include file="$(find ros_practice)/launch/ros_practice_pub.launch" >
      <arg name="run_pub"        default="true"/>       <!-- 参数设置 -->
      <arg name="topic_name"     default="topic_1"/> <!-- 参数设置 -->
    </include>
  </group>

  <!-- 仅运行订阅者 -->
  <group if="$(eval run == 'sub')">
    <include file="$(find ros_practice)/launch/ros_practice_sub.launch" >
      <arg name="not_run_sub"    default="false"/>      <!-- 参数设置 -->
      <arg name="topic_name"     default="topic_1"/> <!-- 参数设置 -->
    </include>
  </group>

  <!-- 同时运行发布者和订阅者 -->
  <group if="$(eval run == 'both')">
    <include file="$(find ros_practice)/launch/ros_practice_pub.launch" >
      <arg name="run_pub"        default="true"/>       <!-- 参数设置 -->
      <arg name="topic_name"     default="topic_1"/> <!-- 参数设置 -->
    </include>
    <include file="$(find ros_practice)/launch/ros_practice_sub.launch" >
      <arg name="not_run_sub"    default="false"/>      <!-- 参数设置 -->
      <arg name="topic_name"     default="topic_1"/> <!-- 参数设置 -->
    </include>
  </group>

</launch>
```

图 6 - 43   另一种局部参数判断

如图 6-43 所示，"arg"标签可以添加"doc"参数，用于提示该参数应该设置的值；使用"group"和"if-eval"对参数进行判断，判断结果为"true"则会执行"group"标签内的所有内容；这里嵌套调用 launch 文件时，直接对被调用 launch 文件的参数进行设置，而不是传递参数再设置。

至此只需要运行文件【ros_practice. launch】即可同时调用发布者和订阅者，设置在【ros_practice. launch】内的参数"run"可以选择运行发布者还是订阅者，或者同时运行，或者同时不运行，也可以对发布者和订阅者的话题进行重命名。

【劳动教育案例】

袁隆平的故事

袁隆平曾说到他有两个梦："一个是禾下乘凉梦。我的梦里水稻长得有高粱那么高、子粒有花生米那么大。另外一个梦想就是，我希望我的水稻亩产 1 000 kg 梦早日实现。"

某种程度上说，这两个梦想就跟他一辈子打交道的泥土一样朴实无华。这也正是他的伟大之处，他的梦想里没有花里胡哨的概念，也很少有炫目的理论，也没有围着核心期刊打转的焦虑，有的只是一颗为民分忧的心。

在他的梦想里，科学就应该成为社会进步的推动力。正是这份信念的力量，才成为他一直坚持下去的动力。

87 岁高龄，他依然奔波在田间地头，依然不知疲倦地亲力亲为，为的是解决各种具体问题。袁隆平数十年来一直站在水稻育种的最前端，不是偶然的，心无杂念，抛去功利色彩，恰恰达到了梦想的彼岸。

从全人类的根本利益出发，而不是从个人出发，恰恰成就了个人的梦想。袁隆平说"我的梦想很简单"，而事实证明，这简单的梦想却解决了世界亿万人口的吃饭问题。

袁隆平的主要事迹如下：

1964 年首先提出培育"不育系、保持系、恢复系"三系法利用水稻杂种优势的设想并进行科学实验。

1970 年，与其助手李必湖和冯克珊在海南发现一株花粉败育的雄性不育野生稻，成为突破"三系"配套的关键。

1972 年育成中国第一个大面积应用的水稻雄性不育系"二九南一号 A"和相应的保持系"二九南一号 B"，次年育成了第一个大面积推广的强优组合"南优二号"，并研究出整套制种技术。

1986 年提出杂交水稻育种分为"三系法品种间杂种优势利用、两系法亚种间杂种优势利用到一系法远缘杂种优势利用"的战略设想。

袁隆平被同行们誉为"杂交水稻之父"。

第 7 章　TF、urdf、rviz、rqt 与 OpenCV

7.1　TF 简介

TF 是英文 Transform 的缩写,是坐标变换的意思。在 ROS 中所有涉及导航、抓取的功能都会需要用到 TF。

如果一个机器人要在一个房间内寻找并抓取一个物体,那么首先就要确定机器人相对于房间原点的位置、目标物体相对于房间原点的位置、机器人手臂相对机器人中心的位置;同时要计算机器人手臂相对目标物体的位置,在机器人靠近目标物体时判断机械臂是否能够抓取到目标物体,而在这个过程中房间原点、机器人、机器人手臂和目标物体之间的相对位置是不断变化的。这时候就需要一个坐标管理系统直接提供这个相对位置信息,以方便开发者调试和开发功能。

可以想象每一个要实现抓取或者导航的机器人都会需要这么一个坐标管理系统(导航需要获取机器人在地图中的位置和目标位置)。

ROS 就提供了 TF 这个坐标管理系统,通过 TF 可以获取该系统下任意两个物体之间的坐标关系。

例如在这个系统中可以设定机器人相对房间原点的初始位置,目标物体相对房间原点的初始位置,机器人手臂相对机器人中心的初始位置;任意一个物体的位置发生了变化,该物体相对其他物体的坐标关系会实时更新。

TF 与 ROS 话题等通信方式一样支持多机通信,以及需要注意的是,TF 不支持 launch 文件 ns 命名空间的重命名。

注意:现在的 ROS 开发 TF 一般都指代 TF2,TF1 已经弃用。TF2 是 TF1 的进化版,同时 TF2 在功能方面完全适配 TF1。

TF1 官方介绍:http://wiki.ros.org/tf。

TF2 官方介绍:http://wiki.ros.org/tf2。

7.1.1　TF 坐标的描述

TF 描述两个物体之间的坐标关系,包括了位置和姿态,位置是指两个物体在 x、y、z 三轴上的相对位置关系,姿态是指两个物体在绕 x、y、z 三轴上的角度相对关系,位置和姿态简称位姿,位姿的正方向与 ROS 机器人的运动正方向是一样的,如图 7-1 所示。

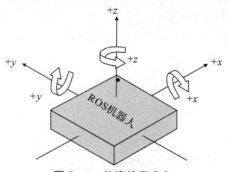

图 7 - 1　位姿的正方向

图 7 - 2 为一个比较简单的 TF 坐标关系图,由 4 个坐标"room""object""robot"和"hand"组成,分别代表前面例子中的房间原点、目标物体、机器人和机器人手臂。

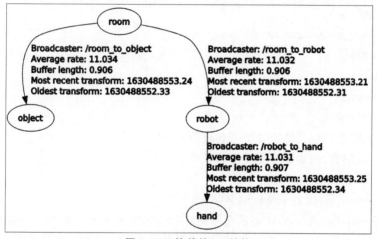

图 7 - 2　简单的 TF 结构

在 TF 系统中,除了根坐标的每一个坐标的位姿都需要进行定义,坐标的位姿定义都需要一个父坐标,这里的父坐标是已经定义好位姿的坐标。

图 7 - 2 中的"room"就是根坐标,"room"是"object"和"robot"的父坐标,相对的"object"和"robot"就是"room"的子坐标。而"robot"也是"hand"的父坐标,"hand"是"robot"的子坐标。

在定义好父子坐标的位姿关系后,通过 TF 系统可以很简单地直接获取不同坐标之间的位姿关系。

7.1.2　TF 系统提供了什么

TF 系统总体来说提供了两个部分的内容——程序库、话题。

1.程序库

TF 内容最多的是程序库,通过程序库可以发布任意两个父子坐标的坐标关系和获取任意两个坐标的坐标关系。TF 提供了 C++ 和 Python 的程序库。

2.话题

广播的任意两个父子坐标的坐标关系,都会发布在同一个话题"/tf"上,该话题数据格式为 tf2_msgs/TFMessage,格式内容如下：

```
geometry_msgs/TransformStamped[] transforms
  std_msgs/Header header
    uint32 seq
    time stamp
    string frame_id
  string child_frame_id
  geometry_msgs/Transform transform
    geometry_msgs/Vector3 translation
      float64 x
      float64 y
      float64 z
    geometry_msgs/Quaternion rotation
      float64 x
      float64 y
      float64 z
      float64 w
```

下面对该话题主要包含的下 5 个信息进行解释。

(1)stamp:时间戳,代表该坐标关系被发布的时间。

(2)frame_id:代表父坐标的名字。

(3)child_frame_id:代表子坐标的名字。

(4)transform:translation:代表子坐标相对父坐标的 x、y、z 三轴位置关系。

(5)transform:rotation:代表子坐标相对父坐标的 x、y、z 三轴角度关系,使用四元数表示。

因为所有父子坐标的坐标关系都是在"/tf"这个话题名内发布的,所以一般不使用话题方式获取指定两个坐标的坐标关系,因为订阅到的"/tf"话题内容不一定是目标坐标间的坐标关系。一般是使用 TF 提供的程序库来"监听"指定两个坐标的坐标关系。

7.1.3　TF 常用命令

(1)rosrun tf view_frames:在主目录下保存当前 TF 坐标关系图为 pdf;

(2)rosrun tf tf_echo 坐标 1 坐标 2:获取坐标 2 相对坐标 1 的位姿;

(3)rosrun rqt_tf_tree rqt_tf_tree:显示当前 TF 坐标关系图。

7.2　TF 编程:C++实现 TF 广播和监听

本节将使用 C++实现 TF 的广播和监听,TF 广播是指发布 TF 父子坐标之间的坐标关系,监听是指获取 TF 父子坐标之间的坐标关系,类似话题的发布与订阅。

TF 广播的程序会广播"room""object""robot"和"hand" 4 个坐标,以及实现"room"与

"object"之间相对静止、"room"与"object"之间相对规律运动、"robot"与"hand"之间相对静止,如图 7-3 所示。"room"作为根坐标可以认为是绝对静止的。

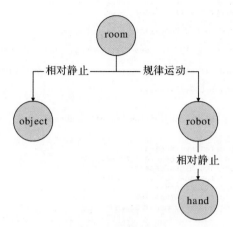

图 7 - 3　目标坐标关系

TF 监听的程序会监听 4 个坐标之间的关系并打印到终端。

为行文简洁,笔者直接在【ros_practice】功能包内进行编程。

7.2.1　编写编译规则

使用 C++编程实现 TF 相关功能肯定要使用 TF 相关的库,这时就需要对编译规则文件【CmakeLists. txt】和【package. xml】进行补充。

对于【CmakeLists. txt】,只需要在"find_package"内添加"tf2""tf2_ros"和"geometry_msgs"即可(见图 7-4)。

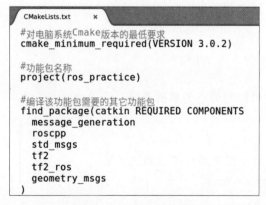

图 7 - 4　CmakeLists. txt

对于【package. xml】,只需要添加"tf2""tf2_ros"和"geometry_msgs"的依赖即可(见图 7-5)。

```
package.xml          ×

<?xml version="1.0"?><!-- 声明这是一个XML文件 -->

<!-- 声明这里使用的功能包描述格式是2，现在默认都是2 -->
<package format="2">
  <!-- 功能包名称，要与CmakeLists.txt对应 -->
  <name>ros_practice</name>
  <!-- 功能包版本，用户自定义内容 -->
  <version>0.0.0</version>
  <!-- 功能包说明 -->
  <description>The ros_practice package</description>
  <!-- 功能包管理者信息：邮箱和名字 -->
  <maintainer email="passoni@todo.todo">passoni</maintainer>
  <!-- 功能包使用的开源协议 -->
  <license>TODO</license>

  <!-- 编译工具依赖，通常catkin即可，交叉编译的时候才需要设置其它 -->
  <buildtool_depend>catkin</buildtool_depend>

  <!-- 声明编译、运行、导出时需要的依赖，这是最常用的标签 -->
  <depend>roscpp</depend>
  <depend>message_generation</depend>
  <depend>std_msgs</depend>
  <depend>message_runtime</depend>
  <depend>tf2</depend>
  <depend>tf2_ros</depend>
  <depend>geometry_msgs</depend>

</package>
```

图 7 - 5   package. xml

7.2.2 编写广播者源文件

```
//引用头文件
#include <ros_practice.h>
//引用 tf2 的广播库
#include <tf2_ros/transform_broadcaster.h>
//引用 tf2 的四元数库
#include <tf2/LinearMath/Quaternion.h>
//引用 tf2 的坐标数据格式库
#include <geometry_msgs/TransformStamped.h>


//主函数
int main(int argc, char * * argv)
{
//四元数,用于设置坐标间姿态关系的变量
tf2::Quaternion q;

//用于控制"robot"沿 y 轴来回规律运动的变量
bool robot_move_right=true;
double robot_Y=1.0;

//初始化 ROS 节点,这里定义了节点名为"tf_broadcaster"
ros::init(argc, argv, "tf_broadcaster");
```

```
//TF 坐标广播器,用于广播坐标间位姿关系的句柄
tf2_ros::TransformBroadcaster br;
//用于存放 TF 坐标位姿关系的数据格式
geometry_msgs::TransformStamped transformStamped;

//创建一个定时器,频率为 100 Hz
//TF 的广播频率不应该设置得太低
ros::Rate loop_rate(100);

while(ros::ok())
{
    //控制"robot"沿 y 轴来回规律运动
    if(robot_Y>= 1.0) robot_move_right=true;
    if(robot_Y<=-1.0) robot_move_right=false;
    if(robot_move_right) robot_Y=robot_Y-0.002;
    else                 robot_Y=robot_Y+0.002;

    //设置"object"相对"room"的 TF 位姿并广播
    transformStamped.header.stamp = ros::Time::now(); //设置信息时间戳为当前
    transformStamped.header.frame_id = "room"; //父坐标
    transformStamped.child_frame_id = "object";//子坐标
    //设置"object"相对"room"的位置,单位:m
    transformStamped.transform.translation.x = 1.0;
    transformStamped.transform.translation.y = 0.0;
    transformStamped.transform.translation.z = 0.0;
    //设置"object"相对"room"绕 x、y、z 三轴的角度,单位:rad,并转换为四元数
    .setRPY(0.5, 0.0, 0.0);
    //使用四元数设置姿态
    transformStamped.transform.rotation.x = q.x();
    transformStamped.transform.rotation.y = q.y();
    transformStamped.transform.rotation.z = q.z();
    transformStamped.transform.rotation.w = q.w();
    //广播"object"相对"room"的位姿
    br.sendTransform(transformStamped);

    //设置"robot"相对"room"的 TF 位姿并广播
    transformStamped.header.stamp = ros::Time::now(); //设置信息时间戳为当前
    transformStamped.header.frame_id = "room"; //父坐标
    transformStamped.child_frame_id = "robot";//子坐标
```

```
//设置"robot"相对"room"的位置,单位:m
transformStamped. transform. translation. x = 0.0;
transformStamped. transform. translation. y = robot_Y;
transformStamped. transform. translation. z = 0.0;
//设置"robot"相对"room"绕 x、y、z 三轴的角度,单位:rad,并转换为四元数
q. setRPY(0.0, 0.5, 0.0);
//使用四元数设置姿态
transformStamped. transform. rotation. x = q. x();
transformStamped. transform. rotation. y = q. y();
transformStamped. transform. rotation. z = q. z();
transformStamped. transform. rotation. w = q. w();
//广播"robot"相对"room"的位姿
br. sendTransform(transformStamped);


//设置"hand"相对"robot"的 TF 位姿并广播
transformStamped. header. stamp = ros::Time::now(); //设置信息时间戳为当前
transformStamped. header. frame_id = "robot"; //父坐标
transformStamped. child_frame_id = "hand"; //子坐标
//设置"hand"相对"robot"的位置,单位:m
transformStamped. transform. translation. x = 0.1;
transformStamped. transform. translation. y = 0.1;
transformStamped. transform. translation. z = 0.0;
//设置"hand"相对"robot"绕 x、y、z 三轴的角度,单位:rad,并转换为四元数
q. setRPY(0.0, 0.0, 0.5);
//使用四元数设置姿态
transformStamped. transform. rotation. x = q. x();
transformStamped. transform. rotation. y = q. y();
transformStamped. transform. rotation. z = q. z();
transformStamped. transform. rotation. w = q. w();
//广播"hand"相对"robot"的位姿
br. sendTransform(transformStamped);


//延时 0.01 s(因为定时器频率设置为了 100 Hz)
loop_rate. sleep();
}

return 0;
};
```

7.2.3　编写监听者源文件

```
//引用头文件
#include <ros_practice.h>
//引用 tf2 的广播库
#include <tf2_ros/transform_listener.h>
//引用 tf2 的 Matrix3x3 库
#include <tf2/LinearMath/Matrix3x3.h>
//引用 tf2 的坐标数据格式库
#include <geometry_msgs/TransformStamped.h>


//使用命名空间 std,cout 相关
using namespace std;


//获取 TF 坐标信息,并打印到终端
void print_transform(geometry_msgs::TransformStamped transformStamped)
{
    //表达位姿的变量
    double position_x, position_y, position_z;
    double rotation_x, rotation_y, rotation_z;


    //从 TF 坐标信息获取位置信息
    position_x=transformStamped.transform.translation.x;
    position_y=transformStamped.transform.translation.y;
    position_z=transformStamped.transform.translation.z;


    //从 TF 坐标信息获取姿态信息(四元数形式)
    tf2::Quaternion q (transformStamped.transform.rotation.x,
                        transformStamped.transform.rotation.y,
                        transformStamped.transform.rotation.z,
                        transformStamped.transform.rotation.w);


    //把四元数转换为欧拉角(绕三轴的角度)
    tf2::Matrix3x3 rpy(q);
    rpy.getRPY(rotation_x, rotation_y, rotation_z);


    //打印位姿信息
    cout<<"Position:"<<endl<<
" X:"<<position_x<<" Y:"<<position_y<<" Z:"<<position_z<<endl;
```

```
        cout<<"Rotation:"<<endl<<
"  X:"<<rotation_x<<" Y:"<<rotation_y<<" Z:"<<rotation_z<<endl<<endl;
}


//主函数
int main(int argc, char * * argv)
{
    //用于记录程序运行时间的变量
    ros::Time Start_Time;
    double Running_Time;

    //初始化 ROS 节点,这里定义了节点名为"tf_listener"
    ros::init(argc, argv, "tf_listener");

    //TF 坐标监听器,用于获取坐标间位姿关系的句柄
    tf2_ros::Buffer tfBuffer;
    tf2_ros::TransformListener tfListener(tfBuffer);

    //用于存放 TF 坐标位姿关系的数据格式
    geometry_msgs::TransformStamped transformStamped;

    //创建一个定时器,频率为 1 Hz
    ros::Rate loop_rate(1);

    //记录 while 循环开始的时间作为程序开始时间
    Start_Time=ros::Time::now();

    while (ros::ok())
    {
        try
        {
        //获取"room"和"object"间的坐标关系并打印到终端
        //获取目标 TF 坐标关系,ros::Time(0)代表获取最新的坐标关系信息,ros::
//Duration(5.0)代表如果获取不到目标坐标关系最多等待 5 s
            transformStamped = tfBuffer.lookupTransform("room", "object",
    ros::Time(0), ros::Duration(5.0));
            cout<<RESET<<"\"/room\" to \"/object\": "<<endl;
            print_transform(transformStamped);
```

```cpp
//获取"room"和"robot"间的坐标关系并打印到终端
        transformStamped = tfBuffer.lookupTransform("room", "robot",
ros::Time(0), ros::Duration(5.0));
        cout<<YELLOW<<"\"/room\" to \"/robot\": "<<endl;
        print_transform(transformStamped);


        //获取"robot"和"hand"间的坐标关系并打印到终端
        transformStamped = tfBuffer.lookupTransform("robot", "hand",
ros::Time(0), ros::Duration(5.0));
        cout<<BLUE<<"\"/robot\" to \"/hand\": "<<endl;
        print_transform(transformStamped);


        //获取"robot"和"object"间的坐标关系并打印到终端
        transformStamped = tfBuffer.lookupTransform("robot", "object",
ros::Time(0), ros::Duration(5.0));
        cout<<GREEN<<"\"/robot\" to \"/object\": "<<endl;
        print_transform(transformStamped);


        //获取"room"和"hand"间的坐标关系并打印到终端
        transformStamped = tfBuffer.lookupTransform("room", "hand", ros::Time(0),
ros::Duration(5.0));
        cout<<PURPLE<<"\"/room\" to \"/hand\": "<<endl;
        print_transform(transformStamped);


        //获取"object"和"hand"间的坐标关系并打印到终端
        transformStamped = tfBuffer.lookupTransform("object", "hand", r
os::Time(0), ros::Duration(5.0));
        cout<<CYAN<<"\"/object\" to \"/hand\": "<<endl;
        print_transform(transformStamped);
    }

catch (tf2::TransformException &ex) //如果获取坐标关系失败,执行 catch 内的程序
    {
        Running_Time=(ros::Time::now()-Start_Time).toSec();
        cout<<RED<<"tf2listener has running:
"<<Running_Time<<"s"<<RESET<<endl;
        ROS_WARN("%s",ex.what());
        ros::Duration(1.0).sleep();
        continue;
```

```
        }

        //延时 1 s(因为定时器频率设置为了 1 Hz)
        loop_rate. sleep();
    }
    return 0;
};
```

7.2.4 编译、使用和 rviz

1. 编译

在文件【CmakeLists. txt】下添加使用 TF 广播者和监听者源文件编译规则,内容如下所示:

```
# 使用源文件 tf2_broadcaster. cpp 生成可执行文件 tf2_broadcaster
add_executable(tf2_broadcaster src/tf2_broadcaster.cpp)
# 声明编译生成该目标文件所需要的依赖
target_link_libraries(tf2_broadcaster ${catkin_LIBRARIES})
# 生成或使用自定义话题数据格式时要添加这行
add_dependencies(tf2_broadcaster ${${PROJECT_NAME}_EXPORTED_TAR-
GETS}
${catkin_EXPORTED_TARGETS})


# 使用源文件 tf2_listener. cpp 生成可执行文件 tf2_listener
add_executable(tf2_listener src/tf2_listener. cpp)
# 声明编译生成该目标文件所需要的依赖
target_link_libraries(tf2_listener ${catkin_LIBRARIES})
# 生成或使用自定义话题数据格式时要添加这行
add_dependencies(tf2_listener ${${PROJECT_NAME}_EXPORTED_TARGETS}
${catkin_EXPORTED_TARGETS})
```

然后在工作空间文件夹下输入 catkin_make 进行编译(见图 7-6),编译完成如图 7-7 所示。

```
passoni@passoni:~$ cd work_space_practice/
passoni@passoni:~/work_space_practice$ catkin_make
```

图 7-6 编译

```
Scanning dependencies of target tf2_listener
[ 53%] Building CXX object ros_practice/CMakeFiles/tf2_listener.dir/src/tf2_listener.cpp.o
[ 60%] Linking CXX executable /home/passoni/work_space_practice/devel/lib/ros_practice/tf2_listener
[ 60%] Built target tf2_listener
Scanning dependencies of target tf2_broadcaster
[ 66%] Building CXX object ros_practice/CMakeFiles/tf2_broadcaster.dir/src/tf2_broadcaster.cpp.o
[ 73%] Linking CXX executable /home/passoni/work_space_practice/devel/lib/ros_practice/tf2_broadcaster
[ 73%] Built target tf2_broadcaster
[ 86%] Built target humantopic_pub
[100%] Built target humantopic_sub
[100%] Built target ros_practice_generate_messages
passoni@passoni:~/work_space_practice$
```

图 7-7 编译完成

2.使用

首先输入以下命令启动 ROS 通信环境、运行广播者程序和监听者程序,如图 7-8 所示。

roscore

rosrun ros_practice tf2_broadcaster

rosrun ros_practice tf2_listener

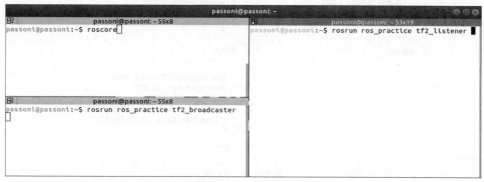

图 7-8　输入命令

运行结果如图 7-9 所示,可以看到右侧运行监听者的终端打印了坐标"room""object"
"robot"和"hand"之间的关系:x、y、z 三轴的相对位置和绕 x、y、z 三轴的相对角度。其中
【"room" to "object"】和【"robot" to "hand"】是相对静止的,可以看到其相对坐标值与程序的
设置是一致的。同时可以看到【"room" to "robot"】【"robot" to "object"】【"room" to "
hand"】和【"object" to "hand"】的坐标是不断变化的,这是由于"robot"相对"room"的 y 轴上
规律运动导致的。

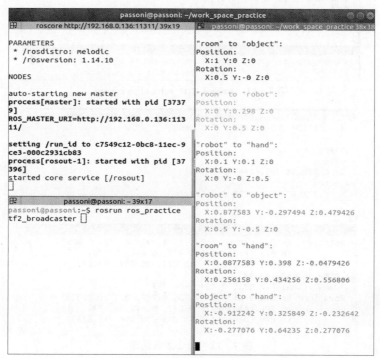

图 7-9　程序运行结果

输入命令 rosrun rqt_tf_tree rqt_tf_tree,可以看到当前的 TF 树(见图 7 - 10),TF 树显示每段父子坐标是由谁广播的,以及广播频率是多少。

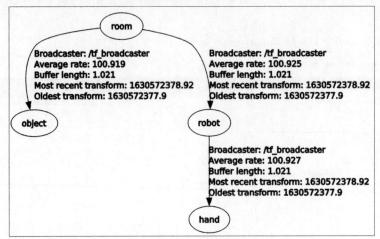

图 7 - 10 TF 树

如图 7 - 11 所示,输入命令 rosrun tf tf_echo object hand,可以查看坐标"object"与"hand"之间的相对坐标关系。运行结果如图 7 - 12 所示,可以看到其输出结果与监听者终端输出结果差不多,误差是由于两者监听时间不一致导致的。

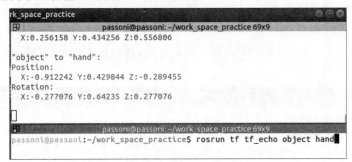

图 7 - 11 rosrun tf tf_echo object hand

```
         passoni@passoni: ~/work_space_practice 69x9
  X:0.256158 Y:0.434256 Z:0.556806

"object" to "hand":
Position:
  X:-0.912242 Y:0.429845 Z:-0.289456
Rotation:
  X:-0.277076 Y:0.64235 Z:0.277076

         passoni@passoni: ~/work_space_practice 69x9
- Rotation: in Quaternion [-0.173, 0.292, 0.173, 0.925]
            in RPY (radian) [-0.277, 0.642, 0.277]
            in RPY (degree) [-15.875, 36.804, 15.875]
At time 1630573168.442
- Translation: [-0.912, 0.404, -0.275]
- Rotation: in Quaternion [-0.173, 0.292, 0.173, 0.925]
            in RPY (radian) [-0.277, 0.642, 0.277]
            in RPY (degree) [-15.875, 36.804, 15.875]
```

图 7 - 12 命令运行结果

在 TF 同样可以运行 rqt_graph 命令查看节点图,如图 7 - 13 所示,节点"/tf_broadcaster"

发布了话题"/tf"，然后由节点"/tf_listener"进行订阅。

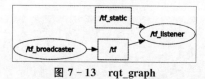

图 7 - 13　rqt_graph

可以输入命令 rostopic echo /tf 对话题"/tf"的内容进行查看，如图 7 - 14 所示，它同样显示了各坐标之间的关系。

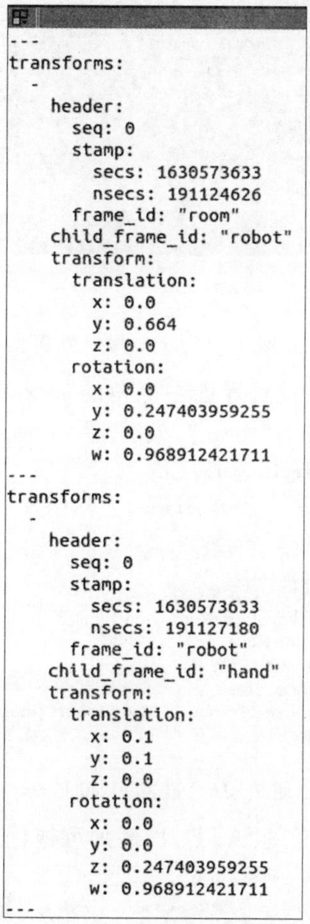

```
---
transforms:
  -
    header:
      seq: 0
      stamp:
        secs: 1630573633
        nsecs: 191124626
      frame_id: "room"
    child_frame_id: "robot"
    transform:
      translation:
        x: 0.0
        y: 0.664
        z: 0.0
      rotation:
        x: 0.0
        y: 0.247403959255
        z: 0.0
        w: 0.968912421711
---
transforms:
  -
    header:
      seq: 0
      stamp:
        secs: 1630573633
        nsecs: 191127180
      frame_id: "robot"
    child_frame_id: "hand"
    transform:
      translation:
        x: 0.1
        y: 0.1
        z: 0.0
      rotation:
        x: 0.0
        y: 0.0
        z: 0.247403959255
        w: 0.968912421711
---
```

图 7 - 14　rqt_graph

3. rviz

前面说了，广播者广播了"room"与"object"之间的相对规律运动，那么有没有工具可以对坐标之间的关系进行可视化，让人们可以直观地看到"room"与"object"之间的相对规律运动呢？是有的，rviz 是 ROS 提供的一个 3D 可视化工具，rviz 就提供了对 TF 坐标可视化的功能，下面演示如何使用 rviz 对 TF 进行可视化查看。

在终端输入命令 rviz，会弹出 rviz 的界面（见图 7 - 15）。图 7 - 15 是 rviz 默认的界面，需要对其进行配置才可以对 TF 坐标进行可视化。

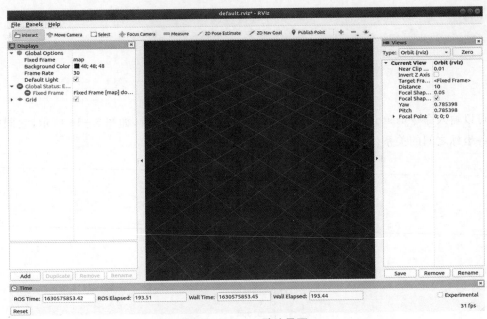

图 7-15 rviz 默认界面

对 rviz 界面的配置，第一步是设置界面左上角的"Fixed Frame"为 TF 的根坐标，例如本节运行的 TF 程序的 TF 树根坐标为"room"，如图 7-16 所示。

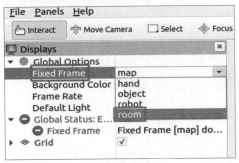

图 7-16 设置 Fixed Frame

第二步是点击 rviz 界面左下角的"Add"，以添加可视化选项，如图 7-17 所示。

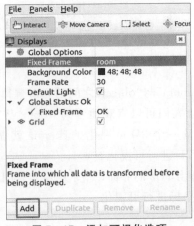

图 7-17 添加可视化选项

第三步是在"By dispkay type"下选择可视化选项，先选择 TF，再点击"OK"键，如图 7 – 18 所示。

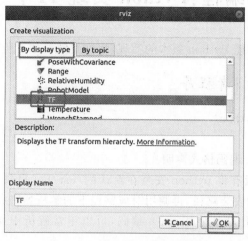

图 7 – 18　添加 TF 可视化选项

此后即可看到 TF 坐标的可视化，会看到 rviz 界面内有程序广播出来的四个坐标"room" "object" "robot"和"hand"，其中"hand"和"robot"一起沿着"room"的绿色坐标轴来回运动，程序设置的各坐标间的位置、姿态也有对应显示，如图 7 – 19 所示。rviz 坐标中的红色坐标轴代表 x 轴，绿色坐标轴代表 y 轴，蓝色坐标轴代表 z 轴。

在 rviz 界面可以使用鼠标对界面进行放大缩小、移动和调整视角。

按住鼠标右键拖动或者滑动鼠标滚轮，可以放大缩小视角。

按住鼠标中键拖动，可以移动视角。

按住鼠标左键拖动，可以调整视角。

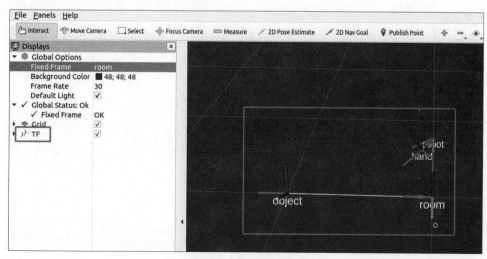

图 7 – 19　TF 可视化效果

7.3 TF 编程:Python 实现 TF 广播和监听

本节提供了 7.2 节功能 Python 版本的实现,程序及解释如下所示。

7.3.1 编写广播者程序

```
#！/usr/bin/env python
# coding=utf-8
#1.编译器声明和 2.编码格式声明
```

#1:为了防止用户没有将 python 安装在默认的/usr/bin 目录,系统会先从 env(系统环境变量)里查找 python 的安装路径,再调用对应路径下的解析器完成操作

#2:Python.源码文件默认使用 utf-8 编码,可以正常解析中文,一般而言,都会声明为 utf-8 编码

```
#引用 ros 库
import rospy
#引用 tf2 库
import tf2_ros
#引用 tf2 转换库,用于转换欧拉角与四元数
import tf_conversions
#用于引用 tf2 的坐标数据格式
import geometry_msgs.msg

#主函数
if __name__ == '__main__':
#用于控制"robot"沿 y 轴来回规律运动的变量
robot_move_right=True
robot_Y=1.0

#初始化 ROS 节点,这里定义了节点名为"human_publisher"
rospy.init_node("tf_broadcaster")

#TF 坐标广播器,用于广播坐标间位姿关系的句柄
br = tf2_ros.TransformBroadcaster()
#用于存放 TF 坐标位姿关系的数据格式
t = geometry_msgs.msg.TransformStamped()

#创建一个定时器,频率为 100 Hz
```

```
#TF 的广播频率不应该设置得太低
loop_rate = rospy.Rate(100)


while not rospy.is_shutdown():
    #控制"robot"沿 y 轴来回规律运动
    if robot_Y>= 1.0:
        robot_move_right=True
    if robot_Y<=-1.0:
        robot_move_right=False
    if robot_move_right:
    robot_Y=robot_Y-0.002
    else:
        robot_Y=robot_Y+0.002;


    #设置"object"相对"room"的 TF 位姿并广播
    t.header.stamp = rospy.Time.now() #设置信息时间戳为当前
    t.header.frame_id = "room"    #父坐标
    t.child_frame_id = "object" #子坐标
    #设置"object"相对"room"的位置,单位:m
    t.transform.translation.x = 1.0
    t.transform.translation.y = 0.0
    t.transform.translation.z = 0.0
    #设置"object"相对"room"绕 x、y、z 三轴的角度,单位:rad,并转换为四元数
    q = tf_conversions.transformations.quaternion_from_euler(0.5, 0.0, 0.0)
    #使用四元数设置姿态
    t.transform.rotation.x = q[0]
    t.transform.rotation.y = q[1]
    t.transform.rotation.z = q[2]
    t.transform.rotation.w = q[3]
    #广播"object"相对"room"的位姿
    br.sendTransform(t)


    #设置"robot"相对"room"的 TF 位姿并广播
    t.header.stamp = rospy.Time.now() #设置信息时间戳为当前
    t.header.frame_id = "room"    #父坐标
    t.child_frame_id = "robot" #子坐标
    #设置"robot"相对"room"的位置,单位:m
    t.transform.translation.x = 1.0
    t.transform.translation.y = 0.0
```

```
t. transform. translation. z = 0.0
```
#设置"robot"相对"room"绕 x、y、z 三轴的角度,单位:rad,并转换为四元数
```
q = tf_conversions. transformations. quaternion_from_euler(0.5, 0.0, 0.0)
```
#使用四元数设置姿态
```
t. transform. rotation. x = q[0]
t. transform. rotation. y = q[1]
t. transform. rotation. z = q[2]
t. transform. rotation. w = q[3]
```
#广播"robot"相对"room"的位姿
```
br. sendTransform(t)
```

#设置"hand"相对"robot"的 TF 位姿并广播
```
t. header. stamp = rospy. Time. now()  #设置信息时间戳为当前
t. header. frame_id = "robot"   #父坐标
t. child_frame_id = "hand"  #子坐标
```
#设置"hand"相对"room"的位置,单位:m
```
t. transform. translation. x = 1.0
t. transform. translation. y = 0.0
t. transform. translation. z = 0.0
```
#设置"hand"相对"room"绕 x、y、z 三轴的角度,单位:rad,并转换为四元数
```
q = tf_conversions. transformations. quaternion_from_euler(0.5, 0.0, 0.0)
```
#使用四元数设置姿态
```
t. transform. rotation. x = q[0]
t. transform. rotation. y = q[1]
t. transform. rotation. z = q[2]
t. transform. rotation. w = q[3]
```
#广播"hand"相对"room"的位姿
```
br. sendTransform(t)
```

7.3.2 编写监听者程序

```
#! /usr/bin/env python
# coding=utf-8
```
#1.编译器声明和2.编码格式声明

#1:为了防止用户没有将 python 安装在默认的/usr/bin 目录,系统会先从 env(系统环境变量)里查找 python 的安装路径,再调用对应路径下的解析器完成操作

#2:Python. 源码文件默认使用 utf-8 编码,可以正常解析中文,一般而言,都会声明为 utf-8 编码

#引用 ros 库

```
import rospy
#引用 tf2 库
import tf2_ros
#引用 tf2 转换库,用于转换欧拉角与四元数
import tf_conversions
#用于引用 tf2 的坐标数据格式
import geometry_msgs.msg


#主函数
if __name__ == '__main__':
    #用于控制"robot"沿 y 轴来回规律运动的变量
    robot_move_right=True
    robot_Y=1.0

    #初始化 ROS 节点,这里定义了节点名为"human_publisher"
    rospy.init_node("tf_broadcaster")

    #TF 坐标广播器,用于广播坐标间位姿关系的句柄
    br = tf2_ros.TransformBroadcaster()
    #用于存放 TF 坐标位姿关系的数据格式
    t = geometry_msgs.msg.TransformStamped()

    #创建一个定时器,频率为 100 Hz
    #TF 的广播频率不应该设置得太低
    loop_rate = rospy.Rate(100)

    while not rospy.is_shutdown():
        #控制"robot"沿 y 轴来回规律运动
        if robot_Y>= 1.0:
            robot_move_right=True
        if robot_Y<=-1.0:
            robot_move_right=False
        if robot_move_right:
            robot_Y=robot_Y-0.002
        else:
            robot_Y=robot_Y+0.002;

        #设置"object"相对"room"的 TF 位姿并广播
        t.header.stamp = rospy.Time.now() #设置信息时间戳为当前
```

```
t. header. frame_id = "room"   #父坐标
t. child_frame_id = "object" #子坐标
#设置"object"相对"room"的位置,单位:m
t. transform. translation. x = 1. 0
t. transform. translation. y = 0. 0
t. transform. translation. z = 0. 0
#设置"object"相对"room"绕 x、y、z 三轴的角度,单位:rad,并转换为四元数
q = tf_conversions. transformations. quaternion_from_euler(0. 5, 0. 0, 0. 0)
#使用四元数设置姿态
t. transform. rotation. x = q[0]
t. transform. rotation. y = q[1]
t. transform. rotation. z = q[2]
t. transform. rotation. w = q[3]
#广播"object"相对"room"的位姿
br. sendTransform(t)


#设置"robot"相对"room"的 TF 位姿并广播
t. header. stamp = rospy. Time. now() #设置信息时间戳为当前
t. header. frame_id = "room"   #父坐标
t. child_frame_id = "robot" #子坐标
#设置"robot"相对"room"的位置,单位:m
t. transform. translation. x = 1. 0
t. transform. translation. y = 0. 0
t. transform. translation. z = 0. 0
#设置"robot"相对"room"绕 x、y、z 三轴的角度,单位:rad,并转换为四元数
q = tf_conversions. transformations. quaternion_from_euler(0. 5, 0. 0, 0. 0)
#使用四元数设置姿态
t. transform. rotation. x = q[0]
t. transform. rotation. y = q[1]
t. transform. rotation. z = q[2]
t. transform. rotation. w = q[3]
#广播"robot"相对"room"的位姿
br. sendTransform(t)


#设置"hand"相对"robot"的 TF 位姿并广播
t. header. stamp = rospy. Time. now() #设置信息时间戳为当前
t. header. frame_id = "robot"   #父坐标
t. child_frame_id = "hand" #子坐标
#设置"hand"相对"room"的位置,单位:m
```

t. transform. translation. x = 1.0

t. transform. translation. y = 0.0

t. transform. translation. z = 0.0

♯设置"hand"相对"room"绕 x、y、z 三轴的角度,单位:rad,并转换为四元数

q = tf_conversions. transformations. quaternion_from_euler(0.5, 0.0, 0.0)

♯使用四元数设置姿态

t. transform. rotation. x = q[0]

t. transform. rotation. y = q[1]

t. transform. rotation. z = q[2]

t. transform. rotation. w = q[3]

♯广播"hand"相对"room"的位姿

br. sendTransform(t)

7.3.3　使用

.py 文件是可执行文件,不需要进行编译,同样使用 rosrun 命令进行调用,与 7.2.4 节的使用类似。使用前需要赋予文件可执行权限,赋予一次,永久生效,运行如下命令可以赋予工作空间下所有文件可执行权限:

sudo chmod-R 777 /home/passoni/work_space_practice

然后按顺序运行以下命令。

开启 ROS 通信环境:roscore。

运行 TF 广播者:rosrun ros_practice tf2_broadcaster. py。

运行 TF 监听者:rosrun ros_practice tf2_listener. py。

运行成功后,检查 TF 是否成功广播的方式与 7.2.4 节一样。

rosrun rqt_tf_tree rqt_tf_tree:查看 TF 树。

rosrun tf tf_echo object hand:查看"object"和"hand"之间的 TF 坐标关系。

rqt_graph:查看节点话题图。

rostopic echo /tf:查看"/tf"话题。

rviz:TF 坐标 3D 可视化。

7.4　TF 静态坐标工具:launch 文件发布静态坐标

在前面的例子中,"robot"相对"room"的坐标、"hand"相对"robot"的坐标(抓取过程),这些在现实中都是会运动的,在 TF 中要不断广播更新这些坐标关系,这种称为动态坐标。而在一个机器人中,有很多部件是固定在机器人上,与机器人相对静止的,例如摄像头、雷达、轮式机器人的轮子,这些部件和机器人间的坐标称为静态坐标。

动态坐标需要不断更新,因此必须使用编写程序不断进行广播更新。而对于静态坐标,ROS 提供了在 launch 文件中发布静态坐标的功能,可以很方便地广播静态坐标,而不需要编写烦琐的程序进行广播。

下面演示如何使用 launch 文件发布静态坐标。

7.4.1 编写 launch 文件

在【ros_practice】功能包下的【launch】文件夹新建文件【tf_static. launch】，在该文件输入以下内容：

```
<launch>
    <! —— 发布"room"到新目标物体的静态坐标 ——>
    <node pkg="tf" type="static_transform_publisher" name="room_to_object2" args="2 0 0 0 0 0.5  room object2 100" />


    <! —— 发布机器人到雷达的静态坐标 ——>
    <node pkg="tf" type="static_transform_publisher" name="robot_to_laser" args="0.1 0 0.1 1 0 3.14159  robot laser 100" />


    <! —— 发布机器人到左前轮的静态坐标 ——>
    <node pkg="tf" type="static_transform_publisher" name="robot_to_wheel_1" args="0.1 0.1 −0.1 0 0 0  robot wheel_1 100" />


    <! —— 发布机器人到右前轮的静态坐标 ——>
    <node pkg="tf" type="static_transform_publisher" name="robot_to_wheel_2" args="0.1 −0.1 −0.1 0 0 0  robot wheel_2 100" />


    <! —— 发布机器人到左后轮的静态坐标 ——>
    <node pkg="tf" type="static_transform_publisher" name="robot_to_wheel_3" args="−0.1 0.1 −0.1 0 0 0  robot wheel_3 100" />


    <! —— 发布机器人到右后轮的静态坐标 ——>
    <node pkg="tf" type="static_transform_publisher" name="robot_to_wheel_4" args="−0.1 −0.1 −0.1 0 0 0  robot wheel_4 100" />


</launch>
```

以上内容创建了 6 个静态坐标，分别是新的目标物体"object2"、机器人上的雷达"laser"和机器人的 4 个轮子"wheel1""wheel2""wheel3""wheel4"，下面讲解一下 launch 文件发布静态坐标的写法。

```
<node pkg="tf" type="static_transform_publisher" name="广播者名称" args="X Y Z R P Y  父坐标名称 子坐标名称 广播频率" />
```

其中：X、Y、Z 指三轴相对坐标，单位：m；R、P、Y 指绕三轴（x、y、z）的相对角度，单位：rad 。

7.4.2　使用

首先运行以下 3 个命令，如图 7 - 20 所示。

roscore

rosrun ros_practice tf2_broadcaster

roslaunch ros_practice static_tf. launch

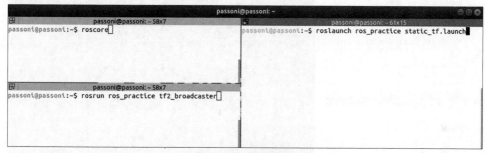

图 7 - 20　运行命令

然后分别运行以下命令，查看 TF 坐标状态，如图 7 - 21～图 7 - 23 所示。

rqt_graph

rosrun rqt_tf_tree rqt_tf_tree

rviz

如图 7 - 21 所示，可以看到 launch 文件里面的每一个 TF 广播者在 rqt_graph 里都有对应的节点，同时都会发布话题"/tf"。

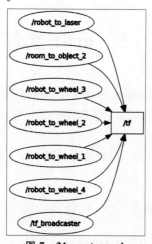

图 7 - 21　rqt_graph

如图 7 - 22 所示，launch 文件里面发布静态坐标都有对应广播出来。

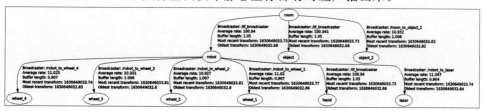

图 7 - 22　TF 树

如图 7 - 23 所示,launch 文件里面发布静态坐标在 rviz 里都有对应的 3D 可视化(注意：如果坐标轴影响观看,可以双击展开 rviz 界面右侧的"TF"标签,然后调小"Marker Scale"的值,使坐标轴缩小)。

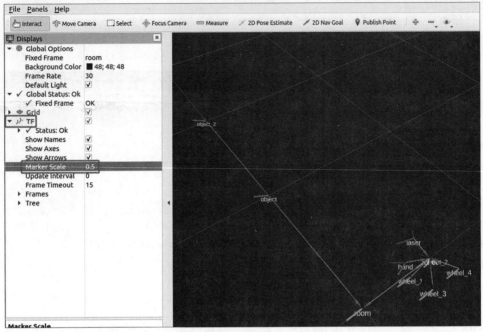

图 7 - 23   rviz

7.5   urdf 文件

urdf 文件是 ROS 的机器人外形描述文件,可以使用该文件设置静态坐标和为坐标添加外形。

在前面的例子里,机器人、机器人轮子都只是一个坐标,没有具体外形,那么可以使用 urdf 文件描述这些坐标和外形。

下面演示使用 urdf 文件为"robot"添加外形,同时为"robot"加上雷达和四个轮子。

urdf 官方介绍：http://wiki.ros.org/urdf。

7.5.1   编写 urdf 文件

在【ros_practice】功能包下新建【urdf】文件夹,并在其中新建文件【robot.urdf】,在该文件输入以下内容：

```
<? xml version="1.0" ? >
<robot name="robot">

    <material name="Black">
        <color rgba="0 0 0 1"/>
    </material>
```

```xml
<material name="White">
    <color rgba="1 1 1 0.95"/>
</material>
<material name="Red">
    <color rgba="1 0 0 1"/>
</material>
<material name="Green">
    <color rgba="0 1 0 1"/>
</material>
<material name="Blue">
    <color rgba="0 0 1 1"/>
</material>
<material name="Yellow">
    <color rgba="1 0.4 0 1"/>
</material>

<link name="robot">
    <visual>
        <origin xyz="0 0 0" rpy="0 0 0" />
        <geometry>
            <box size="0.4 0.2 0.1"/>
        </geometry>
        <material name="White"/>
    </visual>
</link>

<link name="laser">
    <visual>
        <origin xyz="0 0 0" rpy="0 0 0"/>
        <geometry>
            <cylinder length="0.04" radius="0.05"/>
        </geometry>
        <material name="Red"/>
    </visual>
</link>
<joint name="laser_joint" type="fixed">
    <origin xyz="0.2 0 0.1" rpy="0 0 3.14159"/>
    <parent link="robot"/>
    <child link="laser"/>
```

```
        <axis xyz="0 1 0"/>
    </joint>

    <link name="wheel_1">
        <visual>
            <origin xyz="0 0 0" rpy="1.57 0 0" />
            <geometry>
                <cylinder radius="0.075" length = "0.07"/>
            </geometry>
            <material name="wheel_1_color">
                <color rgba="0.5 1 0 0.5"/>
            </material>
        </visual>
    </link>
    <joint name="wheel_1_joint" type="continuous">
        <origin xyz="0.2 0.1 0" rpy="0 0 0"/>
        <parent link="robot"/>
        <child link="wheel_1"/>
        <axis xyz="0 1 0"/>
    </joint>

    <link name="wheel_2">
        <visual>
            <origin xyz="0 0 0" rpy="1.57 0 0" />
            <geometry>
                <cylinder radius="0.075" length = "0.07"/>
            </geometry>
            <material name="wheel_2_color">
                <color rgba="0 0.5 1 0.5"/>
            </material>
        </visual>
    </link>
    <joint name="wheel_2_joint" type="continuous">
        <origin xyz="0.2 -0.1 0" rpy="0 0 0"/>
        <parent link="robot"/>
        <child link="wheel_2"/>
        <axis xyz="0 1 0"/>
    </joint>
```

```xml
<link name="wheel_3">
    <visual>
        <origin xyz="0 0 0" rpy="1.57 0 0" />
        <geometry>
            <cylinder radius="0.075" length = "0.07"/>
        </geometry>
        <material name="wheel_3_color">
            <color rgba="1 0 0.5 0.5"/>
        </material>
    </visual>
</link>
<joint name="wheel_3_joint" type="continuous">
    <origin xyz="-0.2 0.1 0" rpy="0 0 0"/>
    <parent link="robot"/>
    <child link="wheel_3"/>
    <axis xyz="0 1 0"/>
</joint>

<link name="wheel_4">
    <visual>
        <origin xyz="0 0 0" rpy="1.57 0 0" />
        <geometry>
            <cylinder radius="0.075" length = "0.07"/>
        </geometry>
        <material name="wheel_4_color">
            <color rgba="0.5 0.5 1 0.5"/>
        </material>
    </visual>
</link>
<joint name="wheel_4_joint" type="continuous">
    <origin xyz="-0.2 -0.1 0" rpy="0 0 0"/>
    <parent link="robot"/>
    <child link="wheel_4"/>
    <axis xyz="0 1 0"/>
</joint>

</robot>
```

7.5.2　编写 launch 文件使用 urdf 文件

urdf 文件需要通过 launch 文件来使用,在【ros_practice】功能包下的【launch】文件夹新建文件【read_urdf.launch】,在该文件输入以下内容:

<launch>

　　<! —— 把 urdf 文件内容上传到参数服务器的参数"/robot_description"内 ——>

　　<! —— rviz 会识别参数"/robot_description",并进行 3D 可视化 ——>

　　<param name = "robot_description" textfile = "$(find ros_practice)/urdf/robot. urdf"/>

　　<! —— 读取参数服务器的参数"/robot_description",并发布话题"/joint_states" ——>

　　<node name="joint_state_publisher" pkg="joint_state_publisher" type="joint_state_publisher" />

　　<! —— 订阅话题"/joint_states",发布小车 TF 信息 ——>

　　<node name="robot_state_publisher" pkg="robot_state_publisher" type="robot_state_publisher" />

</launch>

如文件【read_urdf.launch】的内容所示,使用 urdf 文件分以下三步(见图 7-24):

(1)读取并上传 urdf 文件内容到参数服务器的参数"robot_description",该参数会被 rviz 识别到并进行 3D 可视化。

(2)开启节点"joint_state_publisher",该节点会读取参数"/robot_description",并根据参数内容发布话题"/joint_states"。

(3)开启节点"robot_state_publisher",该节点会订阅话题"/joint_states",并根据话题内容广播 TF 坐标。

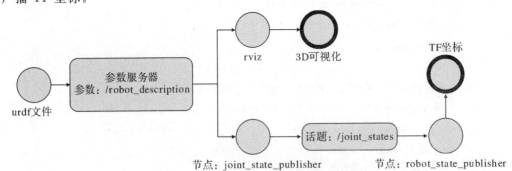

图 7-24　launch 文件调用 urdf 文件过程

7.5.3　运行 launch 文件查看效果

如图 7-25 所示,首先运行以下命令:

roscore

rosrun ros_practice tf2_broadcaster

roslaunch ros_practiceread_urdf. launch

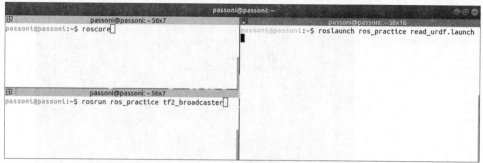

图 7 - 25　运行命令

之后运行命令 rosparam list 查看当前参数服务器内的所有参数，如图 7 - 26 所示，可以看到参数"/robot_description"的存在。

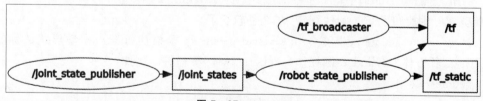

图 7 - 26　查看参数服务器参数

然后分别运行以下命令，查看 TF 坐标状态和机器人外形 3D 可视化效果，如图 7 - 27～图 7 - 29 所示。

rqt_graph

rosrun rqt_tf_tree rqt_tf_tree

rviz

如图 7 - 27 所示，可以看到话题"/joint_states"由"joint_state_publisher"发布、由节点"robot_state_publisher"订阅，同时"/tf"话题由节点"robot_state_publisher"发布。

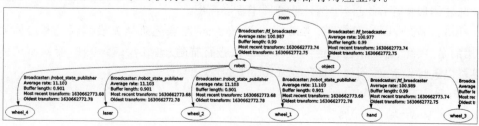

图 7 - 27　rqt_grap

如图 7 - 28 所示，urdf 和可执行文件创建的 TF 坐标都有对应显示。

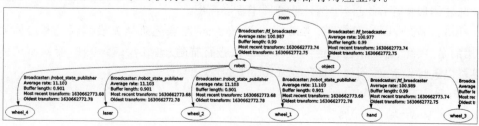

图 7 - 28　TF 树

如图 7 - 29 所示,rviz 添加了"RobotModel"选项后,机器人外形显示了出来。

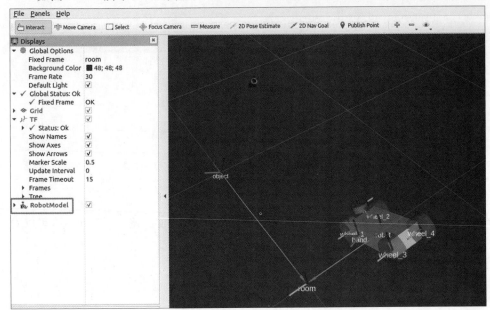

图 7 - 29　rviz

7.5.4　urdf 语法讲解

1.link 标签

link 代表机器人的一个部件/坐标,在 link 标签下可以描述机器人部件的外形参数、惯性参数和碰撞参数,本书只讲比较常用的外形参数。

(1)link-visual 标签。link-visual 是描述机器人部件模型的标签,可以描述模型的位置偏移量、模型的形状和模型的颜色。

(2)link-visual-origian 标签。link-visual-origian 是描述模型相对部件原点的位置、姿态偏移量的标签。例如文件【robot. urdf】中轮子部件的该参数为＜origin xyz＝"0 0 0" rpy＝"1.57 0 0" /＞代表模型绕 x 轴旋转了 90°,圆柱翻转 90°就是轮子了。

(3)link-visual-geometry 标签。link-visual-geometry 是描述机器人模型形状的标签,可以选择 box(长方体)、cylinder(圆柱体)、sphere(球体)等标签。例如:

＜geometry＞

＜cylinder radius＝"0.075" length ＝ "0.07"/＞

＜/geometry＞

描述了圆柱体形状,同时订阅了圆柱体的圆半径和高度。

(4)link-visual-material 标签。link-visual-material 是描述机器人模型颜色和透明度的标签,使用的是红、绿、蓝三原色和透明度四个参数进行描述:r(红)、g(绿)、b(蓝)、a(透明度)。该标签可以进行预定义,例如文件【robot. urdf】预定义了:

＜material name＝"White"＞

＜color rgba＝"1 1 1 0.95"/＞

＜/material＞

然后在 link"robot"内对预定义颜色进行了调用：<material name="White"/>。

2. joint 标签

joint 是描述机器人各部件之间坐标关系的标签，urdf 文件中的所有 link 都必须通过 joint 连接起来。除了坐标关系，joint 还可以设置机器人各部件的连接关系［例如：fixed（固定）、continuous（无角度限制的旋转）、revolute（可设置角度限制的旋转）］。

下面以"wheel_1"与"robot"之间的 joint 设置为例进行讲解：

```
♯ 设置 joint 名和连接关系类型
<joint name="wheel_1_joint" type="continuous">
        ♯ 设置两个部件之间的坐标关系
        <origin xyz="0.2 0.1 0" rpy="0 0 0"/>
        ♯ 设置父坐标名称
        <parent link="robot"/>
        ♯ 设置子坐标名称
        <child link="wheel_1"/>
        ♯ 因为连接关系是旋转关系，所以要设置旋转轴
        <axis xyz="0 1 0"/>
</joint>
```

如果将文件【read_urdf. launch】中的

```
<node name="joint_state_publisher"pkg="joint_state_publisher"
type="joint_state_publisher" />
```

替换成

```
<node name="joint_state_publisher_gui" pkg="joint_state_publisher_gui"
type="joint_state_publisher_gui" />
```

则会弹出一个窗口（见图 7 - 30），在该窗口可以通过进度条调节各个可旋转关节的旋转角度。

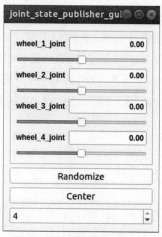

图 7 - 30　调节可旋转关节

7.6 rviz

在 7.2.4 节简单介绍和使用了 rviz，本节再对 rviz 进行完整的讲解。

rviz 是 ROS 的 3D 可视化工具，在 ROS 中 rviz 被广泛应用在 SLAM、视觉 SLAM 和机械臂开发中。rviz 可以对 TF 坐标、机器人外形、代价地图、路径规划、雷达和视觉点云等信息进行 3D 可视化。下面对 rviz 的使用进行讲解。

rviz 官方介绍：http://wiki.ros.org/rviz。

7.6.1 Global Options

如图 7 – 31 所示，有 4 个选项可以进行设置。

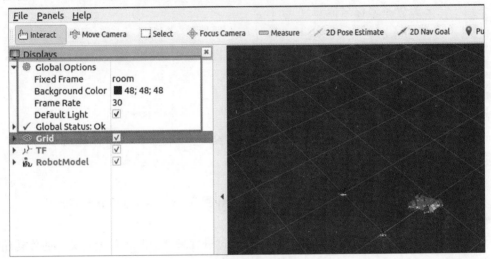

图 7 – 31 **Global Options**

（1）Fixed Frame：指定某个 TF 坐标作为 rviz 的参考坐标，一般设置为 TF 树的根坐标，该设置指定的 TF 必须是当前存在的 TF 坐标，否则会报错。

（2）Background Color：该选项对 rviz 的背景颜色进行设置。

（3）Frame Rate：该选项对 rviz 中 TF 坐标的刷新频率进行设置。

（4）Default Light：该选项对 rviz 显示模式进行设置，取消勾选切换为黑白模式。

7.6.2 Global Status

如图 7 – 31 所示，显示 rviz 当前的状态，如果有错误会在该选项进行显示。

7.6.3 Grid

如图 7 – 32 所示，该选项是对 rviz 的网格进行设置。

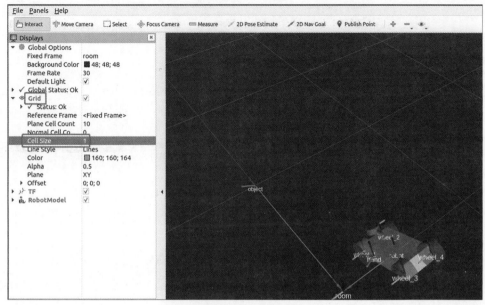

图 7 - 32　Grid

（1）Reference Fralme：网格的基准坐标。

（2）Plane Cell Count：网格的多少。

（3）Normal CellCo：网格方块的层数（一层网格不构成方块）。

（4）Cell Size：网格的大小，单位：m。

（5）Line Style：网格线的线型风格。

（6）Color：网格线的颜色。

（7）Alpha：网格线的亮度。

（8）Plane：网格线所在平面。

（9）Offset：网格的偏移量，单位：m。

7.6.4　添加可视化选项

如图 7 - 33 所示，点击 rviz 左下角的"Add"可以添加可视化选项，可以根据数据类型（"By display type"）进行添加，也可以根据话题名称（"By topic"）进行添加。

如果要根据话题名称进行添加的话，当前 ROS 通信空间内必须存在该话题的发布或者订阅，才可以进行添加。

如果要根据数据类型进行添加的话，除了 TF 和机器人外形，都必须再设置该可视化选项的话题名称。如图 7 - 34 所示，添加了"LaserScan"数据类型的可视化后，还需要设置"Topic"，如果当前 ROS 通信空间内不存在该数据类型话题的发布或者订阅的话，也是无法设置的。

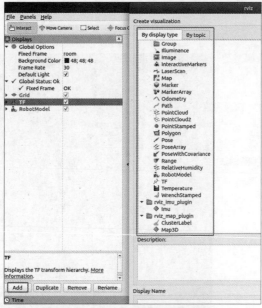

图 7 - 33　rviz 添加可视化选项

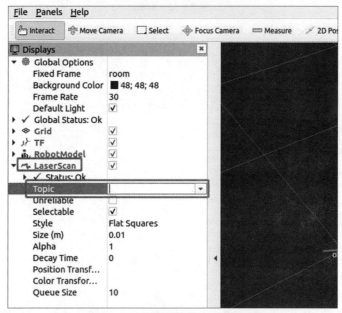

图 7 - 34　可视化选项设置"Topic"

机器人外形是通过参数空间内的参数"robot_description"进行可视化的，rviz 读取的机器人外形参数名称也是可以改变的，如图 7 - 35 所示，在"RobotModel-Robot Description"选项可以设置参数名称。

在 rviz 界面的左下角除了"Add"外还有 3 个选项：

(1)Duplicate：复制当前选中的可视化选项。

(2)Remove：删除当前选中的可视化选项。

(3)Rename：重命名当前选中的可视化选项。

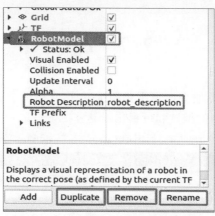

图 7-35　机器人外形与可视化参数

7.6.5　TF 相关

如图 7-36 所示，可以选择隐藏/显示指定 TF 坐标。

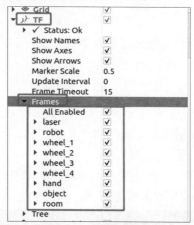

图 7-36　隐藏/显示 TF

7.6.6　保存可视化配置

按下按键 Ctrl+S 可以保存当前的 rviz 配置，下次进入 rviz 就不需要重新配置 TF 可视化了。

保存 rviz 配置时如果弹出如图 7-37 所示提示，这是因为 rviz 配置默认是保存在文件【/opt/ros/melodic/share/rviz/default.rviz】内的，该文件默认是不可写入的。解决方法是输入命令 sudo chmod 777 /opt/ros/melodic/share/rviz/default.rviz 赋予该文件写入权限，然后就可以按下按键 Ctrl+S 保存 rviz 配置了。

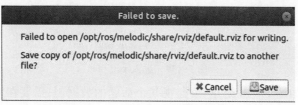

图 7-37　保存 rviz 可视化配置

7.7　rqt

rqt 是 ROS 提供的一个很重要的可视化调试工具,它提供了关于话题、服务、动作、参数服务器、TF 和图片等功能、数据的调试和可视化工具。

如图 7-38 所示,运行命令 rqt 后会弹出 rqt 的界面,"Plungins"选项下是 rqt 提供的所有工具。

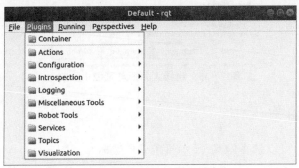

图 7-38　rqt

限于篇幅原因,本书就只介绍比较常用的两个工具:rqt_plot 和 rqt_reconfigure。

rqt 官方介绍:https://wiki.ros.org/rqt。

7.7.1　rqt_plot

rqt_plot 是 rqt 提供的监视话题数据随时间变化的工具,但是只能监视数值,不能监视字符、数组等话题数据。

要使用 rqt_plot 监视话题数据,首先要进入 rqt_plot 的界面,输入命令 rqt 进入 rqt 界面后,点击"Plugins/Visualization/Plot"即可进入 rqt_plot 界面,如图 7-39 所示。

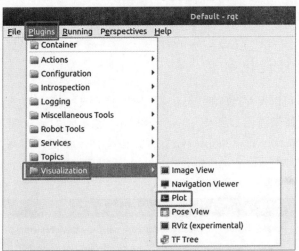

图 7-39　进入 rqt_plot

rqt_plot 的界面如图 7-40 所示,要监视某个话题的数据,只需要在"Topic"栏内输入"/话题名/话题下的数据名",然后点击右边的"＋",即可将该话题数据加入监视列表,在下方坐标表格内可以看到该话题数据随时间的变化。需要注意的是，rqt_plot 只能监视当前 ROS 通信空间内存在的话题数据，而如果话题下有多个数据的话，只能一次添加一个数据的监视。

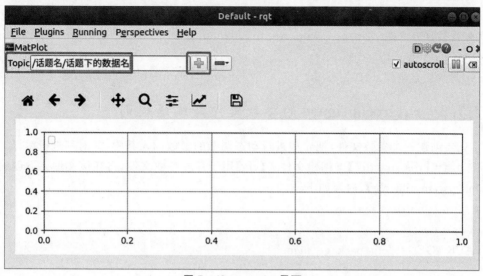

图 7 - 40　rqt_plot 界面

例如，某个话题名为"/cmd_vel"，其数据格式为"geometry_msgs/Twist"，如下所示：

rosmsg info　geometry_msgs/Twist

geometry_msgs/Vector3 linear

　float64 x

　float64 y

　float64 z

geometry_msgs/Vector3 angular

　float64 x

　float64 y

　float64 z

可以看到该话题数据格式下有 6 个数据，要监视全部 6 个数据，就要发布添加 6 个数据，Topic 栏内要输入的内容如下：

/cmd_vel/linear/x

/cmd_vel/linear/y

/cmd_vel/linear/z

/cmd_vel/angular/x

/cmd_vel/angular/y

/cmd_vel/angular/z

7.7.2　rqt_reconfigure：动态调参

rqt_reconfigure 是 rqt 提供的对参数服务器内的参数进行动态调节的图形化工具。

如果不使用 rqt_reconfigure，就只能使用命令 rosparam set 参数名修改参数，在需要修改的参数比较多的时候，重复输入命令将会很耗费时间，而 rqt_reconfigure 提供的图形化界面可以很方便地对参数进行修改。

要实现动态调参,需要编写程序进行实现。

rqt 调参官方介绍 1:http://wiki.ros.org/rqt_reconfigure。

rqt 调参官方介绍 2:http://wiki.ros.org/dynamic_reconfigure/#dynamic_reconfigure. 2Fgroovy.Python_API。

rqt 调参官方例程:http://wiki.ros.org/dynamic_reconfigure/Tutorials。

7.7.3 rqt_reconfigure 的参数文件与编译规则

首先要创建一个参数文件,把希望进行动态调参的参数加入其中,并对其进行编译。

在功能包【ros_practice】下创建文件夹【cfg】用于存放参数文件,再在该文件夹下创建文件【dynamicparam_file.cfg】,内容如下:

```python
#! /usr/bin/env python

PACKAGE = "cfg_package_name"

from dynamic_reconfigure.parameter_generator_catkin import *

gen = ParameterGenerator()

# Add a dynamic callback parameter
#gen.add("param name", param type, 0, "param instructions", default value, min, max)

gen.add("param_bool", bool_t, 0, "A bool param", False)

gen.add("param_int", int_t, 0, "A int param", 7, 0, 25)

gen.add("param_double", double_t, 0, "A double param", 3.0, -20.0, 20.0)

gen.add("param_str",     str_t,    0, "A string param",   "Hello World")

# Before adding an enum's dynamic callback parameter, you define an enum object
enum_object = gen.enum([ gen.const("enum_1", int_t, 0, "int enum list 1"),
                         gen.const("enum_2", int_t, 1, "int enum list 2"),
                         gen.const("enum_3", int_t, 2, "int enum list 3"),
                         gen.const("enum_4", int_t, 3, "int enum list 4"),
                         gen.const("enum_5", int_t, 4, "int enum list 5")], "A enum object")
gen.add("param_enum", int_t, 0, "A enum param", 0, 0, 4, edit_method=enum_object)
```

exit(gen. generate(PACKAGE, "cfg_package_name", "reconfigure_name"))

　　然后是编写编译规则,对该参数文件进行编译,文件【CmakeLists. txt】所需要添加的内容如图 7 - 41 所示。

```
#编译该功能包需要的其他功能包
find_package(catkin REQUIRED COMPONENTS
  message_generation
  roscpp
  std_msgs
  tf2
  tf2_ros
  geometry_msgs
  dynamic_reconfigure
)

#添加动态调参数文件
generate_dynamic_reconfigure_options(cfg/dynamicparam_file.cfg)
```

图 7 - 41　CmakeLists. txt 动态调参编译规则

文件【package. xml】所需要添加的内容如图 7 - 42 所示。

```
<!-- 声明编译、运行、导出时需要的依赖,这是最常用的标签 -->
<depend>roscpp</depend>
<depend>message_generation</depend>
<depend>std_msgs</depend>
<depend>message_runtime</depend>
<depend>tf2</depend>
<depend>tf2_ros</depend>
<depend>geometry_msgs</depend>
<depend>dynamic_reconfigure</depend>
```

图 7 - 42　package. xml 动态调参编译规则

　　然后在工作空间下运行命令 catkin_make。

　　接下来就可以使用 C++或者 Python 实现 rqt 动态调参了。

7.7.4　rqt_reconfigure 的 C++实现

　　接下来编写 C++程序实现对参数文件内的参数进行 rqt 动态调参,并把调参结果打印到终端。动态调参的 C++实现除了源码外,同样需要在文件【CmakeLists. txt】内添加源码的编译规则。

1. 源码

　　在功能包【ros_practice】下的文件夹【src】新建文件【my_dynamic_reconfigure. cpp】,其内容如下:

//引用头文件

#include <ros_practice. h>

//引用动态调参头文件

#include <dynamic_reconfigure/server. h>

//引用动态调参参数文件

#include <ros_practice/reconfigure_nameConfig. h>

//使用命名空间 std,cout 相关

using namespace std;

//用于存放动态调参参数值的变量

```
bool param_bool;
int param_int;
double param_double;
string param_str;
int param_enum;
```

//动态调参回调函数,每次 rqt 动态调参都会触发该函数

```
void dynamic_reconfigure_callback(cfg_package_name::reconfigure_nameConfig
&config, uint32_t level)
{
param_bool    = config.param_bool;
param_int     = config.param_int;
param_double = config.param_double;
param_str     = config.param_str;
param_enum   = config.param_enum;
cout<<BLUE<<"dyanmic param has changed. "<<RESET<<endl<<endl;
}
```

//主函数

```
int main(int argc, char * * argv)
{
//用于记录程序运行时间的变量
ros::Time Start_Time;
double Running_Time;

    //初始化 ROS 节点,这里定义了节点名为"dynamic"
    ros::init(argc, argv, "dynamic");

    //创建 ROS 节点句柄
    ros::NodeHandle NodeHandle;

    //动态调参初始化,并设置动态调参回调函数
```

```
        dynamic_reconfigure::Server<cfg_package_name::reconfigure_nameConfig>
server;
        dynamic_reconfigure::Server<cfg_package_name::reconfigure_nameConfig>::
CallbackType f;
        f = boost::bind(&dynamic_reconfigure_callback, _1, _2);
        server.setCallback(f);

        //创建一个定时器,频率为 0.5 Hz
        ros::Rate loop_rate(0.5);
        //记录 while 循环开始的时间作为程序开始时间
        Start_Time=ros::Time::now();

        //while 死循环,直到程序被 Ctrl+C 打断
        while (ros::ok())
        {
//cout 打印程序运行时间和动态调参参数
Running_Time=(ros::Time::now()-Start_Time).toSec();
cout<<GREEN<<"Publisher has running: "<<Running_Time<<"s"<<RESET
<<endl;
cout<<GREEN<<"param_bool: "   <<param_bool   <<endl;
cout<<GREEN<<"param_int: "    <<param_int    <<RESET<<endl;
cout<<GREEN<<"param_double: "<<param_double<<RESET<<endl;
cout<<GREEN<<"param_str: "    <<param_str    <<RESET<<endl;
cout<<GREEN<<"param_enum: "   <<param_enum   <<RESET<<endl<<endl;

        //必须使用该函数,否则动态调参无法生效
        ros::spinOnce();

        //延时 2 s(因为定时器频率设置为了 0.5 Hz)
        loop_rate.sleep();
        }

        return 0;
    }
```

2. CmakeLists.txt 添加的内容

＃使用源文件 my_dynamic_reconfigure. cpp 生成可执行文件 my_dynamic_reconfigure

add_executable(my_dynamic_reconfigure src/my_dynamic_reconfigure. cpp)

＃声明编译生成该目标文件所需要的依赖

target_link_libraries(my_dynamic_reconfigure ＄{catkin_LIBRARIES})

＃生成或使用自定话题数据格式时要添加这行

add_dependencies(my_dynamic_reconfigure ＄{＄{PROJECT_NAME}_EXPORTED_
TARGETS}

＄{catkin_EXPORTED_TARGETS})

3. 编译

在工作空间下输入 catkin_make 进行编译,然后即可进行 rqt 动态调参。

7.7.5　rqt_reconfigure 的 C＋＋版本的使用

首先输入以下两个命令,如图 7－43 所示。

roscore

rosrun ros_practice my_dynamic_reconfigure

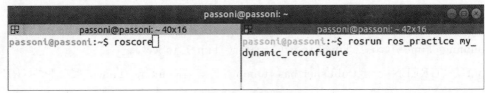

图 7－43　输入命令

　　如图 7－44 所示,输入命令 rosparam list,可以看到参数服务器内存在与运行 my_dynamic_
reconfigure 的终端一样的参数,但是加了前缀"dynamic",这是因为 my_dynamic_reconfigure
创建的节点名为"dynamic"。再通过 rosparam get 参数名命令查看参数值,可以看到其值与
my_dynamic_reconfigure 的终端打印的值是一样的。

图 7－44　查看参数服务器

接下来输入命令 rqt，在弹出的 rqt 窗口选择"Plugins—Configuration—Dynamic Reconfigure"（见图 7-45），进入 rqt 调参界面。也可以输入命令 rosrun rqt_reconfigure rqt_reconfigure 直接进入 rqt 调参界面。

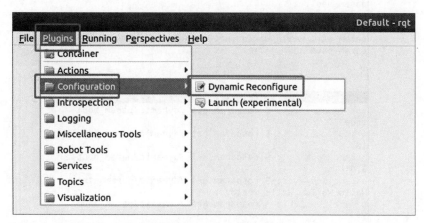

图 7-45　rqt 界面

如图 7-46 所示，进入 rqt 调参界面后，点击"dynamic"，在界面右侧可以看到有 5 个参数可以进行调节，正是参数文件内的 5 个参数。

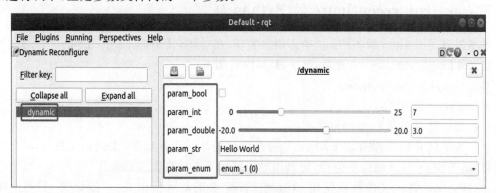

图 7-46　rqt 调参界面

如图 7-47 所示，对参数进行动态调节。

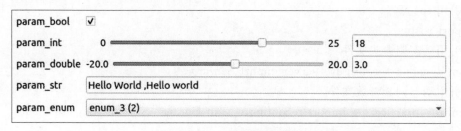

图 7-47　rqt 动态调节参数

如图 7-48 所示，可以看到这 5 个参数确实对应变化了。

图 7-48 窗口参数调节结果

7.7.6 rqt_reconfigure 的 Python 实现

本书提供了 Python 版本的 rqt 动态调参实现,在功能包【ros_practice】的【scripts】文件夹下新建文件【my_dynamic_reconfigure. py】,其内容如下:

＃! /usr/bin/env python

＃ coding＝utf－8

＃1. 编译器声明和 2. 编码格式声明

＃1:为了防止用户没有将 python 安装在默认的/usr/bin 目录,系统会先从 env(系统环境变量)里查找 python 的安装路径,再调用对应路径下的解析器完成操作

＃2:Python. 源码文件默认使用 utf-8 编码,可以正常解析中文,一般而言,都会声明为utf-8 编码

＃引用 ros 库

import rospy

＃引用动态调参头文件

from dynamic_reconfigure. server import Server

＃引用动态调参参数文件

from ros_practice. cfg import reconfigure_nameConfig

＃用于存放动态调参参数值的变量

param_bool＝0

param_int＝0

param_double＝0

```
param_str＝0
param_enum＝0
```

```
＃动态调参回调函数，每次 rqt 动态调参都会触发该函数
def dynamic_reconfigure_callback(config，level)：
global param_bool，param_int，param_double，param_str，param_enum
param_bool    = config. param_bool；
param_int     = config. param_int；
param_double = config. param_double；
param_str     = config. param_str；
param_enum    = config. param_enum；
print("\033[1;34m"+"dyanmic param has changed. "+"\033[0m"+"\t\t")
return config
```

```
＃主函数
if __name__ == '__main__'：
＃初始化 ROS 节点，这里定义了节点名为"dynamic"
    rospy. init_node("dynamic")

    ＃动态调参初始化，并设置动态调参回调函数
    Server(reconfigure_nameConfig，dynamic_reconfigure_callback)

    ＃创建一个定时器，频率为 0.5 Hz
    loop_rate = rospy. Rate(0.5)

    ＃记录 while 循环开始的时间作为程序开始时间
    Start_Time＝rospy. Time. now()

    ＃while 死循环，直到程序被 Ctrl＋C 打断
    while not rospy. is_shutdown()：

        ＃打印程序运行时间和参数服务器的参数
        Running_Time＝(rospy. Time. now()－Start_Time). secs
        print("\033[1;32m"+"Publisher has running："+str(Running_Time)+"s"+"\033[0m")
        print("\033[1;32m"+"param_bool： "    +str(param_bool) +"\033[0m")
        print("\033[1;32m"+"param_int： "     +str(param_int)  +"\033[0m")
        print("\033[1;32m"+"param_double： "  +str(param_double)+"\033[0m")
        print("\033[1;32m"+"param_str： "     +str(param_str)  +"\033[0m")
        print("\033[1;32m"+"param_enum： "    +str(param_enum) +"\033[0m")
        print("\t")
```

＃延时 2 s(因为定时器频率设置为了 0.5 Hz)

loop_rate. sleep()

7.7.7 rqt_reconfigure 的 Python 版本的使用

. py 文件是可执行文件,不需要进行编译,同样使用 rosrun 命令进行调用,与 7.7.5 节的使用类似。使用前需要赋予文件可执行权限,赋予一次,永久生效,运行如下命令可以赋予工作空间下所有文件可执行权限:

sudo chmod －R 777 /home/passoni/work_space_practice

然后运行以下三个命令,即可对参数文件内的 5 个参数进行 rqt 动态调参:

roscore

rosrun ros_practice my_dynamic_reconfigure. py

rqt

7.8　ROS 与 OpenCV:cv_bridge

机器人的传感器除了 IMU、里程计和雷达外,还有摄像头,摄像头提供的图像信息是这些传感器信息中信息量最大,也是最难处理的,同时机器人的很多功能都需要使用到摄像头。图像处理是一个非常庞大且复杂的领域,当前最流行的图像处理库为 OpenCV,而 ROS 就提供了与 OpenCV 库连接的接口。限于篇幅原因,本节将仅讲解如何把 OpenCV 与 ROS 连接起来,但是不会对图像处理和 OpenCV 进行过多讲解。

ROS 中与 OpenCV 连接的接口是"cv_bridge",通过 cv_bridge 可以把 ROS 中的图像话题转换为 OpenCV 的图像格式,然后使用 OpenCV 库进行图像处理;通过 cv_bridge 也可以把 OpenCV 的图像格式转换为 ROS 中的图像话题进行发布,如图 7－49 所示。关于如何使用 cv_bridge,本节最后提供了 ROS 官方的 cv_bridge 编程例程链接,ROS 官方提供了 C＋＋、Python 和 Android Java 的编程例程。

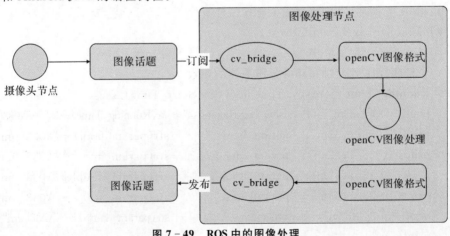

图 7－49　ROS 中的图像处理

关于图 7-49 左上角的"摄像头节点",读者可能会有疑问,其实现在的深度摄像头厂家一般都会提供 ROS 的功能包支持,这些功能包可以识别对应的摄像头并创建节点,发布实时的图像话题,包括 RGB 图像话题和深度图像话题。例如奥比中光的 Astra 系列深度摄像头的 ROS 功能包为【astra_camera】。

ROS 官方提供了一个功能包【usb_cam】,该功能包可以识别几乎所有的 USB 摄像头,并发布对应的图像话题,不过该功能包只能识别并发布摄像头的 RGB 图像。

cv_bridge 官方介绍:http://wiki.ros.org/cv_bridge/。

cv_bridge 官方编程例程:http://wiki.ros.org/cv_bridge/Tutorials。

usb_cam 官方介绍:http://wiki.ros.org/usb_cam。

【课程思政教育案例】

唐长红,男,汉族,1959 年 1 月 6 日出生,陕西省蓝田人,飞行器设计专家,中国工程院院士,中国共产党党员,中航工业第一飞机设计研究院总设计师。

1982 年,唐长红毕业于西北工业大学空气动力学专业;1989 年,获北京航空航天大学固体力学硕士学位;2011 年 12 月,被评为中国工程院院士;2015 年 11 月,唐长红辞去中航飞机股份有限公司总设计师职位。

唐长红长期从事飞机气动弹性、结构强度、总体设计工作。

人物经历:

1978 年 9 月—1982 年 7 月,在西北工业大学学习空气动力学专业,毕业后获得学士学位。期间,唐长红与歼-20 总设计师杨伟曾是舍友、上下铺同学 。

1986 年 9 月—1989 年 1 月,在北京航空航天大学学习固体力学专业,毕业后获得硕士学位。

1982 年 7 月—1992 年 12 月,担任中航六○三研究所专业组长。

1989 年 2 月—1989 年 11 月,与德国 MBB 公司 MPC-75 项目技术合作。

1992 年 12 月—1995 年 3 月,担任中航六○三研究所研究室副主任、主任。

1995 年 3 月—1999 年 10 月,在中航六○三研究所工作。

1999 年 10 月—2003 年 6 月,担任中航六○三研究所副所长。

2003 年 6 月,担任中航工业第一飞机设计研究院(以下简称为"一飞院")副院长。

2020 年 6 月,受聘为西北工业大学未来飞行器创新研究院院长兼首席科学家。

科研成就:

唐长红先后参加了"飞豹"飞机、运七-200A 、MPC-75、AE-100 等型号飞机的研制和重大预研课题研究。担任 JH7A 飞机总设计师,国家重大科技专项大飞机项目总设计师。

1988 年,重点型号飞机装上飞控系统,在做地面试验时,平尾出现剧烈抖振,一时难以解决。参加排故的唐长红深感焦虑,为了解决这一飞机设计中的难题,唐长红与辅导老师一起倾心进行飞机伺服气动弹性稳定性研究,最后采用加装"陷幅滤波器"的办法,消除了平尾振动的科研试飞难题,此后,唐长红在中国国内无借鉴经验的情况下,于飞机设计阶段就证明了伺服颤振对飞机存在的潜在危险,制定了地面试验匹配方案,并陆续攻克了飞机振动、垂尾和方向舵颤振等试验和试飞中的难题,此外,唐长红还组织实施了全机整体结构应力求解分析。

20 世纪末,面对复杂多变的国际局势,上级决策研制新装备,新"飞豹"飞机位列其中,刚刚 40 岁出头的唐长红被任命为该型号的总设计师,唐长红和他的总师团队经过反复论证,决定打破常规,率先在设计手段上取得突破,采用国际上最先进的飞机设计软件进行全机三维数字化设计。

2000 年 9 月 26 日,唐长红和他的技术团队首次运用最新版的 CATIA V5 软件,设计出中国国内第一架全机电子样机,在中国国内第一次实现了飞机研制三维设计和电子预装配,从传统设计一步跨越到国际水平,在唐长红的带领下,一飞院正围绕型号研制,全力推动三维标注、关联设计、协同研制等相关技术,建立了各专业高度并行的设计系统,进一步加快了飞机设计迭代周期,有效提高了研制效率和工程运作能力,实现了飞机设计模式的创新,引领了航空工业飞机设计的技术革命。

在新机研制中,唐长红力排众议,采用 35 项新材料和新工艺,并提出以动载荷为目标的全复合材料平尾设计方案,取消传统防颤振翼尖配重,利用复合材料结构各向异性特点,解决了颤振与平尾疲劳裂纹问题;提出以骨架为基础的内定位快速装配技术,主持设计攻关,简化了工装,提高了外形精度,使机翼装配能力大幅提升,为避免传统燃油系统设计仅考虑冲击过渡过程和静态性能匹配,而易导致飞机燃油系统存在"地面不振高空振,启动不振稳定振"的现象,进而危及飞机安全等问题。在新"飞豹"电机改进设计中,唐长红从控制理论出发,建立了全系统动力学模型和动态分析程序,推导建立了燃油系统射流液面控制的动力学模型,并对核心设备输油控制活门进行了改进,成功解决了燃油系统高载振动问题。唐长红还带领团队不仅开发出功能强大的强度试验实时监控系统,而且在中国国内首次开展了强度自动化平台建设,该平台的投入使用,使得一飞院强度计算效率和精度获得大幅提高。

第8章 ROS 与 STM32 运动底盘

经过第 2、3 章的学习，我们知道了一个 ROS 机器人的 STM32 底层执行部分是如何运作的；经过第 4～7 章的学习，我们对 ROS 有了比较基础的认识。接下来综合第 2～7 章的知识来讲解如何把 ROS 与 STM32 运动底盘联系起来。

本书使用的 ROS 机器人的 ROS 源码在本书的资料包内已经提供。

本章的讲解会在功能包【turn_on_wheeltec_robot】的基础上进行。

8.1 ROS 的应用

8.1.1 ROS 应该做什么

在第 1.3 节，我们知道 ROS 机器人的微型电脑与 STM32 是通过串口通信的。

在第 2.2 节，我们知道可以通过串口向 STM32 发送速度控制命令，控制运动底盘进行运动。

在第 2.5 节，我们知道 STM32 会通过串口向外发送机器人的状态数据，包括机器人 x、y、z 三轴实时速度，机器人实时姿态数据和机器人电源电压。

假设 ROS 与 STM32 通信的全部工作是由一个 ROS 节点完成的，那么该 ROS 节点应该做的工作就有以下几项：

（1）通过 USB-串口与 STM32 进行通信；

（2）通过 USB-串口获取机器人状态数据后，把这些数据通过话题发布出去；

（3）会订阅速度控制命令话题，订阅到话题后，再通过 USB-串口向 STM32 发送速度控制命令。

图 8-1 为与 STM32 通信的 ROS 节点应该做的工作，节点 wheeltec_robot 通过串口获取机器人状态数据后，把三种状态数据通过 ROS 话题形式发布在 ROS 通信空间内，提供给其他需要这些数据的决策节点；同时订阅其他决策节点发布的速度控制命令话题，然后通过串口向 STM32 运动底盘发送速度控制命令。节点"wheeltec_robot"就相当于其他 ROS 决策节点控制运动底盘的桥梁，其他 ROS 决策节点要控制底盘运动，或者要获取机器人的状态信息，就必须开启该节点。图 8-1 所示的节点名 wheeltec_robot 和其他 4 个话题名为功能包【turn_on_wheeltec_robot】内定义的名称。下面对节点"wheeltec_robot"发布的 4 个机器人状态话题进行解释。

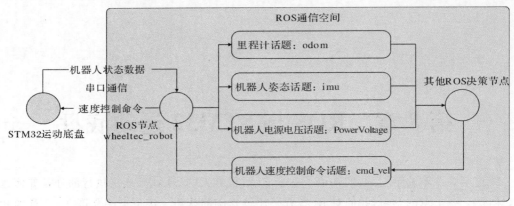

图 8 - 1　与 STM32 通信的 ROS 节点应该做的工作

8.1.2　里程计话题：odom

里程计话题的数据格式为 nav_msgs/Odometry,其中主要包含了机器人的 x、y 轴的实时速度和绕 z 轴的实时角速度,以及机器人相对(启动节点"wheeltec_robot"时的)初始位置的 x、y 轴上的位移和绕 z 轴旋转的角度(角度使用四元数表示)。

该话题是建图和导航功能必须的话题,也可以供其他决策功能节点订阅使用。

8.1.3　机器人姿态话题：imu

机器人姿态话题(以下简称为"IMU 话题")的数据格式为 sensor_msgs/Imu,其中主要包含了以四元数表达的机器人姿态角、绕三轴的角速度和三轴加速度数据。

该话题同样是建图和导航功能必须的话题,也可以供其他决策功能节点订阅使用。

8.1.4　机器人电源电压话题：PowerVoltage

机器人电源电压话题的数据格式为 std_msgs/Float32,其中只有一个数据信息,就是机器人电源电压,单位为伏特(V)。

8.1.5　机器人速度控制命令话题：cmd_vel

机器人速度控制命令话题的数据格式为 geometry_msgs/Twist,通过该话题可以控制机器人前进、后退、顺、逆时针旋转,如果是全向运动机器人还可以控制机器人左右移动。

注:以上位移、速度、加速度、角度和角速度单位分别为 m、m/s、m/s² 、rad、rad/s。

8.2　功能包【turn_on_wheeltec_robot】

8.2.1　文件结构

图 8 - 2 为功能包【turn_on_wheeltec_robot】的文件结构,可以看到其中包含了很多建图导航相关的文件,建图导航相关的内容将会在第 9 章进行讲解。

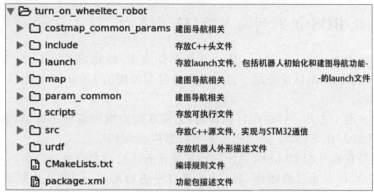

图 8 - 2　功能包【turn_on_wheeltec_robot】的文件结构

本节主要讲解实现机器人初始化相关的内容，包括机器人初始化相关 launch 文件、C++文件和文件【wheeltec_udev. sh】。

接下来查看机器人初始化相关的 launch 文件，图 8 - 3 为功能包【turn_on_wheeltec_ro-bot】下的【launch】文件夹下的内容，可以看到其下有非常多的功能启动文件，本节仅讲解【base_serial. launch】【robot_model_visualization. launch】和【turn_on_wheeltec_robot. launch】这 3 个与机器人初始化相关的 launch 文件。

▼ 📂 launch	
▼ 📂 include	
algorithm_gmapping.launch	gmapping建图算法启动文件
algorithm_hector.launch	hector建图算法启动文件
algorithm_karto.launch	karto建图算法启动文件
amcl.launch	导航辅助定位启动文件
base_serial.launch	**wheeltec_robot节点启动文件 ***
dwa_local_planner.launch	导航dwa局部路径规划启动文件
dwa_local_planner_pure3d.launch	纯视觉导航dwa局部路径规划启动文件
robot_pose_ekf.launch	机器人定位启动文件
rtabmap_mapping.launch	3D建图算法启动文件
rtabmap_nav.launch	3D导航算法启动文件
teb_local_planner.launch	导航teb局部路径规划启动文件
teb_local_planner_pure3d.launch	纯视觉导航teb局部路径规划启动文件
velocity_smoother.launch	机器人速度平滑控制启动文件
3d_mapping.launch	3D建图功能启动文件
3d_navigation.launch	3D导航功能启动文件
ar_label.launch	AR二维码标签识别功能启动文件
mapping.launch	建图功能启动文件
navigation.launch	导航功能启动文件
pure3d_mapping.launch	纯视觉建图功能启动文件
pure3d_navigation.launch	纯视觉导航启动文件
robot_model_visualization.launch	**机器人3D模型启动文件(在rviz查看) ***
rrt_slam.launch	自主建图功能启动文件
simple.launch	自主建图算法启动文件
turn_on_wheeltec_robot.launch	**机器人初始化启动文件 ***

图 8 - 3　launch 文件

8.2.2 让 ROS 识别到与 STM32 的串口

要实现 ROS 与 STM32 的通信,那么首先要让 ROS 能稳定地找到 STM32 的串口,而 ROS 是通过串口名识别串口设备的。这里在没有经过处理的 Ubuntu 系统和 STM32 串口芯片会有两个问题:

(1)同时接入两个芯片一样的串口设备时,无法准确识别设备的串口名,例如部分雷达的串口芯片为 CP2102,而 STM32 运动底盘的串口芯片也为 CP2102。

(2)串口设备在断开与 Ubuntu 系统的连接并重新连接后会改变串口名。

对于问题(1),可以通过修改串口芯片的串口号进行解决,一般芯片默认的串口号都是 "0001",因此笔者把运动底盘的串口芯片串口号统一修改为"0002"。修改 CP2102 芯片的串口号非常简单,这里讲解在 Windows 上的操作过程。

首先需要安装 CP2102 驱动,其次使用 MicroUSB 数据线,连接要更改串口号的 STM32 串口与电脑 USB 接口,最后打开【CP2102 串口号修改软件】。相关文件在本书的资料包下已经提供。

其界面如图 8-4 所示。再将"Serial"的"Value"(即串口号)修改为"0002",然后点击 "Program Device",等待约 30 s 即可看到串口号重命名成功。

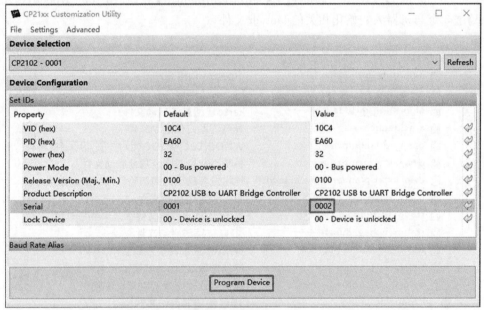

图 8-4 修改串口号

对于问题(2),可以通过添加串口别名解决,ROS 可以通过串口别名识别指定串口。

在功能包【turn_on_wheeltec_robot】根目录下提供了可执行文件【scripts/wheeltec_udev.sh】,只需要使用 sudo 管理员命令运行文件 sudo ./wheeltec_udev.sh,然后重新连接该串口,即可添加该串口的别名。

文件【wheeltec_udev.sh】的内容如下所示:

echo 'KERNEL=="ttyUSB * ", ATTRS{idVendor}=="10c4", ATTRS{idProduct} =="ea60", ATTRS{serial}=="0002", MODE:="0777", GROUP:="dialout", SYM-LINK+="wheeltec_controller"' >/etc/udev/rules.d/wheeltec_controller.rules

echo 'KERNEL=="ttyUSB * ", ATTRS{idVendor}=="10c4", ATTRS{idProduct}

＝＝"ea60"，ATTRS{serial}＝＝"0001"，MODE：＝"0777"，GROUP：＝"dialout"，SYM-LINK＋＝"wheeltec_lidar"＞/etc/udev/rules.d/wheeltec_lidar.rules

service udev reload

sleep 2

service udev restart

该文件对"idVendor"为 10c4、"idProduct"为"ea60"同时"serial"为"0002"的设备添加别名为"wheeltec_controller"（STM32 底盘串口）；对"idVendor"为 10c4、"idProduct"为"ea60"同时"serial"为"0001"的设备添加别名为"wheeltec_lidar"（雷达串口）。

在 Windows 系统中，可以通过图 8-4 所示的串口号修改软件查看"idVendor""idProd-uct"和"serial"的值。

在 Ubuntu 系统中，可以通过命令 lsusb 查看"idVendor""idProduct"的值，如图 8-5所示。

```
passoni@passoni:~$ lsusb
Bus 004 Device 001: ID 1d6b:0003 Linux Foundation 3.0 root hub
Bus 003 Device 004: ID 0e0f:0002 VMware, Inc. Virtual USB Hub
Bus 003 Device 003: ID 0e0f:0002 VMware, Inc. Virtual USB Hub
Bus 003 Device 016: ID 10c4:ea60 Cygnal Integrated Products, Inc. CP210x UART Bridge / myAVR mySmartUSB light
Bus 003 Device 002: ID 0e0f:0003 VMware, Inc. Virtual Mouse
Bus 003 Device 001: ID 1d6b:0002 Linux Foundation 2.0 root hub
Bus 001 Device 001: ID 1d6b:0002 Linux Foundation 2.0 root hub
Bus 002 Device 002: ID 0e0f:0002 VMware, Inc. Virtual USB Hub
Bus 002 Device 001: ID 1d6b:0001 Linux Foundation 1.1 root hub
passoni@passoni:~$
```

图 8-5　lsusb

在添加串口别名成功后，如果把串口号为"0002"的 CP2102 设备连接到 Ubuntu 系统，再输入命令 ll /dev，在输出结果的最下面可以看到名字为"wheeltec_controller"的设备，该设备即为串口号为"0002"的 CP2102 设备，如图 8-6 所示。

```
crw-------    1 root root    10,  63 Sep  7 19:09 vga_arbiter
crw-------    1 root root    10, 137 Sep  7 19:08 vhci
crw-------    1 root root    10, 238 Sep  7 19:08 vhost-net
crw-------    1 root root    10, 241 Sep  7 19:08 vhost-vsock
crw-------    1 root root    10,  58 Sep  7 19:09 vmci
crw-rw-rw-    1 root root    10,  57 Sep  7 19:09 vsock
lrwxrwxrwx    1 root root        7 Sep  7 20:29 wheeltec_controller -> ttyUSB0
crw-rw-rw-    1 root root     1,   5 Sep  7 19:09 zero
crw-------    1 root root    10, 249 Sep  7 19:08 zfs
passoni@passoni:~$ ll /dev
```

图 8-6　ll /dev

8.2.3　wheeltec_robot 节点程序详解

8.1 节讨论了 ROS 与 STM32 通信应该做的工作，该工作都是由"wheeltec_robot"节点进行的，该节点的程序是使用 C++编写的，实现其主要文件为【turn_on_wheeltec_robot/src/wheeltec_robot.cpp】。为使行文简洁，这里就不展示全部源码了，有需要的读者请到功能包下查看源文件。

下面对 wheeltec_robot 节点程序的执行流程进行讲解，其程序的主函数如下：

```
int main(int argc, char * * argv)
{
    ros::init(argc, argv, "wheeltec_robot"); //ROS 初始化并设置节点名称
    turn_on_robot Robot_Control; //实例化一个对象
```

Robot_Control.Control()；//循环执行数据采集和发布话题等操作

return 0；

}

可以看到主函数仅运行了三个函数，这是因为该程序使用了类的实现方式。

(1)第一个函数，创建 ROS 节点，比较简单。

(2)第二个函数，创建(实例化)一个"turn_on_robot"类的对象 Robot_Control，在创建类的过程中会执行该类的构造函数，同时类都会有一个析构函数，构造函数和析构函数的功能包括以下几项：

1)构造函数设置相关参数：串口名和串口波特率，用于开启串口；发布里程计话题需要的 TF 坐标名称；发布 IMU 话题需要的 TF 坐标名称。

2)构造函数创建里程计、IMU 和电源电压话题的发布者，用于发布话题。

3)构造函数创建速度控制命令话题的订阅者，使订阅到速度控制命令话题后跳转到对应的回调函数，在回调函数内通过串口向运动底盘发送速度控制命令。

4)构造函数打开与 STM32 运动底盘的通信串口。

5)析构函数，在节点关闭、对象 Robot_Control 被销毁前，执行该函数，向运动底盘发送停止运动命令，使机器人在决策功能关闭后可以自动停止运动。该析构函数是非常重要的，因为运动底盘是通过串口接收速度控制命令的，在接收到新的速度控制命令前，运动底盘会一直按照上一次接收到的速度控制命令进行运动。例如机器人在接收到以 0.5 m/s 的速度前进的命令后，会一直以 0.5 m/s 的速度前进，直到接收到 0.0 m/s 的速度命令后才会停止。

(3)第三个函数，调用对象 Robot_Control 的成员函数 Control()，其功能为不断从串口获取机器人状态数据，再把这些数据转换为里程计、IMU、电源电压话题数据并发布出去，该函数功能为"wheeltec_robot"节点的主要功能。

图 8-7 为"wheeltec_robot"节点的程序流程图。

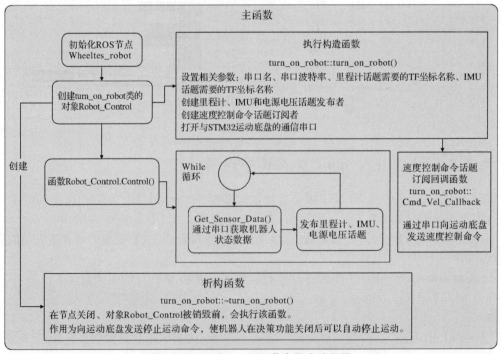

图 8-7 wheeltec_robot 节点程序流程图

图 8-8 为 Robot_Control 对象的工作流程图,从函数 Get_Sensor_Data()到求三轴里程计、绕三轴角度数据,再到发布里程计、IMU、电源电压话题部分为函数 Robot_Control. Control()的工作内容。

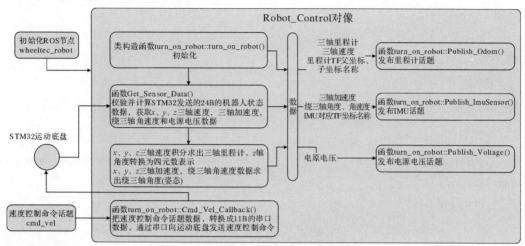

图 8-8　Robot_Control 对象工作流程图

功能包【turn_on_wheeltec_robot】编译后会生成可执行文件【wheeltec_robot_node】,运行该文件后,运行 rqt_graph 可以查看话题节点图(见图 8-9)。

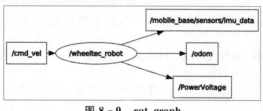

图 8-9　rqt_graph

8.2.4　base_serial. launch 文件详解

文件【base_serial. launch】为调用可执行文件【wheeltec_robot_node】的 launch 文件,其内容如下:

```
<launch>
    <! －－打开节点 wheeltec_robot,初始化串口等操作－－>
    <arg name="smoother"  default="false"/> <! －－ 是否开启速度平滑功能 －－>

    <node pkg="turn_on_wheeltec_robot" type="wheeltec_robot_node" name="wheeltec_robot" output="screen" respawn="false">
        <param name="usart_port_name"  type="string" value="/dev/wheeltec-controller"/>
        <param name="serial_baud_rate"  type="int"  value="115200"/>
        <param name="odom_frame_id"  type="string" value="odom_combined"/>
        <param name="robot_frame_id"  type="string" value="base_footprint"/>
```

```
<param name="gyro_frame_id"  type="string" value="gyro_link"/>
<!-- 如果开启了平滑功能,则订阅平滑速度 -->
<param if="$(arg smoother)"  name="cmd_vel" type="string" value="smoother_cmd_vel"/>
<param unless="$(arg smoother)" name="cmd_vel" type="string" value="cmd_vel"/>
</node>

<!-- 如果开启了速度平滑功能,则运行速度平滑功能包 -->
<include if="$(arg smoother)"
  file="$(find turn_on_wheeltec_robot)/launch/include/velocity_smoother.launch">
</include>

</launch>
```

在该 launch 文件中可以修改创建对象 Robot_Control 时设置的参数:串口名、串口波特率、速度控制命令话题名、里程计话题需要的 TF 坐标名称、IMU 话题需要的 TF 坐标名称。

同时还可以选择开启速度控制平滑功能,该功能开启后,机器人运动的起步和停止会变得更平滑,但是会降低速度控制响应速度,默认不开启速度控制平滑功能。

8.2.5 turn_on_wheeltec_robot. launch 文件详解

文件【turn_on_wheeltec_robot. launch】为 ROS 机器人底层初始化文件,所有的决策功能都会调用该文件。

该文件的主要作用是使切换不同型号的机器人变得非常方便。不同型号的机器人在机械外形和传感器(雷达、相机和 IMU)的安装位置上都有差别,这些外形和位置参数都会影响到 ROS 功能的效果(主要是建图和导航)。图 8-10 和图 8-11 所示的两款麦轮 ROS 机器人,其外形和传感器安装位置都有比较大的差别。

图 8-10 mini_mec 型号的 ROS 机器人

图 8 - 11　top_mec_EightDrive 型号的 ROS 机器人

在文件【turn_on_wheeltec_robot. launch】中使用了"car_mode"这个参数,只需要修改这一个参数为与现实对应的机器人型号,即可实现对现实机器人的适配。

在该文件内除了"car_mode"这个参数,还有其他一些参数,这些参数保持默认即可,关于这些参数的含义文件注释已经写明。

下面讲解文件【turn_on_wheeltec_robot. launch】调用的 5 个 launch 文件,图 8 - 12 为该文件调用的 5 个 launch 文件的简要说明。

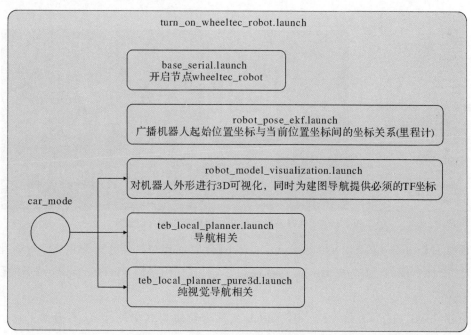

图 8 - 12　turn_on_wheeltec_robot. launch

(1)base_serial. launch。该 launch 文件默认启动,它用于开启节点"wheeltec_robot"。文件【base_serial. launch】和节点"wheeltec_robot"的作用在 8.1 节、8.2.3 节和 8.2.4 节已经讲解过,不再赘述。

（2）robot_pose_ekf. launch。该 launch 文件默认启动，它的主要作用是订阅里程计和 IMU 话题，然后广播机器人起始位置坐标与机器人当前位置坐标间的坐标关系。机器人起始位置坐标为"odom_combined"，机器人坐标为"base_footprint"，图 8-13 为机器人运动一定距离后，两坐标间的关系。注意：该关系包括位置和姿态，姿态取决于 IMU 数据，如果发现机器人的姿态不准确，可以双击机器人 STM32 控制板上的用户按键，进行姿态数据复位，如第 1 章的图 1-7 所示。

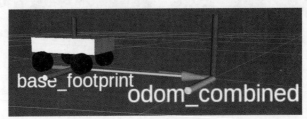

图 8-13　广播机器人位置坐标

该功能是导航功能必须使用到的。

（3）robot_model_visualization. launch。该 launch 文件默认启动，它的主要作用是对机器人外形进行 3D 可视化，同时为建图导航提供必需的 TF 坐标（如传感器、雷达、相机和 IMU 的 TF 坐标），图 8-14 框选的 TF 坐标都为建图导航必需的 TF 坐标。

该 launch 要求传入参数"car_mode"，因为不同型号的机器人的外形和传感器位置不一样。

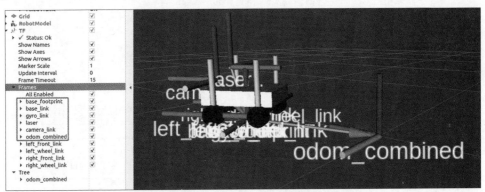

图 8-14　机器人可视化文件提供模型和 TF 坐标

查看文件【robot_model_visualization. launch】会发现其对机器人外形的 3D 可视化也是通过 urdf 文件实现的，对应的 urdf 文件存放在功能包【turn_on_wheeltec_robot】下的【urdf】文件夹。

（4）teb_local_planner. launch。该 launch 文件为导航相关文件，默认不启动。它会根据机器人型号上传相关导航参数，因此同样需要传入参数"car_mode"。

（5）teb_local_planner_pure3d. launch。该 launch 文件为纯视觉导航相关文件，与【teb_local_planner. launch】类似，默认不启动。

8.3　使用功能包【turn_on_wheeltec_robot】

接下来讲解使用虚拟机 SSH 远程登录 ROS 机器人，然后运行使用功能包【turn_on_wheeltec_robot】。

8.3.1　SSH 登录

首先进行 SSH 登录。关于 SSH 远程控制的内容，请回顾 4.4～4.6 节的内容。

8.3.2　运行功能与功能讲解

如图 8-15 所示，在 SSH 登录后的终端（wheeltec）输入以下命令，运行机器人初始化文件：

roslaunch turn_on_wheeltec_robot turn_on_wheeltec_robot. launch

小技巧：功能包输入到"turn"后可以按下"tab"键，系统会自动补全后面的命令，同样的，launch 文件输入到"turn"后可以按下"tab"键，系统会自动补全后面的命令。

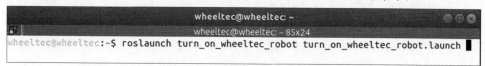

图 8-15　运行机器人初始化文件

运行成功结果如图 8-16 所示。

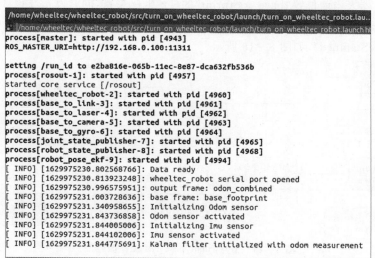

图 8-16　运行 roslaunch turn_on_wheeltec_robot. launch

然后在虚拟机本地终端（passoni）输入命令 rqt_graph 查看节点话题图，如图 8-17 所示。

注意：这里在本地终端输入命令查看节点话题图，是因为在本地终端查看更加流畅。如果是在 SSH 登录后的终端输入命令查看，相当于 SSH 服务端（机器人微型电脑）产生 rqt_graph 后再通过 Wi-Fi 传送到 SSH 客户端（虚拟机），势必会卡顿。

注意：如果 ROS 多机通信没有配置好，在本地终端是无法运行 rqt_graph 的。

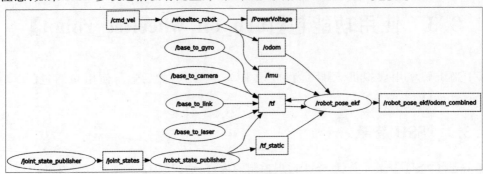

图 8 - 17　rqt_graph

下面对图 8 - 17 的节点话题图进行解释。

由 8.2.5 节可知，机器人初始化文件【roslaunch turn_on_wheeltec_robot. launch】嵌套调用了 5 个 launch 文件：【base_serial. launch】【robot_model_visualization. launch】【robot_pose_ekf. launch】【teb_local_planner. launch】和【teb_local_planner_pure3d. launch】。其中前 3 个文件是默认启动的，后 2 个文件默认不启动，只有在对应的功能下才会启动后 2 个文件。

图 8 - 17 中的节点"wheeltec_robot"是由文件【base_serial. launch】启动的。

图 8 - 17 中的节点"joint_state_publisher""robot_state_publisher"和 TF 相关的节点是由文件【robot_model_visualization. launch】启动的。

图 8 - 17 中的节点"robot_pose_ekf"是由文件【robot_pose_ekf. launch】启动的，该节点订阅话题"/odom"和"/imu"，同时监听 TF 坐标"gyro_link"（imu 对应的 TF 坐标）与机器人当前位置"base_footprint"的坐标关系，综合以上话题和 TF 信息后广播机器人初始位置"odom_combined"到机器人当前位置"base_footprint"的 TF 坐标关系，同时发布与该 TF 坐标关系对应的里程计话题"/robot_pose_ekf/odom_combined"，其话题格式为"geometry_msgs/PoseWithCovarianceStamped"，如图 8 - 18 所示。

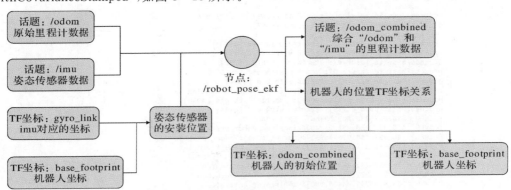

图 8 - 18　节点 robot_pose_ekf 工作流程图

8.3.3　键盘控制机器人运动

如图 8 - 19 所示，在 SSH 登录后的终端输入以下命令，启动键盘控制机器人节点：
roslaunch wheeltec_robot_rc keyboard_teleop. launch

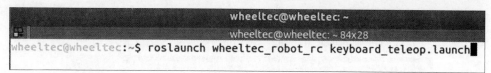

图 8 - 19　启动键盘控制机器人节点

运行结果如图 8 - 20 所示,可以看到终端有如下操作提示:

键盘上九宫格分布的按键"u""i""o""j""k""l""m"","".可以控制机器人的前进/后退和左(逆时针)旋转/右(顺时针)旋转,或者同时控制机器人前进/后退和左旋转/右旋转,"k"和空格键是急停。

按键"q""z""w""x""e""c"可以调节机器人的线速度和角速度。

按键"b"可以切换全向移动模式和普通模式,默认是普通模式,全向移动模式是把左右旋转改为左右移动,只有全向移动机器人才可以左右移动。

按下按键"Ctrl+c"可以退出功能。

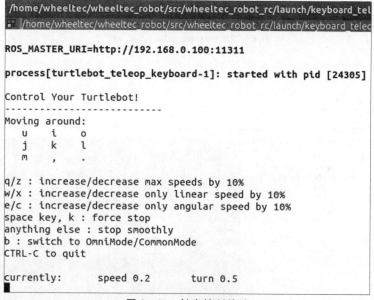

图 8 - 20　键盘控制终端

此时在键盘控制终端,按下对应的控制按键可以控制机器人进行运动。

输入命令 rqt_graph,如图 8 - 21 所示,可以看到新增了节点"/turtlebot_teleop_keyboard",该节点发布话题"/cmd_vel"给节点"wheeltec_robot"订阅。

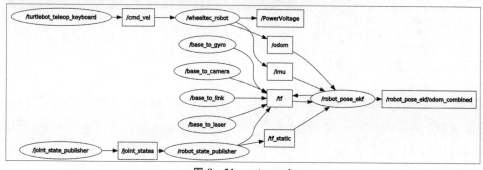

图 8 - 21　rqt_graph

在键盘控制机器人运动时,输入命令 rostopic echo /cmd_vel,查看该话题被发布的内容,图 8-22 为按下"o"控制机器人前进的同时顺时针旋转的/cmd_vel 话题内容。

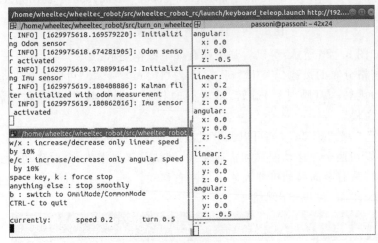

图 8 - 22   rostopic echo /cmd_vel

在 rviz 界面也可以看到机器人相对初始位置"odom_combined"的相对运动,如图 8-23 所示。

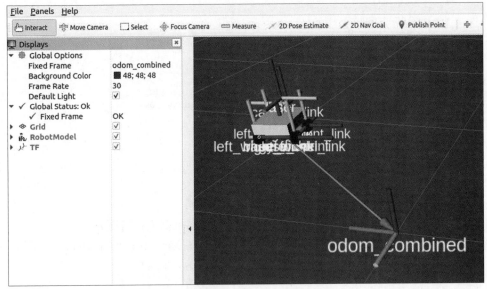

图 8 - 23   rviz

8.3.4   查看话题、TF 与 rviz

运行初始化文件后,该文件启动的节点发布的话题和广播的 TF 坐标都是可以查看的。下面主要讲解"/PowerVoltage""/odom""/imu""/robot_pose_ekf/odom_combined"这几个话题和"odom_combined""base_footprint"这两个 TF 坐标。

1./PowerVoltage

该话题非常简单，仅代表机器人的电源电压，单位为伏特（V）。可以通过命令 rostopic echo /PowerVoltage 查看，如图 8-24 所示。ROS 教育机器人系列在电源电压低于 10 V 时会禁止运动，此时代表电池电量接近零，需要充电，电池电量满时电源电压为 12.6 V。

```
passoni@passoni:~$ rostopic echo /PowerVoltage
data: 11.3830003738
---
data: 11.359000206
---
```

图 8-24　查看电源电压

2./odom

该话题为里程计原始数据话题，由对 STM32 上传的三轴速度积分得到。

输入命令 rostopic echo /odom 可以查看该话题信息，如图 8-25 所示。可以看到该话题包含以下信息：

（1）seq：话题数据帧序号。

（2）stamp：话题时间戳。

（3）frame_id：里程计的起始位置坐标名称。

（4）child_frame_id：机器人坐标名称。

（5）pose-position：机器人坐标相对起始位置坐标的位置关系。

```
---
header:
  seq: 56893
  stamp:
    secs: 1629978499
    nsecs: 132578670
  frame_id: "odom_combined"
child_frame_id: "base_footprint"
pose:
  pose:
    position:
      x: 0.505447506905
      y: -0.602783441544
      z: -3.02030348778
    orientation:
      x: 0.0
      y: 0.0
      z: -0.998161680795
      w: 0.0606074169826
  covariance: [1e-09, 0.0, 0.0, 0.0, 0.0, 0.0, 0
0, 1000000.0, 0.0, 0.0, 0.0, 0.0, 0.0, 0.0, 1000
0000.0, 0.0, 0.0, 0.0, 0.0, 0.0, 0.0, 1e-09]
twist:
  twist:
    linear:
      x: 0.0
      y: 0.0
      z: 0.0
    angular:
      x: 0.0
      y: 0.0
      z: 0.0
  covariance: [1e-09, 0.0, 0.0, 0.0, 0.0, 0.0, 0
0, 1000000.0, 0.0, 0.0, 0.0, 0.0, 0.0, 0.0, 1000
0000.0, 0.0, 0.0, 0.0, 0.0, 0.0, 0.0, 1e-09]
---
```

图 8-25　查看原始里程计信息/odom

注意：这里 z 轴数据原本是代表高度的，但是我们使用其用于存放机器人绕 z 轴旋转的角度数据，这样方便我们直观地知道机器人绕 z 轴旋转的角度，同时该机器人不会飞行，高度可以认为一直是零。

（6）pose-orientation：机器人坐标相对起始位置坐标的姿态关系，用四元数表示。

注意：这里只能代表机器人绕 z 轴旋转的角度，因为这里的里程计高度一直是零。

机器人姿态只有绕 z 轴旋转的角度时的四元数计算方法为

$x=0,y=0,z=\sin(\theta/2),W=\cos(\theta/2)$，$\theta$ 代表机器人绕轴旋转的角度，逆时针为正。

（7）pose-covariance：机器人三轴位置和三轴姿态数据的 6×6 协方差矩阵，代表机器人位姿数据的可信度。

（8）twist-linear：机器人的 x、y、z 三轴实时线速度大小。

（9）twist-angular：机器人绕 x、y、z 三轴的角速度大小。

（10）twist-covariance：机器人三轴速度和绕三轴角速度数据的 6×6 协方差矩阵，代表机器人速度和角速度数据的可信度。

3. /imu

该话题为 IMU 数据话题，数据来源为运动底盘上的姿态传感器，该传感器提供机器人的三轴加速度和绕三轴的角速度数据。

输入命令 rostopic echo /imu 可以查看该话题信息，如图 8-26 所示。可以看到该话题包含以下信息：

（1）seq：话题数据帧序号。

（2）stamp：话题时间戳。

（3）frame_id：姿态传感器（IMU）在机器人的安装位置坐标名称。

（4）orientation：机器人姿态，四元数表示。该姿态由联合加速度和角速度数据计算得到。

（5）orientation_covariance：机器人三轴姿态数据的 3×3 协方差矩阵，代表机器人姿态数据的可信度。

```
---
header:
  seq: 58
  stamp:
    secs: 1629985780
    nsecs: 972251700
  frame_id: "gyro_link"
orientation:
  x: 0.00809817388654
  y: 0.0100169014186
  z: 0.000949379638769
  w: 0.998229801655
orientation_covariance: [1000000.0, 0.0,
angular_velocity:
  x: 0.0037301601842
  y: -0.000532880018
  z: 0.000266440009
angular_velocity_covariance: [1000000.0,
linear_acceleration:
  x: -0.2733515203
  y: 0.115441672504
  z: 9.83048629761
linear_acceleration_covariance: [0.0, 0.0
---
```

图 8-26　查看 IMU 信息/imu

（6）angular_velocity：机器人绕 x、y、z 三轴的角速度大小。

（7）angular_velocity_covariance：机器人绕三轴角速度数据的 3×3 协方差矩阵，代表机器人角速度数据的可信度。

（8）linear_acceleration：机器人 x、y、z 三轴的加速度大小。

（9）linear_acceleration_covariance：机器人三轴加速度数据的 3×3 协方差矩阵，代表机器人加速度数据的可信度。

4. /robot_pose_ekf/odom_combined

该话题为节点"robot_pose_ekf"综合原始里程计数据"/odom"和 IMU 数据"/imu"后，计算得到的更准确的里程计数据。

输入命令 rostopic echo /robot_pose_ekf/odom_combined 可以查看该话题信息，如图 8-27 所示。可以看到该话题包含以下信息：

（1）seq：话题数据帧序号。

（2）stamp：话题时间戳。

（3）frame_id：里程计的起始位置坐标名称。

（4）position：纠正后的位置数据。

注意：这里 z 轴数据代表高度。

（5）orientation：姿态数据，四元数表示。

注意：这里包含三轴姿态数据。

（6）covariance：机器人三轴位置和三轴姿态数据的 6×6 协方差矩阵，代表机器人位姿数据的可信度。

```
---
header:
  seq: 31802
  stamp:
    secs: 1629987373
    nsecs: 739910565
  frame_id: "odom_combined"
pose:
  pose:
    position:
      x: 0.0
      y: 0.0
      z: 0.0
    orientation:
      x: 0.0108996561736
      y: 0.0132125643233
      z: -0.000144033539214
      w: 0.999853291685
  covariance: [0.0, 0.0, 0.0, 0.0, 0.0,
 0.0, 0.0, 0.0, 31803000000.0, 0.0, 0.0,
, 0.0, 0.0, 0.0, 0.0, 2495.353051713784,
---
```

图 8-27　查看 robot_pose_ekf 发布的里程计数据

5.TF 坐标

“odom_combined”和“base_footprint”这两个 TF 坐标的关系是由节点“robot_pose_ekf”发布的，其关系与话题“/odom_combined”的位姿数据一致，可以运行命令 rosrun tf tf_echo odom_combined base_footprint 查看两者坐标关系，如图 8 - 28 所示。与话题“/odom_combined”的位姿数据进行对比，可以发现两者数据是一样的。

```
passoni@passoni:~$ rosrun tf tf_echo odom_combined base_footprint
At time 1629990786.091
- Translation: [-0.000, -0.000, 0.000]
- Rotation: in Quaternion [0.011, 0.013, -0.078, 0.997]
            in RPY (radian) [0.020, 0.028, -0.155]
            in RPY (degree) [1.172, 1.622, -8.895]
At time 1629990786.241
- Translation: [-0.000, -0.000, 0.000]
- Rotation: in Quaternion [0.011, 0.013, -0.078, 0.997]
            in RPY (radian) [0.020, 0.028, -0.155]
            in RPY (degree) [1.174, 1.619, -8.895]
At time 1629990787.242
- Translation: [-0.000, -0.000, 0.000]
- Rotation: in Quaternion [0.011, 0.013, -0.078, 0.997]
            in RPY (radian) [0.020, 0.028, -0.155]
            in RPY (degree) [1.172, 1.613, -8.895]
```

图 8 - 28　查看 TF 坐标关系

8.3.5　命令行发布话题控制机器人运动

5.5.4 节演示了使用命令 rostopic pub 话题名 数据内容发布话题，使小海龟进行运动，ROS 机器人在 ROS 中也是通过话题命令来进行控制的，因此也可以使用命令行发布话题控制机器人运动。

在运行机器人初始化文件后，输入命令 rostopic pub -r 10 /cmd_vel，然后按下两次 tab 键，如图 8 - 29 所示。

```
passoni@passoni: ~
passoni@passoni: ~ 80x24
passoni@passoni:~$ rostopic pub -r 10 /cmd_vel geometry_msgs/Twist "linear:
  x: 0.0
  y: 0.0
  z: 0.0
angular:
  x: 0.0
  y: 0.0
  z: 0.0"
```

图 8 - 29　命令行发布速度控制命令话题

修改 linear - x 的值为 0.2、angular - z 的值为 0.5，如图 8 - 30 所示，然后按下回车键，可以看到 ROS 机器人会进行圆周运动。如果要机器人停止，则需要重新发布速度为 0 的速度控制命令话题。

```
passoni@passoni: ~
passoni@passoni: ~ 80x24
passoni@passoni:~$ rostopic pub -r 10 /cmd_vel geometry_msgs/Twist "linear:
  x: 0.2
  y: 0.0
  z: 0.0
angular:
  x: 0.0
  y: 0.0
  z: 0.5"
```

图 8 - 30　发布话题控制机器人

注意：如果 ROS 多机通信配置不正确，在虚拟机(passnoi)终端是无法发布话题控制机器人的。同时需要注意，发布话题控制机器人时不能开启键盘控制机器人节点。

【课程思政教育案例】

一位科学家的爱国情怀

康继昌，我国著名的计算机专家，主持研制了我国第一台航空机载火控计算机，为我国教育事业、国防事业和现代化建设均做出了巨大贡献。

1930 年，康继昌诞生于上海市的一个书香门弟，其父辈四人皆出国留学。新中国诞生不久朝鲜战争爆发，1951 年大学一毕业，血气方刚的康继昌便义无反顾地加入"抗美援朝保家卫国"的行列，他以壮怀激烈的报国热情积极地投身到救国救民的历史大潮中。

康继昌教授参加抗美援朝志愿军时的照片

据康老家人回忆，当时的康老因熟练掌握电子计算机相关专业特长，参军后被分配做电器维修工作。在那段艰辛岁月里，康老亲身感受到了敌我双方的军备武器悬殊，科技报国之志深埋心中。"近代以来，中国人民遭受的苦难太深重了。因此，每一个真正的中华儿女，对于国家的独立、主权和领土完整都怀有强烈的感情。正是饱受帝国主义的侵略形成了我炽热的爱国情怀。"这是康继昌发自肺腑之言，他是这样想的，也是这样践行的。

第9章 ROS 机器人的同步定位与建图

在接下来的第 9 章和第 10 章将讲解 ROS 机器人的同步定位、建图与自主导航。同步定位是建图与自主导航的前提，而自主导航分为在已知地图下导航和在未知地图下导航，本书讲解的是在已知地图的导航，那么就需要先进行地图的建立。因此本书先在本章对机器人的同步定位与建图进行讲解，然后在第 10 章再进行自主导航（以下简称为"导航"）的讲解。

9.1 同步定位与建图基本概念

同步定位与建图（以下简称为"建图"）的过程就是机器人在运动中不断记录环境信息的过程。那么就要求机器人有感知环境信息和定位的能力，从而把机器人在不同位置下感知到的环境信息拼接在一起形成一张完整的地图。

9.1.1 感知环境信息的能力

以使用单线激光雷达进行环境的感知为例，单线激光雷达可以扫描到其周围一定范围内的物体，并返回一系列扫描点信息，其包含扫描点相对激光雷达的角度、距离信息。

以镭神智能 M10 单线激光雷达为例，其功能包为【lsm10_v2】，运行命令 roslaunch lsm10_v2. launch 可以启动雷达，其发布的雷达扫描点信息话题为"/scan"，话题数据格式为"sensor_msgs/LaserScan"。

再运行机器人初始化节点，提供 TF 坐标"laser"，"/scan"话题需要附着在 TF 坐标上才可以进行 3D 可视化。

然后运行 rviz，并添加"LaserScan"可视化选项，设置"Topic"为"/scan"，如图 9 - 1 所示，可以看到扫描点即为雷达扫描到的环境信息。

9.1.2 机器人定位的能力

第 8 章提到的"robot_pose_ekf"功能包就提供了机器人定位的功能，同时建图和导航都会使用雷达信息对机器人定位做进一步的修正。

建图和导航中地图起点的坐标为"map"，即在建图和导航中"map"到"base_footprint"的坐标关系代表机器人在地图中的位置。细心的读者可能会发现此时机器人的定位 TF 坐标分为了两段——"map"到"odom_combined"再到"base_footprint"。

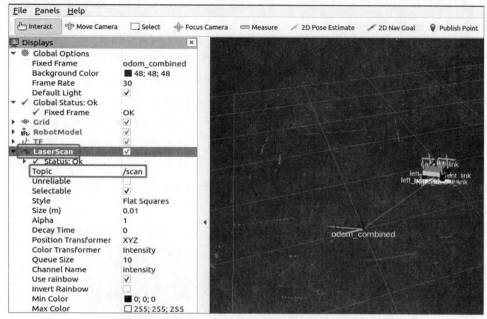

图 9 - 1　雷达感知环境

其中"odom_combined"到"base_footprint"这段依然是由"robot_pose_ekf"节点根据里程计、IMU 信息发布的,称为里程计坐标,而"map"到"odom_combined"这段是由建图/导航功能根据雷达信息发布的,称为定位补偿坐标。

为什么会分成两段呢? 这是因为里程计和 IMU 数据也是会有误差的,而且这个误差会随时间逐渐累加,使里程计坐标的准确性越来越差。"map"到"odom_combined"这段定位补偿坐标就是用来补偿前者坐标关系的误差的,雷达信息是没有累积误差的,每一帧数据都反映当前环境的实际情况。

图 9 - 2 展示了"map"到"odom_combined"再到"base_footprint"的坐标关系。如果里程计和 IMU 数据完全没有误差,那么"odom_combined"坐标与"map"坐标会是重合的状态。

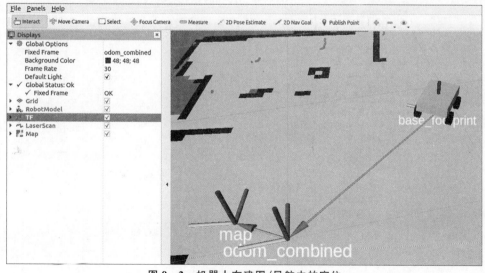

图 9 - 2　机器人在建图/导航中的定位

9.1.3 地图话题

机器人有了感知环境和定位的能力后,就可以进行建图了,那么地图在 ROS 中是如何描述的呢? 使用单线雷达创建的地图为 2D 地图,可以使用类似图片的形式表达。

建图过程中,建图节点会发布地图话题。图 9-3 中的黑色、白色和暗绿色的"地面"为在 rviz 中对 ROS 地图话题的可视化。

(1)黑色部分:占用(Occupancy)区域,为雷达扫描到的物体轮廓,在导航中是机器人需要避开的障碍物;

(2)白色部分:自由(free)区域,是雷达扫描过的确认没有物体的区域,代表在导航时机器人可以在该区域内运动。

(3)暗绿色:未知(unknow)区域,是预创建的地图,但是为雷达未扫描到的区域。

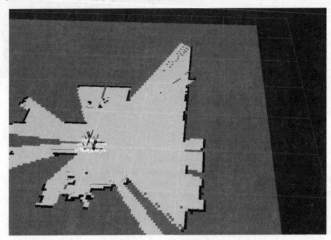

图 9-3 方格地图

地图的话题数据格式为"nav_msgs/OccupancyGrid",如图 9-4 所示。

```
passoni@passoni:~$ rosmsg info nav_msgs/OccupancyGrid
std_msgs/Header header
  uint32 seq
  time stamp
  string frame_id
nav_msgs/MapMetaData info
  time map_load_time
  float32 resolution
  uint32 width
  uint32 height
  geometry_msgs/Pose origin
    geometry_msgs/Point position
      float64 x
      float64 y
      float64 z
    geometry_msgs/Quaternion orientation
      float64 x
      float64 y
      float64 z
      float64 w
int8[] data
```

图 9-4 地图话题数据格式

(1)seq:话题数据帧序号。

(2)stamp:话题时间戳。

(3)frame_id:地图的 TF 参考坐标系。

(4)map_load_time:地图加载时间。

(5)resolution:地图分辨率,代表地图每一个方格的大小,单位:m。

(6)width:地图宽度,单位:分辨率。

(7)height:地图长度,单位:分辨率。

(8)origin-position:地图右下角相对 frame_id 的位置,单位:m。

(8)origin-orientation:地图方向,四元数表示,一般为[0,0,0,1]。

(10)data:地图数据,地图话题最重要的信息。

data 为 width * height 大小的整型数组,数组内每一个数字代表每一个地图方格的颜色(灰度),数值范围为[−1,100]。"−1"代表未知区域,"0"代表自由区域,"100"代表完全占用区域。数值 0~100,0 为白色,100 为黑色,数值越大颜色越黑。在建图时数值只有"−1""0"和"100"三种情况,1~99 代表占用程度,导航时会根据地图的占用程度进行避障。

由于地图话题数据包含大型数组,所以使用 rostopic echo 话题名命令是无法完全显示话题数据的。笔者在【ros_practice】功能包的文件夹【scripts】下提供了文件【write_map.py】,该文件可以读取地图话题数据并写入指定 txt 文件内。建议读者在学习本章和第 10 章的内容后再进行使用。

9.1.4 保存地图、地图文件结构以及读取地图

建图过程中建图节点会发布地图话题,那么如何把地图话题保存为地图文件,如何读取地图文件发布地图话题用于导航,以及地图文件的结构是怎样的呢?

本书的资料包内已经提供了保存地图的功能包源码,位于【第 8~9 章 ROS 机器人\ROS 机器人 ROS 源码\src\navigation-melodic\map_server】内。

1. 保存地图

读取地图话题,保存为地图文件的命令如下:

rosrun map_server map_saver -f 目标路径/地图文件名

读取地图话题,保存为地图文件的 launch 文件写法如下:

```
<launch>
<node pkg="map_server" type="map_saver" name="map_saver" args="-f 目标路径/地图文件名" output="screen">
</node>
</launch>
```

默认读取的地图话题名为"/map"。运行保存地图命令后,地图话题数据会被保存到两个文件——【地图文件名.pgm】和【地图文件名.yaml】。

【地图文件名.pgm】是一张灰度图片,里面包含了 pgm 图片的格式类型信息,一般为"P5"、地图的分辨率、地图的长宽、图片的灰度值范围,以及最重要的地图数据。

需要注意的是,pgm 图片的灰度值范围为[0,255],数值越大颜色越白,刚好与地图话题数据的[0,100]反值归一对应。

【地图文件名.yaml】是地图文件的描述文件。下面以实际文件内容进行讲解。

♯地图文件路径

image：地图路径/地图文件名.pgm

♯地图分辨率，每像素代表 0.05 m

resolution：0.050000

♯地图右下角坐标值，修改该值可以改变地图原点

origin：[-12.200000，-13.800000，0.000000]

♯大于该值认为是占用的，0～1 对应图片灰度值 0～255，rviz 内表现为黑色障碍

occupied_thresh：0.65

♯小于该值认为是自由的，0～1 对应图片灰度值 0～255，rviz 内表现为白色自由空间

free_thresh：0.196

♯占用/自由的判断是否取反，例如 negate 为 1 时，小于 0.65 认为是占用的，大于 0.196 认为是自由的

negate：0

2.读取地图

读取地图发布地图话题的命令如下：

rosrun map_serve map_server 地图路径/地图文件名.yaml

保存地图文件的 launch 文件写法如下：

<node name="map_server" pkg="map_server" type="map_server" args="地图路径/地图文件名.yaml">

</node>

默认发布的地图话题名为"/map"。

9.1.5 小结

以上为 ROS 机器人建图的基本概念，导航与建图是密切相关的，因此以上概念在导航时也会应用到。接下来的 9.2～9.5 节将会介绍不同建图算法的建图节点是如何工作的。

9.2 Gmapping 建图算法功能包

Gmapping 是常用的开源建图算法，它的工作过程如图 9-5 所示。它的输入信息包括雷达信息话题和里程计信息（odom_combined 到 base_footprint），对这些输入信息处理后即发布地图话题，同时对机器人在地图中的定位进行纠正。

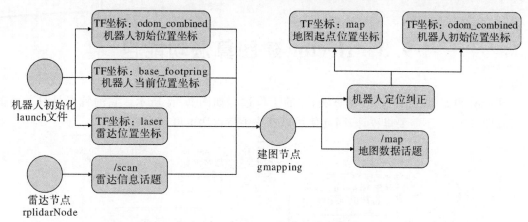

图9-5　Gmapping节点工作流程图

图9-6为在ROS机器人实际运行gmapping建图后查看的TF树。可以看到"robot_pose_ekf"节点广播了"odom_combined"到"base_footprint"的里程计坐标;"slam_gmapping"节点广播了"map"到"odom_combined"的定位补偿坐标,这段坐标关系的作用就是9.1.2节所说的补偿定位累积误差。

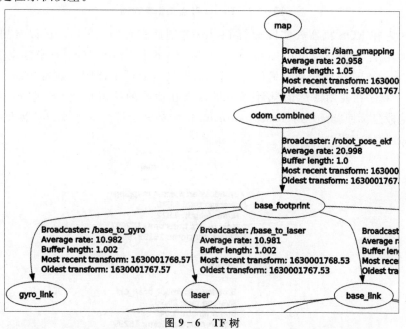

图9-6　TF树

Gmapping建图算法的优点是同时使用了雷达和里程计坐标信息,鲁棒性高,对雷达扫描频率要求低;缺点是不适合构建大地图,同时在回环闭合时可能会发生地图错位。

Gmapping建图功能包的安装命令为如下:

sudo apt-get install ros-melodic-slam-gmapping *

Apt安装的功能包是无法查看算法源码的,但是可以到github上进行查看。

Gmapping的github:https://github.com/ros-perception/slam_gmapping。

Gmapping的roswiki:http://wiki.ros.org/gmapping/。

9.3 Hector 建图算法功能包

Hector 也是常用的开源建图算法,它的工作过程如图 9-7 所示。它的特点是只需要雷达信息即可建图,不需要里程计,因此使用该算法手持雷达也可以完成建图。

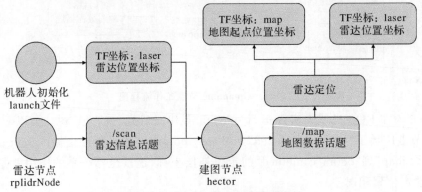

图 9-7 Hector 节点工作流程图

图 9-8 为在 ROS 机器人实际运行 hector 建图后查看的 TF 树。可以看到它与 gmapping 类似,使用了"map 到"odom_combined"再到"base_footprint"的 TF 坐标定位结构,但是这并不是说 hector 算法使用到了里程计信息,这里只是遵循了建图导航常规的 TF 坐标定位结构。hector 算法在使用雷达信息计算出机器人在地图的位置后,会通过"map"到"odom_combined"这段坐标使"map"到"base_footprint"的坐标完全符合其计算的机器人位置,相当于里程计坐标置信度为零。

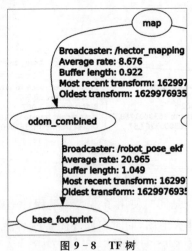

图 9-8 TF 树

Hector 算法的优点就是不需要里程计,可以手持雷达建图;缺点是鲁棒性较低,因为只有一个定位信息(雷达)输入,在快速转向时地图容易错位。

Hector 建图功能包的安装命令如下:

sudo apt-get install qt4-default ♯需要安装的依赖

sudo apt-get install ros-melodic-hector *

Apt 安装的功能包是无法查看算法源码的，但是可以到 github 上进行查看。

Hector 的 github：https：//github. com/tu-darmstadt-ros-pkg/hector_slam。

Hector 的 roswiki：http：//wiki. ros. org/hector_slam。

9.4　Cartographer 建图算法功能包

Cartographer 也是常用的开源建图算法，它的工作过程如图 9 - 9 所示。Cartographer 订阅里程计信息话题和雷达信息话题，然后发布地图数据话题。同时 Cartographer 自身广播了定位补偿坐标和里程计坐标，即 Cartographer 独自完成了机器人在地图中的定位，没有使用到"robot_pose_ekf"节点。

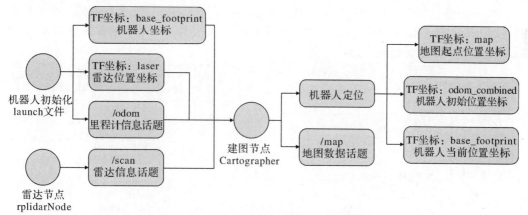

图 9 - 9　Cartographer 节点工作流程图

图 9 - 10 为 ROS 机器人实际运行 Cartographer 建图后查看的 TF 树。可以看到 Cartographer 自身广播了定位补偿坐标和里程计坐标。

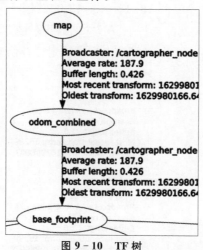

图 9 - 10　TF 树

Cartographer 建图算法与 Gmapping 相比优点在于可以建立大地图，但是其需要的算力更大，以及 Cartographer 不需要额外开启节点"robot_pose_ekf"发布里程计坐标，其自身即可广播里程计坐标。

Cartographer 建图功能包的安装命令如下：

sudo apt-get install ros-melodic-cartographer *

要使用 Cartographer 建图还要进行一系列配置，具体配置教程在本书资料包下已经提供。

Apt 安装的功能包是无法查看算法源码的，但是可以到 github 上进行查看。

Cartographer 的 github：https://github.com/cartographer-project/cartographer。

Cartographer 的 roswiki：http://wiki.ros.org/cartographer。

9.5　Karto 建图算法功能包

Karto 也是常用的开源建图算法，它的工作过程如图 9-11 所示。Karto 的工作过程需要的信息和输出的信息与 Gmapping 一样，但是其内部算法与 Gmapping 有区别，Karto 相比 Gmapping 更适合建立大地图。

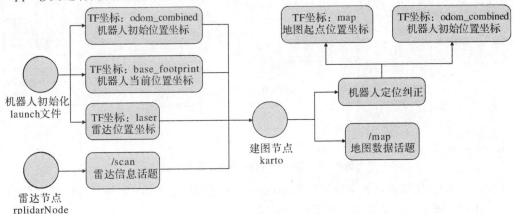

图 9-11　Karto 节点工作流程图

图 9-12 为在 ROS 机器人实际运行 Karto 建图后查看的 TF 树。可以看到"robot_pose_ekf"节点广播了里程计坐标，"slam_karto"节点广播了定位补偿坐标。

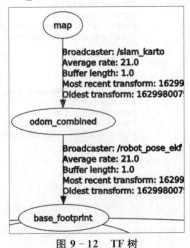

图 9-12　TF 树

在实现效果方面，Karto 相比 Gmapping 的优点就是可以建立大地图。

Karto 建图功能包的安装命令如下：

sudo apt-get install ros-melodic—slam-karto *

Apt 安装的功能包是无法查看算法源码的，但是可以到 github 上进行查看。

Karto 的 github：https://github.com/ros-perception/slam_karto。

Karto 的 roswiki：http://wiki.ros.org/slam_karto。

9.6　使用 ROS 机器人进行建图

下面讲解使用虚拟机远程控制 ROS 机器人进行建图的操作流程，关于网络通信配置、ROS 多机通信配置的注意事项这里不再赘述，读者可以回顾 4.4 节、4.5 节、4.6 节、5.4.6 节和 8.3 节。

9.6.1　建图 launch 文件讲解

输入命令 sudo mount -t nfs 192.168.0.100:/home/wheeltec/wheeltec_robot /mnt 后，可以在虚拟机的【/mnt】文件夹下查看和修改机器人微型电脑上 ROS 工作空间【wheeltec_robot】的内容。

建图的 launch 文件为功能包【turn_on_wheeltec_robot】下的【launch/mapping.launch】。

在运行该 launch 文件前，可以在该文件内切换建图算法，如图 9-13 所示，只需要把 arg 参数 "mapping_mode" 的 "default" 修改为对应的建图算法名称即可。

```
<launch>
  <arg name="mapping_mode" default="gmapping" doc="opt:
gmapping,hector,cartographer,karto"/>
```

图 9-13　切换建图算法

图 9-14 为建图 launch 文件【mapping.launch】工作内容的简单说明。

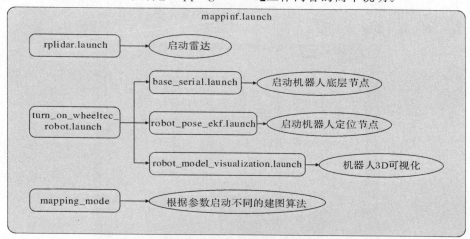

图 9-14　mapping.launch

注：远程查看修改机器人微型电脑上的文件教程见 4.8 节。

9.6.2 运行建图 launch 文件

在 SSH 登录后的终端输入以下命令运行建图的 launch 文件：

roslaunch turn_on_wheeltec_robot mapping. launch

9.6.3 配置 rviz 查看建图效果

在虚拟机终端运行 rviz 后，如图 9－15 所示，配置 rviz 的可视化选项"LaserScan"和"Map"，其中可视化选项"LaserScan"的话题设置为"/scan"，可视化选项"Map"的话题设置为"/map"，如何设置话题可以回顾 7.6.4 节和 9.1.1 节。

配置完成可以看到建图效果。此时控制机器人运动可以不断扩大地图，控制机器人运动可以使用键盘控制、手机 APP 遥控、PS2 手柄控制等。注意：ROS 端的控制优先级是高于 APP、PS2 手柄等控制的。

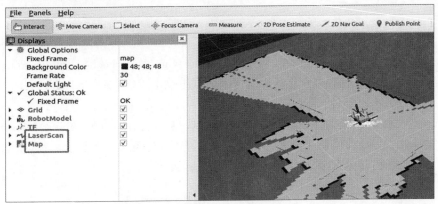

图 9－15　rviz

下面展示 4 种建图算法在面积约 88 m² 的房间内的建图效果，一般来说，机器人的运动速度越慢，建图效果就会越好。

（1）Gmapping。图 9－16 为 Gmapping 建图算法的效果，建图过程中机器人的运动线速度为 0.5m/s，运动角速度为 1.570 8 rad/s。

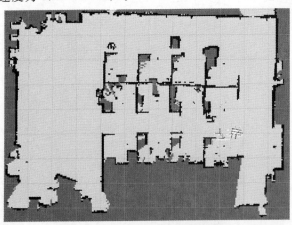

图 9－16　Gmapping 建图效果

（2）Hector。图 9 - 17 为 Hector 建图算法的效果，建图过程中机器人的运动线速度为 0.25 m/s，运动角速度为 0.785 4 rad/s。因为 Hector 算法的鲁棒性不如 Gmapping 算法，所以运动速度调慢了 50%。

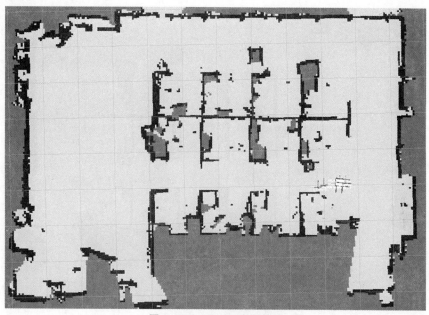

图 9 - 17　Hector 建图效果

（3）Cartographer。图 9 - 18 为 Cartographer 建图算法的效果，建图过程中机器人的运动线速度为 0.5 m/s，运动角速度为 1.570 8 rad/s。Cartographer 的地图在刚开始是灰红色的，其地图是在运动过程中逐渐完善的，确认的地图会如图 9 - 18 所示，白色为自由区域，黑色为占用区域。

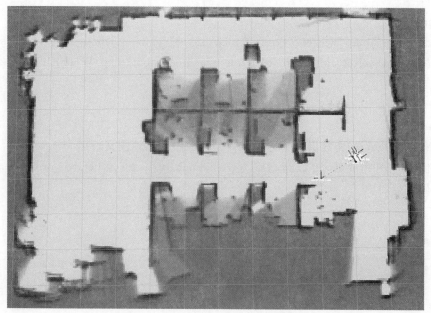

图 9 - 18　Cartographe 建图效果

（4）Karto。图 9 - 19 为 Karto 建图算法的效果，建图过程中机器人的运动线速度为 0.5 m/s，运动角速度为 1.570 8 rad/s。Karto 的地图刷新比较慢，只有在机器人移动和旋转一段距离后才会刷新。

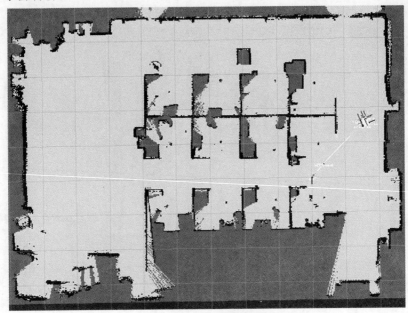

图 9 - 19　Karto 建图效果

9.6.4　保存地图

功能包【turn_on_wheeltec_robot】提供了保存地图的 launch 文件，在【map】文件夹下，其内容如下：

```
<launch>
<node pkg="map_server" type="map_saver" name="map_saver1" args="-f /
home/wheeltec/wheeltec_robot/src/turn_on_wheeltec_robot/map/WHEELTEC" output="
screen">
</node>
</launch>
```

可以看到该 launch 文件指定了地图文件的存放路径和地图文件名。

读者们在建图完成后，可以运行命令 roslaunch turn_on_wheeltec_robot map_saver.launch 来保存地图。

第 10 章　ROS 机器人的自主导航

10.1　概　　述

自主导航,就是在一张已知地图内,机器人在 A 点,我们指定一个目标点 B 点,机器人可以自动规划路径从 A 点前往 B 点,规划的路径会避开地图内已知的物体,同时对前往目标点过程中突然出现的动态障碍物也可以动态地避开,如图 10-1 所示。

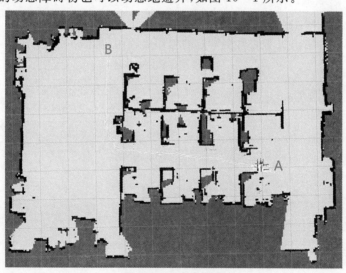

图 10-1　自主导航

综上所述,可以得出一个机器人要进行自主导航的四个要点。

10.1.1　定位能力

只有拥有定位能力,才能知道机器人现在在哪里,目标点在哪里,然后才能决定如何前往目标点。

10.1.2　地图

本章讨论的是在已知地图内的导航,一张已知的地图可以让机器人提前规划好前往目标点的路径。这里已知的地图称为"全局地图",提前规划路径的行为称为"全局路径规划"。

10.1.3 雷达

雷达为机器人的动态避障提供信息。动态避障其实就是利用雷达提供的雷达扫描信息建立一个新的小型地图,在该小型地图内再进行路径规划。这里的小型地图称为"局部地图",路径再规划行为称为"局部路径规划"。

10.1.4 路径规划器

路径规划器就是根据地图信息(全局和局部地图)规划路径,并发布速度话题控制命令,使机器人按照规划的路径进行运动。

路径规划器分为"全局路径规划器"和"局部路径规划器",对应负责前面所说的"全局路径规划"和"局部路径规划"。

其中"全局路径规划"的信息输出给"局部路径规划器",最后由"局部路径规划器"根据"局部路径规划"结果发布速度话题控制命令。

10.1.5 小结

综上所述,可以总结出机器人自主导航的工作流程图,如图 10-2 所示。

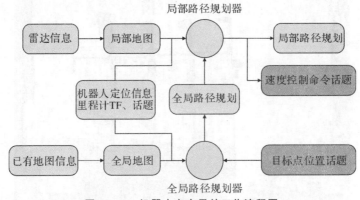

图 10-2 机器人自主导航工作流程图

10.2 ROS 自主导航功能包集与导航框架

ROS 提供了自主导航的功能包集【navigation】,我们只需要配置相关参数使其接收到我们提供的定位信息、地图、雷达信息,并配置其提供的路径规划相关参数,即可使 ROS 机器人完成自主导航任务。

本书的资料包内已经提供了功能包集【navigation】的源码,位于【第 8~9 章 ROS 机器人\ROS 机器人 ROS 源码】内。

Navigation 官方介绍:http://wiki.ros.org/navigation/Tutorials。

Navigation 官方讲解:http://wiki.ros.org/navigation/Tutorials/RobotSetup。

Navigation 功能包源码（Melodic 版本）：https://github.com/ros-planning/navigation/tree/melodic-devel。

10.2.1　功能包内容

图 10 - 3 为【navigation】功能包集包含的内容。

图 10 - 3　【navigation】功能包集

10.2.2　ROS 机器人中的导航框架

接下来讲解功能包集【navigation】是如何在 ROS 机器人中工作实现控制自主导航的。

图 10 - 4 为 ROS 机器人的自主导航工作过程，也即导航框架。

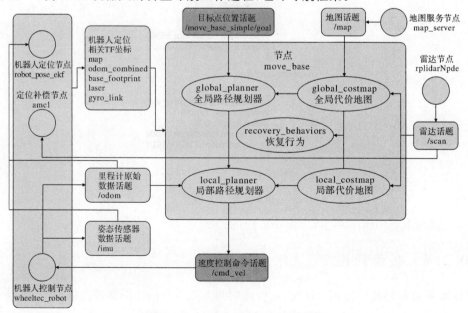

图 10 - 4　ROS 机器人中的导航框架

图 10-4 所示的大部分内容,经过前面的学习相信大家都能够理解了,下面讲解其中之前没讲过的部分。

move_base 官方介绍:http://wiki.ros.org/move_base。

10.2.3 Amcl

图 10-4 左边的定位补偿节点的作用就是综合雷达信息,对里程计坐标的累计误差进行补偿,其工作流程与 gmapping 类似,只是 amcl 没有发布地图数据话题,如图 10-5 所示。

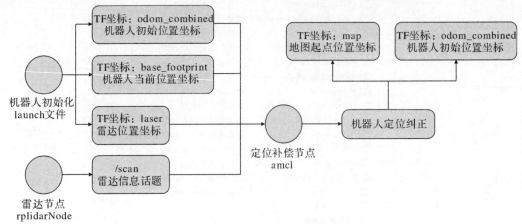

图 10-5 amcl 节点工作流程图

图 10-6 为在 ROS 机器人实际运行自主导航功能后查看的 TF 树。可以看到"robot_pose_ekf"节点广播了里程计坐标,"amcl"节点广播了定位补偿坐标。

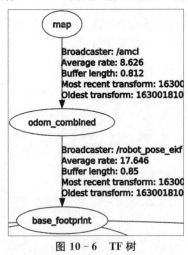

图 10-6 TF 树

Amcl 官方介绍:http://wiki.ros.org/amcl。

10.2.4 代价地图

代价地图是在导航中使用的地图,代价地图与 9.1.3 节的地图话题数据类似,可以大致分为未知、自由和占用三种情况,只是代价地图每个方格值的范围为 [0,254],该值称为代价值

（注意：代价地图表现为地图话题数据格式"nav_msgs/OccupancyGrid"时，范围[0，254]会被归一化为[0，100]）。

在图 10-4 中可以看到全局代价地图的数据输入除了已知地图的话题数据外，还有雷达信息话题，这是因为【navigation】可以使用雷达数据更新全局代价地图，以做出更好的全局路径规划。

代价地图对于方格的占用程度分为 0～254，总共 255 个等级，数值越大代表占用程度越高，导航路径会越远离该方格。建图生成地图的已知方格是只有自由和完全占用两种情况的，对建图生成的地图进行"膨胀"处理即可得到代价地图。

图 10-7 为代价地图的生成过程，首先根据地图话题生成静态层地图，根据雷达话题生成障碍层地图，静态层地图和障碍层地图的方格都是只有自由和完全占用两种情况，然后根据机器人外形、膨胀半径、膨胀斜率参数对静态层地图和障碍层地图进行膨胀与合并以生成膨胀层地图，膨胀层地图即导航使用的代价地图，最后也会把代价地图转化为话题发布，使用 rviz 可以对其进行可视化。

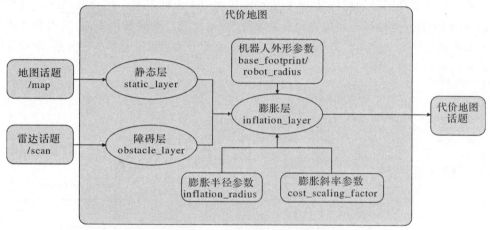

图 10-7　代价地图的生成过程

图 10-8 为地图话题"/map"和雷达话题"/scan"在 rviz 的可视化。

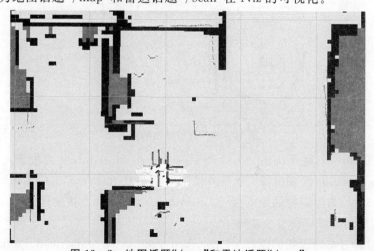

图 10-8　地图话题"/map"和雷达话题"/scan"

图 10-9 为对地图话题"/map"（静态层）和雷达话题"/scan"（障碍层）进行膨胀后生成的代价地图，路径规划会根据代价地图进行生成。

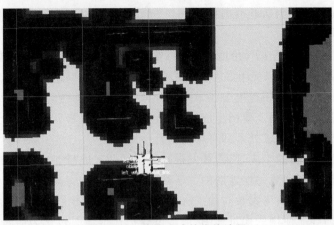

图 10 - 9　膨胀生成的代价地图

　　下面讲解代价地图是如何膨胀的。图 10 - 10 为 ROS 官方关于代价地图膨胀过程的图解。图 10 - 10 上方坐标系的纵轴代表方格的值,横轴代表与障碍物的距离,这里的障碍物指静态层和障碍层中完全占用的方格。图 10 - 10 下方的五边形代表机器人的外形,图中标出了该外形的内接圆和外接圆。

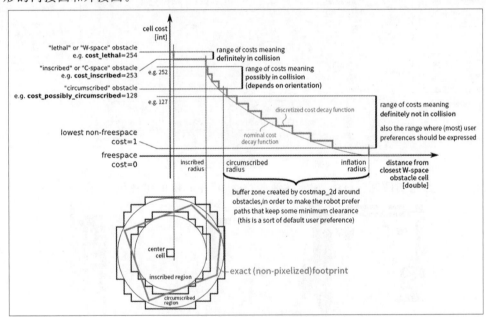

图 10 - 10　代价地图的膨胀

　　可以看到图 10 - 10 将代价值分为 4 个阶段,inscribed_radius 代表机器人外形内接圆半径,circumscribed_radius 代表机器人外形外接圆半径,inflation_radius 代表膨胀半径。

　　(1)[254,253]:与障碍物的距离为[0,inscribed_radius]的方格的代价值。机器人如果位于这种方格,肯定会与障碍物发生碰撞。

　　(2)[252,128]:与障碍物的距离为(inscribed_radius,circumscribed_radius]的方格的代价值。机器人如果位于这种方格,有可能会与障碍物发生碰撞。

　　(3)[127,1]:与障碍物的距离为(circumscribed_radius,inflation_radius]的方格的代价

值。机器人如果位于这种方格,不会与障碍物发生碰撞,但是机器人会避免进入该方格,因此膨胀半径参数的设置会影响自主导航的路径规划。

(4)0:与障碍物的距离为(inflation_radius,$+\infty$]的方格的代价值,代表自由区域。

前面图 10 - 7 所示的影响膨胀层的参数,除了机器人外形参数、膨胀半径参数,还有膨胀斜率参数 cost_scaling_factor。膨胀斜率参数的作用如图 10 - 11 所示(夸张表达),影响的是从机器人内接圆半径到膨胀半径,代价值下降的速率。

障碍物距离(distance)从机器人内接圆半径到膨胀半径的代价值的计算公式为

$$cost = e^{-\,cost\_scaling\_factor\,*\,(distance-inscribed\_radius)} * (254-1) \tag{10.2.1}$$

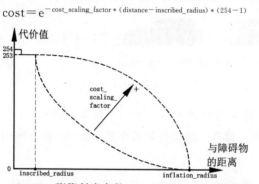

10 - 11　膨胀斜率参数 cost_scaling_factor 的作用

关于代价地图的障碍层,除了"obstacle layer"外还可以设置为"voxel_layer"。"obstacle layer"是 2D 的障碍层;"voxel_layer"是 3D 的障碍层,继承了"obstacle layer"的所有功能,但是可以进行 3D 显示。读者有兴趣的话,可以探索一下 3D 的障碍层用法。

代价地图官方介绍:http://wiki.ros.org/costmap_2d。

静态层官方介绍:http://wiki.ros.org/costmap_2d/hydro/staticmap。

障碍层官方介绍:http://wiki.ros.org/costmap_2d/hydro/obstacles。

膨胀层官方介绍:http://wiki.ros.org/costmap_2d/hydro/inflation。

10.2.5　路径规划器

下面对路径规划器的设置和常见的几种路径规划器进行简单的说明。

全局路径规划器的设置是通过对参数"base_global_planner"的设置实现的,局部路径规划器的设置则是通过对参数"base_local_planner"的设置实现的。

表 10 - 1 为常见路径规划器的设置名称。

10 - 1　常见路径规划器的设置名称

参数	路径规划器的设置名称
base_global_planner	carrot_planner/CarrotPlanner
	navfn/NavfnROS
	global_planner/GlobalPlanner
base_local_planner	nav core BaseLocalPlanner
	dwa_local_planner/DWAPlannerROS
	teb_local_planner/TebLocalPlannerROS

1. CarrotPlanner

CarrotPlanner 是一个简单的全局路径规划器。它在获取目标点位置后,首先判断目标点是否在障碍物中,如果是,它沿着目标点和机器人之间的向量往回走,直到找到一个不在障碍物中的目标点,然后它将这个目标点作为路径规划传递给局部规划器,即该全局规划器不作任何路径规划,使用该规划器唯一的优点是可以把目标点设置在障碍物内。

CarrotPlanner 官方介绍:http://wiki.ros.org/carrot_planner。

2. Navfn

Navfn 全局路径规划器使用 Dijkstra 算法进行全局路径规划。

Navfn 官方介绍:http://wiki.ros.org/navfn。

3. GlobalPlanner

GlobalPlanner 全局路径规划器为 Navfn 的优化版,同时添加了可选 A * 算法的功能。可以看到 GlobalPlanner 为三种全局路径规划器中最好的,一般都使用 GlobalPlanner 进行全局路径规划。

GlobalPlanner 官方介绍:http://wiki.ros.org/global_planner。

4. BaseLocalPlanner

BaseLocalPlanner 局部路径规划器实现了 Trajectory Rollout 和 DWA 两种局部规划算法。

BaseLocalPlanner 官方介绍:http://wiki.ros.org/base_local_planner。

5. DWAPlanner

DWAPlanner 局部路径规划器为 BaseLocalPlanner 的优化版。

DWAPlanner 官方介绍:http://wiki.ros.org/dwa_local_planner。

6. TebLocalPlanner

TebLocalPlanner 局部路径规划器使用 Timed Elastic Band 方法进行局部路径规划。

TebLocalPlanner 官方介绍:http://wiki.ros.org/teb_local_planner。

10.2.6 恢复行为

恢复行为有"清除代价地图""控制机器人旋转"和"缓慢移动"3 种恢复行为。其中"缓慢移动"的恢复行为,只有在局部路径规划器为可以通过 rqt 动态调参调节导航最大速度的规划器时才可以使用,例如 DWAPlanner、TebLocalPlanner。

图 10-12 为【navigation】默认的恢复行为图解。

在设置目标点位置后,如果当导航判断机器人停滞(被障碍物包围)无法进行路径规划时,会执行"清除代价地图"的恢复行为,然后尝试重新规划;如果规划失败,则执行下一个"控制机器人旋转"的恢复行为,然后尝试重新规划;依此类推,如果 4 个恢复行为全部执行后都无法规划成功,则放弃该目标点的路径规划。

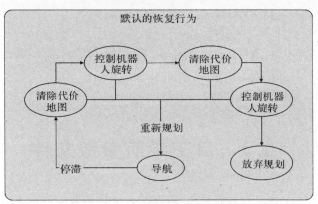

图 10 - 12 默认的恢复行为

以上规划行为的数量、类型和顺序是可以手动设置的。设置示例如下：

recovery_behaviors：

#自定义恢复行为名称

— name：'recovery_behavior_1'

#选择恢复行为类型

　type：'clear_costmap_recovery/ClearCostmapRecovery'

— name：'recovery_behavior_2'

　type：'rotate_recovery/RotateRecovery'

— name：'recovery_behavior_3'

　type：'move_slow_and_clear/MoveSlowAndClear'

#设置恢复行为参数

recovery_behavior_1：

　　#与机器人距离 5 m 外的障碍物会被清除

reset_distance：1. 0

recovery_behavior_2：

#与机器人距离 3 m 外的障碍物会被清除

　　reset_distance：3. 0

recovery_behavior_3：

#与机器人距离 1 m 外的障碍物会被清除

clearing_distance：5. 0

#限制恢复行为时机器人的线速度

limited_trans_speed：0. 1

#限制恢复行为时机器人的角速度

limited_rot_speed：0. 4

#完成该恢复行为机器人必须移动的距离

　　limited_distance：0. 3

#对应的局部路径规划器的名称

planner_namespace："TEBLOCALPLANNERROS"

恢复行为官方介绍：

清除代价地图：http://wiki. ros. org/clear_costmap_recovery。

缓慢移动：http://wiki. ros. org/move_slow_and_clear。

控制机器人旋转：http://wiki. ros. org/rotate_recovery。

10.3　自主导航参数文件

由于自主导航需要配置的参数非常多，所以笔者使用参数文件的方式进行自主导航参数的配置。注意：自主导航的参数在上传参数服务器时，必须加上自主导航节点名称的命名空间，否则自主导航无法识别参数，自主导航默认的节点名称为"/move_base"。

自主导航的参数绝大部分是可以使用 rqt 进行动态调参的。

10.3.1　导航核心配置参数

导航核心配置参数文件为功能包【turn_on_wheeltec_robot】下的【param_common/move_base_params. yaml】。在该参数文件内可以设置自主导航的全局、局部路径规划器和控制频率等参数。

＃设置全局路径规划器

＃base_global_planner："navfn/NavfnROS"

＃base_global_planner："global_planner/GlobalPlanner"

base_global_planner："carrot_planner/CarrotPlanner"

＃设置局部路径规划器

＃局部路径规划器会在文件【teb_local_planner. launch】【dwa_local_planner. launch】对应文件内重新设置

＃base_local_planner："dwa_local_planner/DWAPlannerROS"

base_local_planner："teb_local_planner/TebLocalPlannerROS"

＃发布机器人速度控制命令话题 cmd_vel 的频率，单位：Hz

controller_frequency：10. 0

＃全局路径规划器的规划频率，如果设置为 0，仅在设置目标点位置时执行一次，单位：Hz

planner_frequency：1. 0

＃路径规划失败后，尝试重新规划几次后才执行恢复行为，如果设置为 -1，代表无限重试

max_planning_retries：1

＃当 move_base 在不活动状态时，是否关掉代价地图的更新

shutdown_costmaps：false

＃配置恢复行为

recovery_behaviors：

　　＃自定义恢复行为名称

　　— name：′recovery_behavior_1′

　　＃选择恢复行为类型

　　　type：′clear_costmap_recovery/ClearCostmapRecovery′

　　＃自定义恢复行为名称

　　— name：′recovery_behavior_2′

　　＃选择恢复行为类型

　　　type：′rotate_recovery/RotateRecovery′

　　＃自定义恢复行为名称

　　— name：′recovery_behavior_3′

　　＃选择恢复行为类型

　　　type：′move_slow_and_clear/MoveSlowAndClear′

＃是否开启恢复行为，这里选择不开启，因为经测试恢复行为用处不大，开启后比较浪费时间。

recovery_behavior_enabled：false

＃是否开启恢复行为中控制机器人旋转的恢复行为。注意：此参数仅在 move_base 使用默认恢复行为时使用。

clearing_rotation_allowed：false

＃执行恢复行为时，与机器人距离 3 m 外的障碍物会被清除，单位：s。注意：此参数仅在 move_base 使用默认恢复行为时使用。

conservative_reset_dist：3.0

＃路径规划无法成功多长时间后，执行恢复行为，单位：s

planner_patience：3.0

＃没有接收到有些控制命令多长时间后，执行恢复行为，单位：s

controller_patience：3.0

＃当机器人在运动，但是运动幅度不大于多少时，认为机器人处于振荡状态，单位：m

oscillation_distance：0.02

＃机器人处于振荡状态多久后，执行恢复行为，单位：s

oscillation_timeout：10.0

＃设置恢复行为参数

recovery_behavior_1：

　　＃与机器人距离 5 m 外的障碍物会被清除

```
    reset_distance：1.0
recovery_behavior_2：
    ＃与机器人距离 3 m 外的障碍物会被清除
    reset_distance：3.0
recovery_behavior_3：
    ＃与机器人距离 1 m 外的障碍物会被清除
    clearing_distance：5.0
    ＃限制恢复行为时机器人的线速度,单位:m/s
    limited_trans_speed：0.1
    ＃限制恢复行为时机器人的角速度,单位:rad/s
    limited_rot_speed：0.4
    ＃完成该恢复行为机器人必须移动的距离,单位:m
    limited_distance：0.3
    ＃对应的局部路径规划器的名称
    ＃planner_namespace："DWAPlannerROS"
    planner_namespace：TebLocalPlannerROS
```

10.3.2　全局代价地图参数

笔者在该参数文件内设置全局代价地图的相关参数。该参数文件为功能包【turn_on_wheeltec_robot】下的【param_common/global_costmap_params. yaml】。

```
＃全局代价地图参数命名空间
global_costmap：
    ＃代价地图的 TF 参考坐标系
    global_frame：map
    ＃机器人的 TF 坐标名称
    robot_base_frame：base_footprint
    ＃global_frame 和 robot_base_frame 间的 TF 坐标停止发布多久后,控制机器人停止,
单位:s
    transform_tolerance：1
    ＃代价地图刷新频率,单位:Hz
    update_frequency：1.5
    ＃代价地图的可视化话题发布频率,单位:Hz
    publish_frequency：1.0

    ＃是否直接使用静态地图生成代价地图
    ＃static_map：false ＃使用 plugins 手动配置代价地图时,该参数无效
    ＃代价地图是否跟随机器人移动,static_map 为 true 时该参数必须为 false
    rolling_window：false
    ＃代价地图宽度,这里会被静态层扩宽,单位:m
    width：10.0
```

＃代价地图高度,这里会被静态层扩宽,单位:m

height:10.0

＃代价地图分辨率(m/单元格)

resolution:0.05

＃为代价地图设置地图层,这里设置了三层,分别作为静态层、障碍层和膨胀层

plugins:

　　＃定义地图层的名称,设置地图层的类型

　　— {name:static_layer,　　　　type:"costmap_2d::StaticLayer"}

　　＃定义地图层的名称,设置地图层的类型。

　　＃障碍层可以使用 VoxelLayer 代替 ObstacleLayer

　　— {name:obstacle_layer,　　　type:"costmap_2d::VoxelLayer"}

　　＃定义地图层的名称,设置地图层的类型

　　— {name:inflation_layer,　　type:"costmap_2d::InflationLayer"}

＃各地图层的参数,会以地图层名称作为命名空间

＃各地图层的参数,会在【costmap_common_params.yaml】内进行设置

10.3.3　局部代价地图参数

局部代价地图参数文件为功能包【turn_on_wheeltec_robot】下的【param_common/local_costmap_params.yaml】。在该参数文件内可以设置局部代价地图的相关参数。

＃局部代价地图参数命名空间

local_costmap:

　　＃代价地图的 TF 参考坐标系

　　global_frame:map

　　＃机器人的 TF 坐标名称

　　robot_base_frame:base_footprint

　　＃global_frame 和 robot_base_frame 间的 TF 坐标停止发布多久后,控制机器人停止,

单位:s

　　transform_tolerance:0.5

　　＃代价地图刷新频率,单位:Hz

　　update_frequency:5.0

　　＃代价地图的可视化话题发布频率,单位:Hz

　　publish_frequency:3.0

　　＃是否直接使用静态地图生成代价地图

　　＃static_map:false ＃使用 plugins 手动配置代价地图时,该参数无效

　　＃代价地图是否跟随机器人移动,static_map 为 true 时该参数必须为 false

　　rolling_window:true

　　＃代价地图宽度,单位:m

　　width:4.0

＃代价地图高度,单位:m

height:4.0

＃代价地图分辨率(m/单元格)

resolution:0.05

＃为代价地图设置地图层,这里设置了两层,分别作为障碍层和膨胀层

＃局部代价动态要求高刷新率,不使用静态层以节省计算资源

plugins:

 ＃定义地图层的名称,设置地图层的类型

 — {name:obstacle_layer, type:"costmap_2d::ObstacleLayer"}

 ＃定义地图层的名称,设置地图层的类型

 — {name:inflation_layer, type:"costmap_2d::InflationLayer"}

＃各地图层的参数,会以地图层名称作为命名空间

＃各地图层的参数,会在【costmap_common_params.yaml】内进行设置

10.3.4　代价地图公共参数

代价地图公共参数文件为功能包【turn_on_wheeltec_robot】下的【costmap_common_params/对应机器人型号/costmap_common_params.yaml】。在该参数文件内可以设置代价地图的各障碍层的相关参数,机器人外形在此处设置。

因为不同型号机器人的外形不一样,所以对应不同的机器人型号,创建了不同的代价地图公共参数文件。

＃＃＃机器人外形设置参数,直接影响代价地图

＃圆形机器人的外形设置,直接设置其外形半径

＃robot_radius:0.4

＃多边形机器人的外形设置,设置机器人外形各顶点相对机器人旋转中心的坐标

＃坐标系正方向为,x:前进为正,y:向左为正,坐标点＝$[x,y]$

＃这里依次设置的是机器人的右下角、左下角、左上角、右上角的顶点坐标

footprint:[[−0.133,−0.125],[−0.133,0.125],[0.133,0.125],[0.133,−0.125]]

＃＃＃机器人外形设置参数,直接影响代价地图

＃设置静态层参数

static_layer:

 ＃是否开启静态层

 enabled:true

 ＃静态层的订阅的地图话题

 map_topic:map

 ＃地图话题中数据值为多少,会转换为静态层代价地图中的未知区域

 unknown_cost_value:−1

♯地图话题中数据值为多少，会转换为静态层代价地图中的完全占用区域

lethal_cost_threshold：100

♯是否仅把第一次订阅到的地图数据转换为静态层代价地图，无视后续订阅到的地图数据

first_map_only：false

♯是否订阅话题"map_topic"+"_updates"

subscribe_to_updates：false

♯如果设置为 false，地图话题中的未知区域在代价地图中会转换为自由区域

track_unknown_space：true

♯如果设置为 true，静态层代价地图只有未知、自由和完全占用三种情况

♯如果设置为 false，静态层代价地图可以有不同的占用程度

trinary_costmap：true

♯设置障碍层参数

obstacle_layer：

♯是否开启障碍层

enabled：true

♯设置障碍层的观测源名称，可以一次设置多个观测源 observation_sources：scan，scan2，camera

observation_sources：scan

♯设置对应观测源参数

scan：

♯观测源数据话题名称

topic：scan

♯观测源的 TF 坐标名称，如果设置为空，会自动从话题数据寻找 TF 坐标名称

♯以下三种数据格式支持自动寻找 TF 坐标名称

♯ sensor_msgs/LaserScan，sensor_msgs/PointCloud，and sensor_msgs/Point-Cloud2

sensor_frame：laser

♯观测源话题的数据格式，可以为 LaserScan、PointCloud、PointCloud2

data_type：LaserScan

♯保留多久时间内的全部话题数据作为障碍层输入，设置为 0 代表只保留最近的一帧数据，单位：s

observation_persistence：0.0

♯读取观测源话题的频率，如果进行设置，频率应该设置的比传感器频率低一些。默认 0，代表允许观测源一直不发布话题。单位：Hz

expected_update_rate：0.0

♯是否使用该观测源清除自由空间

clearing：true

＃是否使用该观测源添加障碍物

marking：true

＃高于多少的障碍物不加入观测范围，单位：m

max_obstacle_height：2.0

＃低于多少的障碍物不加入观测范围，单位：m

min_obstacle_height：0.0

＃多少范围内障碍物会被加入代价地图，单位：m

obstacle_range：2.5

＃多少范围内障碍物会被追踪，单位：m

raytrace_range：3.0

＃在观测源基础上再次进行设置的参数

＃高于多少的障碍物不加入观测范围，单位：m

max_obstacle_height： 2.0

＃多少范围内障碍物会被加入代价地图，单位：m

obstacle_range：2.5

＃多少范围内障碍物会被追踪，单位：m

raytrace_range：3.0

＃如果设置为 true，障碍层代价地图会有未知、自由和完全占用 3 种情况

＃如果设置为 false，障碍层代价地图只有自由和完全占用 3 种情况

track_unknown_space：true

＃障碍层如何与其他地图层处理的方法。

＃0：障碍层覆盖其他地图层；1：障碍物最大化方法，即各层的占用方格会覆盖其他层的自由方格，这是最常用的方法

＃99：不改变其他地图层，应该是使障碍层无效的方法

combination_method：1

＃如果障碍层类型是"costmap_2d::VoxelLayer"，可以对以下参数进行设置

＃代价地图的高度

＃origin_z：0.0

＃障碍层的 z 轴方格的高度

＃z_resolution：0.2

＃障碍层 z 轴上有几个方格

＃z_voxels：10

＃被认为是"已知"的列中允许的未知单元格数

＃unknown_threshold：15

＃被认为是"自由"的列中允许的标记单元格数

＃mark_threshold：0

＃是否发布障碍层的投影地图层话题

　＃publish_voxel_map：false
　＃如果设置为 true，机器人将把它所经过的空间标记为自由区域
　＃footprint_clearing_enabled：true

　＃设置膨胀层参数
　＃根据 obstacle_layer、static_layer 和 footprint 生成代价地图
inflation_layer：
　　＃是否开启膨胀层
　　enabled：true
　　＃代价地图数值随与障碍物距离下降的比值，越大会导致路径规划越靠近障碍物
　　cost_scaling_factor：5.0
　　＃机器人膨胀半径，影响路径规划，单位：m
　　inflation_radius：0.2

10.3.5　全局路径规划器 **base_global_planner** 参数

　　该全局路径规划器参数文件为功能包【turn_on_wheeltec_robot】下的【param_common/base_global_planner_param. yaml】。在该参数文件内可以设置全局路径规划器 GlobalPlanner 的相关参数。
　＃全局路径规划器 GlobalPlanner 命名空间
　GlobalPlanner：
　　＃是否使用 dijkstra 算法进行路径规划，false 则选择 A＊算法进行路径规划
　　use_dijkstra：true

　　＃是否使用二次逼近法进行计算，false 则使用更简单的计算方法
　　use_quadratic：true

　　＃如果出于某种原因，您想要 global_planner 精确地反映 navfn 的行为，则将其设置为 true(并为其他布尔参数使用默认值)
　old_navfn_behavior：false

　　＃是否发布 Potential 代价地图
　　publish_potential：true

　　＃如果为 true，创建一条遵循网格边界的路径。如果为 false，则使用梯度下降法。
　　use_grid_path：false

　　＃是否允许路径穿过代价地图的未知区域
　　allow_unknown：　true

♯允许的创建的路径规划终点与设置目标点的偏差为多少，单位：m

default_tolerance：0.0

♯是否对通过 PointCloud2 计算出来的 potential area 进行可视化

visualize_potential：false

lethal_cost：253

neutral_cost：50

cost_factor：3.0

♯How to set the orientation of each point

orientation_mode：0

♯What window to use to determine the orientation based on the position derivative specified by the orientation mode

orientation_window_size：1

♯用完全占用方格勾勒出全局代价地图。对于"非 static_map"（rolling_window）的全局代价地图，需要将其设置为 false

outline_map：true

10.3.6 局部路径规划器 DWAPlannerROS 参数

该局部路径规划器参数文件为功能包【turn_on_wheeltec_robot】下的【param_common/ dwa_local_planner_params. yaml】。在该参数文件内可以设置局部路径规划器 DWAPlanner-ROS 的相关参数。

♯局部路径规划器 DWAPlannerROS 命名空间

DWAPlannerROS：

　♯机器人参数设置

　max_vel_x：0.45 ♯x 方向最大线速度绝对值，单位：m/s

　min_vel_x：0 ♯x 方向最小线速度绝对值，负数代表可后退，单位：m/s

　max_vel_y：0.0 ♯y 方向最大线速度绝对值，单位：m/s。非全向移动机器人为 0

　min_vel_y：0.0 ♯y 方向最小线速度绝对值，单位：m/s。非全向移动机器人为 0

　max_vel_trans：0.5 ♯机器人最大移动速度的绝对值，单位：m/s

　min_vel_trans：0.1 ♯机器人最小移动速度的绝对值，单位：m/s

　trans_stopped_vel：0.1 ♯机器人被认属于"停止"状态时的平移速度。如果机器人的速度低于该值，则认为机器人已停止，单位：m/s

　max_vel_theta：0.7 ♯机器人的最大旋转角速度的绝对值，单位：rad/s

　min_vel_theta：0.3 ♯机器人的最小旋转角速度的绝对值，单位：rad/s

　theta_stopped_vel ：0.4 ♯机器人被认属于"停止"状态时的旋转速度，单位：rad/s

　acc_lim_x：0.5 ♯机器人在 x 方向的极限加速度，单位：m/s^2

　acc_lim_theta：3.5 ♯机器人的极限旋转加速度，单位：m/s^2

　acc_lim_y：0.0 ♯机器人在 y 方向的极限加速度，单位：m/s^2。非全向移动机器人为 0

＃目标点误差允许值

xy_goal_tolerance：0.2 ＃机器人到达目标点时附近时的弧度偏差允许量,在该偏差内认为已经到达目标点,单位:m

yaw_goal_tolerance：0.15 ＃机器人到达目标点时附近时的弧度偏差允许量,在该偏差内认为已经到达目标点,单位:rad

latch_xy_goal_tolerance：false ＃设置为 true 时表示:如果到达容错距离内,机器人就会原地旋转;即使转动是会跑出容错距离外。

＃前向模拟参数

sim_time：1.8　　＃前向模拟轨迹的时间,单位:s

vx_samples：6　　　＃x 方向速度空间的采样点数

vy_samples：0　　　＃y 方向速度空间采样点数。差分驱动机器人 y 方向永远只有 1 个值(0.0)

vtheta_samples：20＃旋转方向的速度空间采样点数

＃轨迹评分参数

path_distance_bias：100.0　　＃控制器与给定路径接近程度的权重

goal_distance_bias：24.0　　　＃控制器与局部目标点的接近程度的权重,也用于速度控制

occdist_scale：0.5　　　　　＃控制器躲避障碍物的程度

forward_point_distance：0.325 ＃以机器人为中心,额外放置一个计分点的距离

stop_time_buffer：0.1　　　＃机器人在碰撞发生前必须拥有的最少时间量。该时间内所采用的轨迹仍视为有效。即:为防止碰撞,机器人必须提前停止的时间长度

scaling_speed：0.25　　　　＃开始缩放机器人足迹时的速度的绝对值,单位 m/s

max_scaling_factor：0.2　　　＃最大缩放因子。max_scaling_factor 为上式的值的大小

＃预防振动参数

oscillation_reset_dist：0.05　　＃当机器人在运动,但是运动幅度不大于多少时,认为机器人处于振荡状态,单位:m

oscillation_reset_angle：0.05 ＃当机器人在运动,但是运动幅度不大于多少时,认为机器人处于振荡状态,单位:rad

＃调试参数

publish_traj_pc : true ＃将规划的轨迹在 rviz 上进行可视化

publish_cost_grid_pc：true ＃将代价值进行可视化显示

global_frame_id：map ＃全局参考坐标系

＃是否将走过的路径从路径规划中清除

prune_plan：true

10.3.7　局部路径规划器 TebLocalPlannerROS 参数

该局部路径规划器参数文件为功能包【turn_on_wheeltec_robot】下的【costmap_common_params/对应机器人型号/teb_local_planner_params. yaml】。在该参数文件内可以设置局部路径规划器 TebLocalPlannerROS 的相关参数。

因为 Teb 路径规划算法需要单独配置机器人外形参数，所以对应不同的机器人型号，创建了不同的 Teb 路径规划器参数文件。

同时因为 Teb 路径规划算法使用的参数非常多，下面只展示关键的参数。

♯局部路径规划器 DWAPlannerROS 命名空间

TebLocalPlannerROS：

　　odom_topic：odom ♯订阅的里程计话题
　　map_frame：map ♯代价地图的 TF 参考坐标系

　　♯机器人参数
　　max_vel_x：0.5 ♯最大 x 前向速度，单位：m/s
　　max_vel_y：0.3 ♯最大 y 前向速度，单位：m/s，非全向移动小车需要设置为 0
　　max_vel_x_backwards：0.5 ♯最大后退速度，单位：m/s
　　max_vel_theta：1.5　　　♯最大转向角速度，单位：rad/s
　　acc_lim_x：0.2　　　　♯最大 x 向加速度，单位：m/s^2
　　acc_lim_y：0.2　　　　♯最大 y 向加速度，单位：m/s^2，非全向移动小车需要设置为 0
　　acc_lim_theta：0.3　　　♯最大角加速度，单位：rad/s^2

　　♯阿克曼小车参数，非阿克曼小车设置为 0
　　min_turning_radius：0.0 ♯机器人最小转弯半径
　　wheelbase：0.0 ♯机器人轴距，前轮与后轮的距离
　　cmd_angle_instead_rotvel：False ♯ true 则 cmd_vel/angular/z 内的数据是舵机角度，无论是不是阿克曼小车都设置为 false，因为本书使用的阿克曼机器人内部进行了速度转换

　　♯用于局部路径规划的机器人外形
　　♯机器人外形的类型可以为 point、circular、two_circles、line、polygon，默认为 point 类型
　　footprint_model：
　　　♯type：point ♯point 类型不需要设置其他参数

　　　♯type：circular ♯圆形类型，需要设置圆的半径
　　　♯radius：0.3

　　　♯type：two_circles ♯两个圆类型，需要设置两个圆的位置和半径
　　　♯front_offset：0.2 ♯前面的圆的位置，相对机器人中心
　　　♯front_rasius：0.2 ♯前面的圆的半径
　　　♯rear_offset ：0.2 ♯后面的圆的位置，相对机器人中心

#rear_rasius：0.2 #前面的圆的半径

#type：line #两条线类型,需要设置两条线的位置
#line_start：[0.00，0.0]
#line_end：[0.7，0.0]

#type：polygon #多边形类型,需要设置各顶点的坐标值
vertices：[[－0.133，－0.125],[－0.133，0.125],[0.133,0.125],[0.133，－0.125]]

type："polygon"
vertices：[[－0.133，－0.125], [－0.133，0.125],[0.133,0.125],[0.133，－0.125]]
#多边形端点坐标 for mini_mec

#障碍物参数
min_obstacle_dist：0.1 #和障碍物最小距离,直接影响机器人避障效果

10.4　使用 ROS 机器人进行自主导航

下面讲解使用虚拟机远程控制 ROS 机器人进行自主导航的操作流程,网络通信配置、ROS 多机通信配置的注意事项这里不再赘述,不熟悉的读者可以回顾 4.4 节、4.5 节、4.6 节、5.4.6 节和 8.3 节。

同时需要注意,进行自主导航前必须先进行建图。

10.4.1　自主导航 launch 文件讲解

输入命令 sudo mount -t nfs 192.168.0.100:/home/wheeltec/wheeltec_robot /mnt 后,可以在虚拟机的【/mnt】文件夹下查看和修改机器人微型电脑上 ROS 工作空间【wheeltec_robot】的内容。

自主导航的 launch 文件为功能包【turn_on_wheeltec_robot】下的【launch/navigation.launch】。

在运行文件【navigation.launch】前,必须先在文件【turn_on_wheeltec_robot.launch】内设置参数"car_mode",以对机器人的型号进行设置,因为不同机器人的外形不一样,需要对应进行参数配置。如图 10-13 所示,将"car_mode"的"default"值设置为与现实对应的机器人型号即可。

```
<launch>
  <!-- Arguments参数 -->
  <arg name="car_mode"  default="mini_mec"
      doc="opt: mini_akm,senior_akm,top_akm_bs,top_akm_dl,
          mini_mec,mini_mec_moveit,senior_mec_bs,senior_mec_dl,top_mec_bs,top_mec_dl,
          senior_mec_EightDrive,top_mec_EightDrive,
          mini_omni,senior_omni,top_omni,
          mini_tank, mini_diff, mini_4wd,senior_diff,four_wheel_diff_bs,four_wheel_diff_dl,
          brushless senior diff"/>
```

图 10-13　turn_on_wheeltec_robot.launch 设置机器人型号

图 10 - 14 为自主导航 launch 文件【navigatipn. launch】工作内容的简单说明。

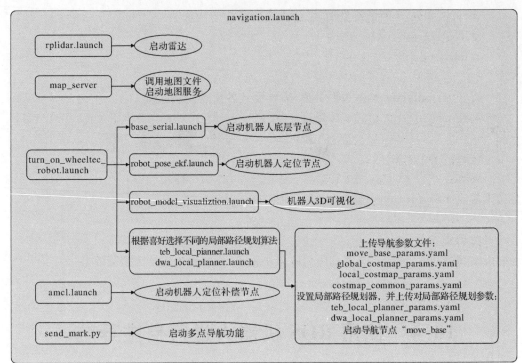

图 10 - 14   navigatipn. launch

10.4.2   运行自主导航 launch 文件

首先要把机器人放置在地图(即建图)的起点,然后在 SSH 登录后的终端输入以下命令运行自主导航的 launch 文件:

roslaunch turn_on_wheeltec_robot navigation. launch

10.4.3   配置 rviz

在 9.6.3 节建图的 rviz 配置上再添加 5 个话题的可视化,即可完成导航的 rviz 配置。如图 10 - 15 所示,添加两个"Map"的可视化选项,所选话题分别为全局代价地图话题"/move_base/global_costmap/costmap"和局部代价地图话题"/move_base/local_costmap/costmap";添加两个"Path"的可视化选项,所选话题分别为 GlobalPlanner 全局路径规划"/move_base/GlobalPlanner/plan"和 Teb 局部路径规划"/move_base/TebLocalPlannerROS/local_plan";添加"MarkerArray"多点导航可视化选项"/path_point",关于多点导航的使用会在 10.4.4 节进行说明。

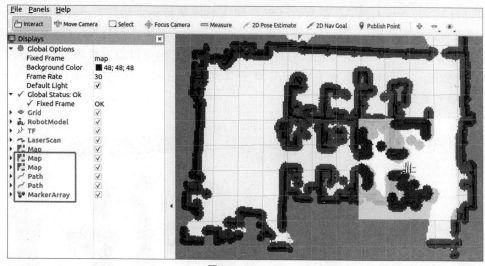

图 10 - 15　rviz

10.4.4　运 行 导 航

由图 10 - 4 可知,通过发布话题"/move_base_simple/goal"可以向导航节点"move_base"
发送目标点位置,然后导航节点会发布速度控制命令话题"/cmd_vel"控制机器人进行运动。

如果每次都手动输入命令进行发布目标点位置的话,就显得很麻烦,因此 rviz 提供了很
方便的发布目标点位置的工具。

在 rviz 界面的右上角有 3 个图标"2D Pose Estimate""2D Nav Goal"和"Publish Point"。
使用这 3 个图标可以对应发布 3 种数据格式的话题"geometry_msgs/PoseWithCovarianceS-
tamped""geometry_msgs/PointStamped"和"geometry_msgs/PoseStamped"。在 rviz 上方的
状态栏单击鼠标右键,然后弹出的列表中勾选"Tool Properties",会弹出窗口"Tool Proper-
ties",在该窗口可以设置 rviz 界面右上角的 3 个图标发布的话题名称,如图 10 - 16 所示。

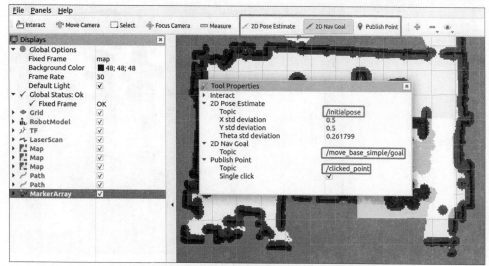

图 10 - 16　rviz 界面右上角的 3 个图标

可以看到"2D Nav Goal"发布的话题就是默认的导航目标点话题"/move_base_simple/goal",那么可以使用该图标进行目标点位置的发布。鼠标左键单击"2D Nav Goal"图标,然后在地图上的希望目标点按下鼠标左键不要松开,此时拖动鼠标可以设置机器人在目标位置的目标朝向(姿态),然后松开鼠标左键,rviz 即会自动发布目标点话题"/move_base_simple/goal"。导航效果如图 10 - 17 所示。

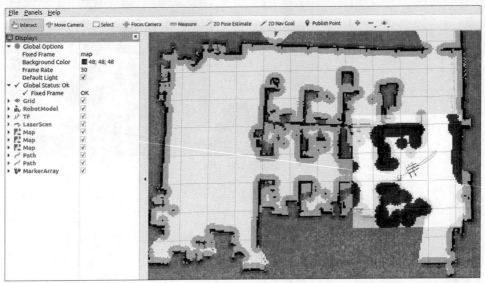

图 10 - 17　导航效果

使用"Publish Point"可以进行多点导航,单击"Publish Point"图标,然后在地图上的希望目标点单击鼠标左键,即可设置一个目标点,使用"Publish Point"可以设置多个目标点,机器人会在多个目标点间巡航,多点导航效果如图 10 - 18 所示。这个多点导航功能是由可执行文件【send_mark.py】提供的,该文件内提供了详细的程序注释。

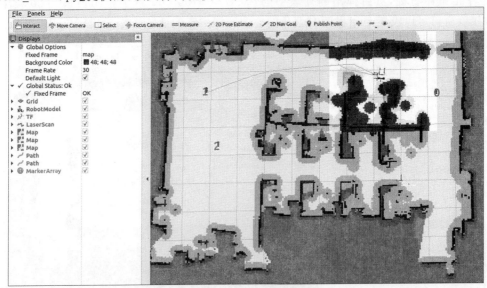

图 10 - 18　多点导航效果

使用"2D Pose Estimate"可以设置机器人在地图的位姿。前面提到导航前需要把机器人放置在地图的起点,因为程序中模拟的机器人刚开始就是位于地图起点的,那么现实机器人的初始位姿需要与模拟初始位姿一致,机器人定位和路径规划才能正常工作。但其实如果在导航前没有把机器人放置在地图起点的话,也是可以通过"2D Pose Estimate"来对机器人位姿进行重新设置的。

鼠标左键单击"2D Pose Estimate"图标,然后在地图上的希望设置的机器人位置按下鼠标左键不要松开,此时拖动鼠标可以设置机器人在目标位置的目标朝向(姿态),然后松开鼠标左键,rviz 即会自动发布话题"/initialpose",然后机器人位姿会切换到目标位姿。

【课程思政教育案例】

抗击新冠肺炎疫情的英雄们

2020 年的春节注定不平凡,注定让人难以遗忘,突如其来的新型冠状病毒肺炎疫情牵动着每一个中国人的心。新冠肺炎的重灾区是武汉,有人想逃离这个新冠肺炎之地,而又有这么一群人放弃休假时间,放弃与亲人的团聚时刻,毅然决然地踏上离乡之旅,与别人背道而行,来到疫情的最前线,他们不为功名利禄,不计生死,不畏辛劳,只为心中的那一份责任与担当,为我们守卫着一方净土。他们就是最美的逆行者!

大年三十是一家人团聚的日子,但医务人员、官兵等很多逆行者坐上离乡的车,他们有的还来不及跟家里人告别,甚至有的都没见家里人一面就踏上了抗"疫"征程,他们给我们留下的背影是坚毅,是无悔,是抗"疫"胜利的信念!

83 岁的钟南山先生,本来可以避开病毒的危险,安度晚年,但是他在人民最需要他的时候,站了出来,就跟 17 年前 SARS 病毒爆发的时候一样。17 年前,他曾坚定地说:"把病人都送到我这里来!"这斩钉截铁的话语,带给全世界无比的震撼。17 年后,这颗为人民服务的心,始终未改,为人民安全的志,始终未变。他的出现安抚了很多人的心。

除了钟南山先生还有很多医护人员,为了方便穿戴防护服,她们剪下了长头发;重症隔离病房的护士平均年龄只有 25 岁,最小的刚满 20 岁,即使因长时间穿戴防护服出了一身汗,闷到不行,累到低血糖,也要坚持为患者治疗;即使他们明白自己可能会被传染,也要用尽自己的全力为患者治疗,因为他们知道他们是病毒与人民群众之间的最后一道防线。当看到这些穿着防护服、戴着防护口罩的护士们走出隔离病房摘下口罩的那一刻,脸上被勒出的一道道印痕,手上的一道道疤痕,感动之余更多的是心疼!

平安中的我们,与逆行在前线的他们,虽然我们在不同处,但我们的心要团结一致,我们在远方,尽自己所能,可以为他们做到的,尽量去做到,做出自己力所能及的事情,尽微薄之力!

敬畏自然,守护生命;众志成城,共抗疫情! 致敬所有逆行者! 中国加油,武汉加油,让我们一起把病毒战胜之后,再一起开始新的生活!

附　　录

附录1　《ROS教育机器人实训教程》A卷

【说明】

本试卷未指定的单位默认统一为：距离(m)，角度(rad)，线速度(m/s)，角速度(rad/s)，线加速度(m/s²)。

本试卷的ROS默认指代ROS1，且系统环境默认为Ubuntu 18.04.05。

自主导航默认指代地图已知的自主导航。

一、单项选择题(每小题1分，共20分)

1. 一般机器人的上层决策部分用于(C)任务。

　 A. 算力要求低的　　　　B. 实时性要求高的　　　　C. 算力要求高的　　　　D. 电机控制

2. 十进制数 −600 的二进制表达以下正确的是(A)(0XFDA8=2^{16}−600=64 936)。

　 A. 1111 1101 1010 1000　　　　　　　　　B. 1111 0101 1100 1000

　 C. 1111 1011 1100 0100　　　　　　　　　D. 1111 1101 1100 1000

3. 关于轮式机器人的运动学正解以下说法正确的是(A)。

　 A. 运动学正解是指从机器人各轮子的转速计算得到机器人的三轴运动速度

　 B. 运动学正解是指从机器人的三轴运动速度计算得到机器人各轮子的转速

　 C. 运动学正解是指从轮子的转速计算得到电机的驱动电压

　 D. 运动学正解是指从电机的驱动电压计算得到轮子的转速

4. 静止状态下姿态传感器的 z 轴加速度数据应该为(g：重力加速度)(A)。

　 A. g　　　　　　　B. 0　　　　　　　C. $2g$　　　　　　　D. 1 m/s²

5. 使用麦克纳姆轮的轮式机器人要实现前后、左右、旋转三个方向的运动，至少需要(B)个麦克纳姆轮。

　 A. 2　　　　　　　B. 3　　　　　　　C. 4　　　　　　　D. 5

6. 以下关于虚拟机软件 VMware 的说法错误的是(D)。

　 A. 使用 VMware 可以在 Windows 系统运行 Ubuntu

　 B. VMware 可以备份 Ubuntu 快照，也可以随时读取快照

　 C. VMware 可以指定 Ubuntu 使用 Windows 上的哪个网络

D. VMware 不可以在 Windows 上运行

7. 以下关于 NFS 文件挂载的说法正确的是（C）。

A. NFS 文件挂载不需要指定挂载文件的存放文件夹

B. NFS 文件挂载需要输入服务端密码

C. NFS 文件挂载需要输入客户端密码

D. NFS 文件挂载服务端不需要配置，客户端即可挂载服务端的任意文件

8. Ubuntu 18.04 系统应该安装（B）版本的 ROS。

A. Noetic   B. Melodic   C. Lunar   D. Kinetic

9. 非 apt 安装的 ROS 功能包应该放在工作空间的（C）文件夹。

A. build   B. devel   C. src   D. 工作空间根目录

10. 下列关于编译对文件和时间要求的描述错误的是（A）。

A. 编译系统会判断 launch 文件是否被修改了

B. 编译系统会判断编译相关文件是否被修改了

C. 当电脑系统时间大于编译相关文件被修改时间时，功能包才可以被编译

D. 当编译相关文件被修改时间大于上次被编译时间时，功能包才可以被编译

11. 下列关于 ROS 通信的描述错误的是（D）。

A. 只有运行了 roscore，ROS 通信才可以建立

B. 可执行文件只有注册节点才可以参与 ROS 通信

C. roscore 停止运行后，ROS 通信自动停止

D. 可执行文件注册节点时，会自动运行 roscore

12. 下列关于 ROS 多机通信的描述错误的是（D）。

A. 只有处于同一个局域网下的设备才可以进行 ROS 多机通信

B. roscore 只能由主机运行

C. 参与 ROS 多机通信的设备必须同时设置主机与本机 IP 地址

D. 把主机 IP 地址设置为本机 IP 地址，即可参与 ROS 多机通信

13. 下列（A）命令可以查看 ROS 话题通信的整体情况。

A. rqt_graph   B. rostopic list   C. rosparam list   D. rosnode list

14. 下列关于 launch 文件的描述错误的是（A）。

A. 运行 launch 文件前，必须手动运行 roscore

B. 使用 launch 文件可以上传参数到参数服务器

C. 使用 launch 文件可以调用可执行文件创建节点

D. 一个 launch 文件可以调用其他 launch 文件

15. 下列关于 TF 的描述错误的是（B）。

A. 两个 TF 坐标的关系需要广播出去，才能加入 TF 坐标系统

B. 两个 TF 坐标的关系只需要广播一次，即可一直存在于 TF 坐标系统

C. 两个 TF 坐标的关系停止广播后，TF 监听者将无法获取这两个 TF 坐标间的关系

D. roscore 停止运行后，TF 坐标系统也会停止运行

16. 下列关于 urdf 文件描述错误的是（B）。

A. urdf 文件内容在 ROS 中一般是作为参数上传到参数服务器再进行处理的

B. 使用 urdf 文件上传的到参数服务器的参数名称是固定的,不可以改变

C. 功能包 joint_state_publisher 可以创建节点读取参数服务器内的 urdf 参数,并发布相关话题(默认为"/joint_states")

D. 功能包 robot_state_publisher 可以创建节点(默认)订阅话题"/joint_states",并广播相关 TF 坐标

17. 下列关于 rqt 的描述错误的是(D)。

　A. rqt 是 ROS 的可视化调试工具

　B. 使用 rqt 可以监视话题数据的变化

　C. 使用 rqt 可以图形化动态调节参数服务器内的参数

　D. 使用 rqt 动态调节参数,不需要提前进行配置

18. 下列关于 cv_bridge 的描述错误的是(D)。

　A. cv_bridge 是把 ROS 与 OpenCV 连接起来的接口

　B. cv_bridge 可以把图像话题转换为 OpenCV 图像格式

　C. cv_bridge 可以把 OpenCV 图像格式转换为图像话题

　D. cv_bridge 是一个图像处理库

19. 下列关于同步定位与建图的说法错误的是(D)。

　A. 机器人要进行建图必须要有感知环境信息和定位的能力

　B. 环境信息可以帮助纠正定位的错误

　C. 轮式机器人的定位能力主要来自里程计

　D. 建图必须要有里程计信息用于机器人定位

20. navigation 功能包集中的代价地图,一般会使用到的信息不包括(C)。

　A. 地图话题　　　　B. 雷达话题　　　　C. 运动底盘轮距　　　D. 膨胀半径参数

二、判断题(每小题 1 分,共 10 分)

1. 机器人的底层执行部分必须在 STM32 中运行。　　　　　　　　　　　　(×)

2. 成功建立串口通信的前提是波特率一致。　　　　　　　　　　　　　　(√)

3. 对于全向轮轮式机器人知道运动学正解和逆解公式的其中一个,即可求另一个公式。(√)

4. 只要一个终端进行了 SSH 登录,那么其他已开启终端也自动进行了 SSH 登录。(×)

5. 只要新建了工作空间,系统会自动识别到该工作空间。　　　　　　　　(×)

6. roslaunch 命令是用于调用可执行文件的。　　　　　　　　　　　　　(×)

7. 只要编写了源文件,功能包内会自动生成对应文件名的可执行文件。　　(×)

8. 每一段 TF 关系都必须包含父坐标名称、子坐标名称、位置关系和四元数表示的姿态关系。

　　　　　　　　　　　　　　　　　　　　　　　　　　　　　　　(√)

9. 机器人进行建图和导航必须要有感知环境信息的能力。　　　　　　　　(√)

10. amcl 是融合雷达数据的机器人定位补偿功能包。　　　　　　　　　　(√)

三、填空题(每小题 1 分,共 10 分)

1. 对于 ROS 机器人,前进为 x 轴的正方向,左移为 y 轴的正方向,逆时针旋转为 z 轴的正方向。

2. 0X75 异或 0X6F 的结果是 0X1A。

3. 可以运行 Ubuntu 系统的微型电脑有 JetsonNano、JetsonNX 和树莓派(Raspberry)等。

4. ROS 常用的文件有 .msg -话题消息文件、.srv -服务消息文件、.urdf -模型描述文件、.yaml -

参数文件、.launch －启动文件。

5. 查看节点、话题、话题格式详细信息的命令分别为 rosnode info 节点名、rostopic info 话题名、rosmsg info(/rosmsg show) 消息名。

6. 一个功能包必须要有的两个文件是 CmakeLists. txt 和 package. xml。

7. ROS 编程最常用的两种语言是 C＋＋ 和 Python。

8. 姿态 Roll＝0(绕 x 轴),Pitch＝0(绕 y 轴),Yaw＝$\pi/2$(绕 z 轴)的四元数表达为:$x＝\underline{0}$,$y＝\underline{0}$,$z＝\dfrac{\sqrt{2}}{2}$,$w＝\dfrac{\sqrt{2}}{2}$ 。

9. robot_pose_ekf 功能包需要订阅的两个话题分别是里程计话题和IMU 话题。

10. 代价地图可以大致分为分为未知、自由和占用 3 种情况。

四、计算题(10 分)

如图 F－1 所示麦轮机器人,已知前后轮轴距为 H,前轮轮距为 W_1,后轮轮距为 W_2,麦轮轮轴和辊轴之间的夹角为 45°,4 个麦轮的分布方式如图 F－1 所示,求该麦轮机器人的运动学逆解公式(机器人前后移动速度为 v_x,前进为正;机器人左右移动速度为 v_y,左移为正;机器人绕 O 点旋转速度为 v_z,逆时针为正;麦轮 A、B、C、D 轮毂转动产生的线速度为 $v_{A轮}$、$v_{B轮}$、$v_{C轮}$、$v_{D轮}$,前进为正)。

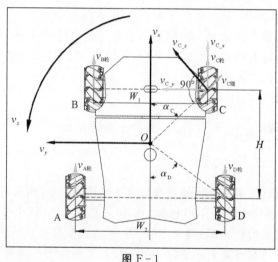

图 F－1

解:设麦轮 C 与地面接触的辊子的线速度为 $v_{C辊}$,麦轮 C 质心绕 O 点旋转的线速度为 v_{C_z},麦轮 C 质心的前后移动速度为 v_{C_x},麦轮 C 质心的左右移动速度为 v_{C_y}。则有

$$v_{C\_x} = v_x + v_z \sqrt{\left(\frac{H}{2}\right)^2 + \left(\frac{W_1}{2}\right)^2}\, \sin \alpha_C \qquad (F.1.1)$$

$$v_{C\_y} = v_y + v_z \sqrt{\left(\frac{H}{2}\right)^2 + \left(\frac{W_1}{2}\right)^2}\, \cos \alpha_C \qquad (F.1.2)$$

$$v_{C\_x} = v_{C轮} + v_{C辊} \sin 45° \qquad (F.1.3)$$

$$v_{C\_y} = - v_{C辊} \cos 45° \qquad (F.1.4)$$

联立式(F.1.1) ～ 式(F.1.4) 可得

$$v_{C轮} + v_{C辊} \sin 45° = v_x + v_z \sqrt{\left(\frac{H}{2}\right)^2 + \left(\frac{W_1}{2}\right)^2}\, \sin \alpha_C \qquad (F.1.5)$$

$$-v_{C\text{辊}}\cos 45° = v_y + v_z\sqrt{\left(\frac{H}{2}\right)^2 + \left(\frac{W_1}{2}\right)^2}\cos\alpha_C \qquad (\text{F.1.6})$$

设 $L = \sqrt{\left(\frac{H}{2}\right)^2 + \left(\frac{W_1}{2}\right)^2}$，联立式（F.1.5）～式（F.1.6）可得

$$v_{C\text{轮}} = v_x + v_y + v_z L(\sin\alpha_C + \cos\alpha_C\tan 45°)$$

又因为 $L\sin\alpha_C = \frac{H}{2}$，$L\cos\alpha_C = \frac{W_1}{2}$，则有

$$v_{C\text{轮}} = v_x + v_y + v_z\left(\frac{H}{2} + \frac{W_1}{2}\right) \qquad (\text{F.1.7})$$

按类似的推导方式可以求出 $v_{A\text{轮}}$、$v_{B\text{轮}}$、$v_{D\text{轮}}$ 与 v_x、v_y、v_z 的关系：

$$v_{A\text{轮}} = v_x + v_y - v_z\left(\frac{H}{2} + \frac{W_2}{2}\right) \qquad (\text{F.1.8})$$

$$v_{B\text{轮}} = v_x - v_y - v_z\left(\frac{H}{2} + \frac{W_1}{2}\right) \qquad (\text{F.1.9})$$

$$v_{D\text{轮}} = v_x - v_y + v_z\left(\frac{H}{2} + \frac{W_2}{2}\right) \qquad (\text{F.1.10})$$

式（F.1.7）～式（F.1.10）即为该麦轮机器人的运动学逆解公式。

五、简答题（每小题 6 分，共 30 分）

1. 简述阿克曼转向式机器人在 x、y、z 三轴运动上有什么限制，并把这些限制用数学公式表达出来。已知改阿克曼转向机器人的轴距为 H、轮距为 W、右轮最大左偏角为 θ。

   (1) 无法进行 y 轴移动（1 分）。

   (2) 无法进行零半径转弯（1 分）。

   (3) 最小转弯半径为 $R = \dfrac{H}{\tan\theta} - \dfrac{W}{2}$（2 分），同时 x 轴速度大小与 z 轴速度大小的比例不能小于最小转弯半径，即 $\left|\dfrac{x}{z}\right| > R$（2 分）。

2. 简述 ROS 提供了什么（没有写提供的事物的作用的最高 5 分，稍微写了作用的最高 6 分）。

   (1) 通信环境：ROS 的通信环境是 ROS 机器人与 ROS 机器人、ROS 机器人内部模块与模块之间沟通的前提。机器人的电脑系统安装 ROS 后，其通信环境也自动安装完成（1 分）。

   (2) 通信标准：如果说通信环境之于 ROS，相当于空气介质之于声音传播，那么通信标准之于 ROS，就相当于语言之于人类沟通。只有使用同一套标准，模块与模块、机器人与机器人之间才可以进行沟通（1 分）。

   (3) 工具：ROS 提供一系列机器人功能调试、检查的工具，这些工具后面会进行讲解，例如 rqt 工具（1 分）。

   (4) 库：ROS 提供了一系列软件库，开发者通过使用这些库编写程序实现机器人及其模块间的沟通，目前对 C++ 和 Python 实现了完全的支持，主流是使用这两种语言进行开发（1 分）。

   (5) 功能包：功能包在 ROS 是非常重要的概念，机器人硬件供应商提供的 ROS 支持、开发者分享的机器人功能都是以功能包的形式存在的，功能包存在的目的就是使机器人模块化。使用 ROS 库编写的程序功能，最终都会作为功能包的形式打包存在（1 分）。

3. 简述程序实现发布话题的过程。

(1)初始化 ROS 节点(1 分)。

(2)初始化 ROS 话题发布者,同时定义要发布的话题名称、话题数据类型(2 分)。

(3)创建话题变量,并根据需要赋值(1 分)。

(4)使用话题发布者发布话题变量(2 分)。

4.简述与 STM32 运动底盘通信的 ROS 节点应该做些什么。

(1)与 STM32 运动底盘建立通信(2 分)。

(2)获取 STM32 运动底盘的状态数据,并把这些数据作为话题发布出去(2 分)。

(3)订阅速度控制命令话题,并向 STM32 运动底盘发送对应速度控制命令(2 分)。

5.绘制机器人自主导航的工作流程图 F-2,从目标点输入到速度控制命令输出(酌情给分)。

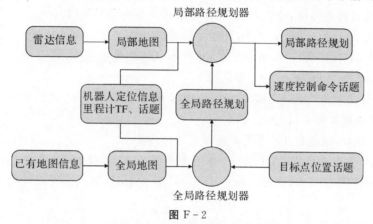

图 F-2

六、应用题(20 分)

如图 F-3 所示,假设现在有两辆完全一样(包括内部文件、配置)的 ROS 机器人 A 和 B(基于 Ubuntu),机器人自身会向外发布里程计和 IMU 话题(非绝对准确,有误差),同时可以接受 x 轴和 z 轴的速度控制命令。利用已学知识,使用 ROS 实现以下功能:A 运动的时候,B 自动跟随 A。将实现方案写出来,每一个方案设计都应该说明用于解决什么问题,方案考虑的问题越全面,方案越完善,得分越高。

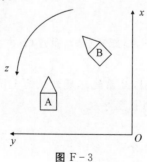

图 F-3

解:可行的跟随方案酌情打分。方案完善,说明问题 2 分,解决方案酌情打分。

跟随方案:

对比机器人 A、B 的里程计话题(或者 TF),发布速度命令控制机器人 B 进行跟随(2 分)。

跟随公式:

设机器人 A、B 里程计坐标为 x_A、y_A、z_A、x_B、y_B、z_B,机器人 B 速度命令为 v_{B_x}、v_{B_z}。

机器人 A、B 的里程计相对坐标 $x_{BA} = x_A - x_B, y_{BA} = y_A - y_B$。

机器人 B 到机器人 A 的方向为 $z_{BA} = \arctan\left(\dfrac{y_{BA}}{x_{BA}}\right)$(ROS 坐标系,$x$ 正轴为 z 轴零点)(2 分)。

$$\begin{cases} v_{B_x} = \sqrt{{x_{BA}}^2 + {y_{BA}}^2}, & -\dfrac{\pi}{4} < z_B - z_{BA} < \dfrac{\pi}{4} \\ v_{B_x} = -\sqrt{{x_{BA}}^2 + {y_{BA}}^2}, & -\dfrac{\pi}{4} > z_B - z_{BA} \text{ 或 } z_B - z_{BA} > \dfrac{\pi}{4} \end{cases}$$

$$v_{B_z} = z_B - z_{BA} (3 \text{ 分})$$

如果计算坐标为 ROS 机器人坐标(1 分)。

需要进行多机通信配置,否则机器人 A、B 的话题不互通,将无法实现跟随(2 分)。

配置多机通信网络环境,使机器人 A、B 处于同一个局域网下(1 分)。

修改机器人 A、B 的 .bashrc 文件,设置主从机(1 分)。

因为机器人 A、B 源码一样,启动节点、话题和 TF 名称也一样,将会造成冲突,解决该问题需要为节点、话题和 TF 重命名(2 分)。

使用 launch 文件的"group"标签对节点话题重命名(2 分)。/ 使用 launch 文件的"ns""remap"对节点话题重命名(1 分)。

TF 不接受重命名,提到 TF 要手动重命名的(2 分)。

提到 launch 文件参数传递,使用一个参数对所有节点、话题和 TF 重命名的(2 分)。

如果考虑到里程计误差,使用 robot_pose_ekf 融合 IMU 数据求更准确的里程计(或者里程计 TF)(2 分)。

如果使用 amcl 功能包,融合雷达数据求更准确的里程计 TF(2 分)。

附录 2 《ROS 教育机器人实训教程》B 卷

【说明】

本试卷未指定的单位默认统一为:距离(m),角度(rad),线速度(m/s),角速度(rad/s),线加速度(m/s²)。

本试卷的 ROS 默认指代 ROS1,且系统环境默认为 Ubuntu 18.04.05。

自主导航默认指代地图已知的自主导航。

一、单项选择题(每小题 1 分,共 20 分)

1. 一般机器人的底层执行部分用于处理(D)任务。

A. 图像处理　　　　　　　　　B. 路径规划

C. 实时定位与建图　　　　　　D. 电机控制

2. (A)可以称为 ROS 机器人。

A. 上层决策部分以 ROS 为基础的机器人　B. 底层执行部分以 STM32 为基础的机器人

C. 可以使用多传感器信息的机器人　　　D. 决策与执行功能分布在不同控制器的机器人

3. 以下（ D ）不是建立串口通信必须配置的。

    A. 波特率   B. 数据位   C. 停止位   D. 校验位

4. 0X75 异或 0X6F 的结果是（ B ）。

    A. 0X16   B. 0X1A   C. 0X19   D. 0X18

5. 以下关于普通轮子对比全向轮的描述错误的是（ B ）。

    A. 同等价格下，普通车轮的强度更高

    B. 同等价格下，全向轮的强度更高

    C. 全向轮可以进行全方向移动（以自身为坐标系）

    D. 普通轮子只能向一个方向移动（以自身为坐标系）

6. 以下（ B ）不是进行两轮差速轮式机器人运动学正解需要的参数。

    A. 左右轮子的间距   B. 前后轮子滚动轴的间距

    C. 左轮速度   D. 右轮速度

7. 以下关于 Ubuntu 的说法正确的是（ D ）。

    A. Ubuntu 无法使用网页浏览器

    B. Ubuntu 无法使用键盘鼠标进行操作

    C. Ubuntu 无法与笔记本电脑兼容

    D. Ubuntu 与 Windows 一样都属于电脑操作系统

8. 以下设备中不能运行 Ubuntu 的是（ A ）。

    A. STM32   B. 树莓派   C. JetsonNano   D. 笔记本电脑

9. ROS 提供的事物不包括（ A ）。

    A. 网络环境   B. ROS 通信标准   C. 机器人调试工具   D. ROS 软件库

10. 下列不属于 ROS 常用文件类型的是（ A ）。

    A. world   B. launch   C. msg   D. urdf

11. 工作空间文件夹下的 devel 文件夹内的文件包括（ A ）。

    A. 编译生成的可执行文件   B. 源文件

    C. 编译中间文件   D. 编译规则文件

12. 下列（ A ）是一个功能包内必须包含的。

    A. 功能包编译规则文件   B. Python 文件

    C. C++源文件   D. C++头文件

13. 下列关于 ROS 通信的描述错误的是（ D ）。

    A. 一个节点可以同时发布和订阅多个话题

    B. 服务通信相对话题通信的特点是双向通信

    C. 每次运行 roscore，其中的参数服务器都是空的

    D. 关闭 roscore 后，参数服务器内的参数会保留

14. 下列关于话题数据的描述错误的是（ D ）。

    A. std_msgs 是 ROS 最基本的数据格式库

    B. std_msgs 包含 Bool、Char、string、float32 等数据格式

    C. 自定义话题数据格式需要创建话题数据格式文件与编写相关编译规则

    D. 自定义的话题数据格式文件必须放置在功能包的 msg 文件夹下

15. 下列关于 launch 文件局部参数描述错误的是(C)。

 A. 局部参数的标签为 arg

 B. 局部参数可以从调用者(launch 文件)传递到被调用者(launch 文件)

 C. 局部参数可以从被调用者(launch 文件)传递到调用者(launch 文件)

 D. 局部参数可以使用 group 标签进行判断

16. 下列关于 TF 的描述错误的是(D)。

 A. TF 是英文 Transform 的缩写,坐标变换的意思

 B. ROS 中的 TF 相当于一个坐标管理系统

 C. 使用 TF 可以查看 TF 坐标系统内任意两个坐标之间的位姿关系

 D. TF 支持 launch 文件的 ns 命名空间的重命名

17. 下列关于 urdf 文件描述错误的是(B)。

 A. link 是描述机器人零件属性的标签

 B. link 标签只能描述机器人的外形属性

 C. joint 是描述机器人零件间坐标关系的标签

 D. joint 描述的零件关系如果是可旋转的,则需要设置旋转轴

18. 下列关于 rviz 的描述错误的是(B)。

 A. Fixed Frame 代表 rviz 的参考坐标,必须设置为当前存在的 TF 坐标

 B. rviz 只能识别参数 robot_description 进行机器人外形可视化

 C. rviz 是 ROS 的 3D 可视化工具,可视化选项可以添加、删除和保持

 D. rviz 的 TF 可视化选项默认会显示当前存在的所有与 Fixed Frame 有关联的 TF 坐标

19. 一个与运动底盘通信的 ROS 节点需要做的工作不包括(D)。

 A. 与运动底盘建立通信

 B. 获取运动底盘的状态数据,并把这些数据作为话题发布出去

 C. 订阅速度控制命令话题,并向运动底盘发送对应速度控制命令

 D. 对速度控制命令进行运动学逆解,计算出运动底盘各轮目标速度

20. 自主导航的前置条件不包括(D)。

 A. 已有地图信息

 B. 雷达信息(感知实时环境)

 C. 已有路径规划器

 D. 机器人可以进行全向移动

二、判断题(每小题 1 分,共 10 分)

1. 主流上 ROS 都是运行在 Ubuntu 系统中的。 (√)

2. STM32 中断服务函数优先级低于 FreeRTOS 任务。 (×)

3. 对于阿克曼转向式机器人知道运动学正解和逆解公式的其中一个,即可反求另一个公式。(×)

4. 远程控制的四要素是网络环境、IP 地址、用户名和系统密码。 (√)

5. 指定功能包编译后,下次运行 catkin_make 命令将只编译上次编译指定的功能包。 (√)

6. 编写完 Python 程序文件,需要编写 CmakeLists.txt 文件使程序文件编译生成可执行文件。

 (√)

7. cv_bridge 可以把 ROS 中的图像话题转换为 OpenCV 的图像格式。 (√)

8. 如果运动底盘的串口设备名经常变化,可以对该设备添加设备别名后,以设备别名识别该串口设备。 （ ✓ ）

9. 建图必须要有里程计、IMU 信息。 （ ✕ ）

10. 全局路径规划器会发布速度控制命令话题。 （ ✕ ）

三、填空题(每小题 1 分,共 10 分)

1. 十进制数 -600 的二进制表达为 1111 1101 1010 1000。

2. 轮式机器人的运动学正解是指已知各个轮子的速度求出机器人的三轴速度。

3. 阿克曼转向式机器人的运动学分析需要知道的机器人结构参数有轮距、轴距。

4. Vmware 手动固定虚拟机连接的网卡需要设置的两个地方为桥接模式和虚拟网络编辑器。

5. ROS 通信的前提是运行了 roscore,ROS 常见的通信方式有以下 3 种:话题(Topic)、服务(Service)、动作(Action)。

6. 参数服务器中查看参数列表、获取参数值、设置参数值的命令分别是 rosparam list、rosparam set 参数名 参数值、rosparam get 参数名。

7. ROS 中调用可执行文件的命令是 rosrun 功能包名 可执行文件名。

8. 姿态 Roll=0(绕 x 轴),Pitch=0(绕 y 轴),Yaw=$\pi/2$(绕 z 轴)的四元数表达为: $x=0$, $y=0$, $z=\dfrac{\sqrt{2}}{2}$, $w=\dfrac{\sqrt{2}}{2}$ 。

9. map_server 功能包保存的地图文件有两个格式,分别为 .pgm 和 .yaml。

10. 生成全局代价地图需要哪些信息和参数:地图话题、雷达话题、机器人外形参数、膨胀半径参数和膨胀斜率参数。

四、计算题(10 分)

如图 F-4 所示全向轮机器人,已知全向轮到机器人中的距离为 R,B、C 轮沿 A 轮到 O 点对称分布,$\angle AOB=\angle AOC=\alpha$,求该全向轮机器人的运动学逆解公式(机器人前后移动速度为 v_x,前进为正;机器人左右移动速度为 v_y,左移为正;机器人绕 O 点旋转速度为 v_z,逆时针为正;全向轮 A、B、C 轮毂转动产生的线速度为 $v_{A轮}$、$v_{B轮}$、$v_{C轮}$,绕 O 点逆时针为正)。

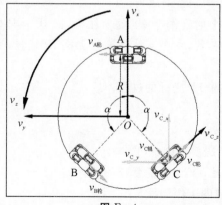

图 F-4

解:设全向轮 C 与地面接触的辊子的线速度为 $v_{C辊}$,全向轮轮 C 质心绕点 O 旋转的线速度为 v_{C_z},全向轮 C 质心的前后移动速度为 v_{C_x},全向轮 C 质心的左右移动速度为 v_{C_y},则有

$$v_{C\_x} = v_x + v_z R\cos(\alpha - 90°) \qquad (\text{F.2.1})$$

$$v_{C\_y} = v_y - v_z R \sin(\alpha - 90°) \qquad \text{(F.2.2)}$$

$$v_{C\_x} = v_{C辊} \sin(\alpha - 90°) + v_{C轮} \cos(\alpha - 90°) \qquad \text{(F.2.3)}$$

$$v_{C\_y} = v_{C辊} \cos(\alpha - 90°) - v_{C轮} \sin(\alpha - 90°) \qquad \text{(F.2.4)}$$

由 $\cos(\alpha - 90°) = \sin\alpha, \sin(\alpha - 90°) = -\cos\alpha$,联立式(F.2.1)～式(F.2.4)可得

$$-v_{C辊} \cos\alpha + v_{C轮} \sin\alpha = v_x + v_z R \sin\alpha \qquad \text{(F.2.5)}$$

$$v_{C辊} \sin\alpha + v_{C轮} \cos\alpha = v_y + v_z R \cos\alpha \qquad \text{(F.2.6)}$$

联立式(F.2.5)～式(F.2.6)可得

$$v_{C轮} = \frac{v_x \tan\alpha + v_y + (\sin\alpha \tan\alpha + \cos\alpha)Rv_z}{\cos\alpha + \sin\alpha \tan\alpha} \qquad \text{(F.2.7)}$$

按类似的推导方式可以求出 $v_{A轮}$、$v_{B轮}$ 与 v_x、v_y、v_z 的关系:

$$v_{A轮} = v_y + v_z R \qquad \text{(F.2.8)}$$

$$v_{B轮} = \frac{-v_x \tan\alpha + v_y + (\sin\alpha \tan\alpha + \cos\alpha)Rv_z}{\cos\alpha + \sin\alpha \tan\alpha} \qquad \text{(F.2.9)}$$

式(F.2.7)～式(F.2.9)即为该全向轮机器人的运动学逆解公式。

五、简答题(每小题 6 分,共 30 分)

1.STM32 实现三轴速度控制命令的流程是怎么样的?

　　STM32 获取机器人 x、y、z 三轴目标速度后,由运动学分析算法计算得到各个轮子的目标速度,由 4 个轮子的转动实现机器人的三轴目标速度(2 分)。

　　求出各轮子目标速度后,使用 PID 控制算法(1 分),根据目标速度与编码器反馈实时速度(1 分),输出 PWM 控制信号,PWM 信号经过电机驱动的放大后输出到直流电机(1 分),电压(压差)越大,电机转动越快,电机带动轮子旋转(1 分),轮子的运动合成为机器人的三轴速度。

2.简述 ROS 多机通信的作用与要求。

(1)ROS 多机通信可以让多台电脑上的 ROS 节点互相订阅其中所有电脑发布的话题/服务/动作/参数服务器(2 分)。

(2)所有 ROS 主控必须位于同一个局域网下(1 分)。

(3)所有电脑必须指定同一个电脑作为多机通信主机,以 IP 地址区分各个电脑(1 分)。

(4)所有电脑必须设置两个参数,一个参数设置为主机 IP 地址,另一个参数设置为本机 IP 地址(2 分)。

3.简述使用 TF2 程序实现广播 TF 坐标的过程。

(1)初始化 ROS 节点(1 分)。

(2)创建 TF 坐标广播器(2 分)。

(3)创建 TF 坐标变量,并根据需要赋值(1 分)。

(4)使用 TF 坐标广播器广播 TF 坐标变量(2 分)。

4.简述 robot_pose_ekf 功能包的工作流程。

(1)robot_pose_ekf 订阅里程计话题和 IMU 话题,同时需要 IMU 话题数据对应的 TF 坐标(2 分)。

(2)robot_pose_ekf 综合以上信息计算得到更准确的里程计信息,并作为话题发布出去(2 分)。

(3)同时 robot_pose_ekf 会以新计算得到的里程计信息为准,广播机器人初始位置与机器人

当前位置的 TF 坐标关系(2 分)。

5.简述雷达在一般同步定位与建图中的作用。

(1)因为里程计和 IMU 的数据误差会随时间累积(2 分)。

(2)而雷达的每一帧数据都反映当前环境的实际情况(2 分)。

(3)所以雷达一般会用于补偿里程计与 IMU 的定位误差(1 分)。

(4)雷达感知到的环境数据也用于为建立地图提供原始地图数据(1 分)。

六、应用题(20 分)

如图 F - 5 所示,一辆 ROS 小车由于机械结构原因,L1、L2 两个雷达与车体处于同一个平面,如何把使用两个雷达,使小车可以获取周围 360°的环境信息,进行建图导航?利用已学知识,使用 ROS 实现。将实现方案写出来,每一个方案设计都应该说明用于解决什么问题,方案考虑的问题越全面,方案越完善,得分越高。

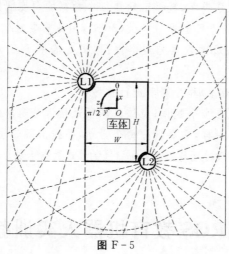

图 F - 5

解:(1)如果方案是在导航内将两个雷达作为两个传感器源,那么得分最高 5 分。因为 amcl 不接受两个雷达数据的输入,所以多数建图算法也不接受两个雷达数据的输入。

(2)标准方案:融合两个雷达数据话题为一体后,作为新雷达话题发布。定位、建图和导航都使用融合雷达话题(提出方案,2 分)。

融合步骤:

L1 屏蔽 $\pi \sim \dfrac{3\pi}{4}$ 范围内的雷达数据,L2 屏蔽 $0 \sim \dfrac{\pi}{2}$ 范围内的雷达数据(2 分)。

编写程序,订阅两个雷达数据话题,融合数据后,发布新的雷达数据话题(1 分)。

假设融合后的雷达数据是以车体中心为基准的,则融合公式为:

设以 L1 为基准的雷达数据如下:径向距离 $L1_{dis}$、角度 $L1_{angle}$、x 轴距离 $L1_x$、y 轴距离 $L1_y$。

设以 L2 为基准的雷达数据如下:径向距离 $L2_{dis}$、角度 $L2_{angle}$、x 轴距离 $L2_x$、y 轴距离 $L2_y$。

设以车体中心为基准的雷达数据如下:径向距离 R_{dis}、角度 R_{angle}、x 轴距离 R_x、y 轴距离 R_y。

由 L1、L2 雷达话题数据已知 $L1_{dis}$、$L1_{angle}$、$L2_{dis}$、$L2_{angle}$。则有(2 分)

$$L1_x = L1_{dis}\cos(L1_{angle}), \quad L1_y = L1_{dis}\sin(L1_{angle}) \tag{F.2.10}$$

$$L2_x = L2_{dis}\cos(L2_{angle}), \quad L2_y = L2_{dis}\sin(L2_{angle}) \tag{F.2.11}$$

L1、L2 两个雷达在 x、y 轴上的距离转换为以车体中心为基准(2分):

L1 雷达数据转换:

$$R_x = L1_x - \frac{H}{2}, \ R_y = L1_y - \frac{W}{2} \tag{F.2.12}$$

L2 雷达数据转换:

$$R_x = L2_x + \frac{H}{2}, \ R_y = L2_y + \frac{W}{2} \tag{F.2.13}$$

由 R_x、R_y 求 R_{dis}、R_{angle}(2分):

$$R_{dis} = \sqrt{R_x{}^2 + R_y{}^2} \tag{F.2.14}$$

$$R_{angle} = \arctan\left(\frac{R_y}{R_x}\right) \tag{F.2.15}$$

雷达数据话题需要设置分辨率,数据话题要每个数据的角度间隔是一致的,但是更改位置基准后,每个数据的角度间隔不可能保持一致(2分),因此需要对该问题进行优化:

融合后的数据相对 L1、L2 的数据分辨率提高,提高倍率不应该过高,否则会有大量无效数据(2分)。

对融合数据根据角度(R_{angle})和分辨率进行排序(2分)。

如果在同一个分辨率上有多个数据,应该只保留最接近分辨率的那个数据(2分)。

如果有考虑因为位置不一样,需要区分两个雷达,并提出新建设备别名解决方案(2分)。

至此,数据融合完成,在修改建图导航功能中订阅的雷达数据话题为融合数据话题即可(1分)。

附录3 《ROS 教育机器人实训教程》C 卷

【说明】

本试卷未指定的单位默认统一为:距离(m),角度(rad),线速度(m/s),角速度(rad/s),线加速度(m/s²)。

本试卷的 ROS 默认指代 ROS1,且系统环境默认为 Ubuntu 18.04.05。

自主导航默认指代地图已知的自主导航。

一、单项选择题(每小题1分,共20分)

1.以下(C)不属于 ROS 直接提供的。

　　A.多传感器合作环境　　　　　　B.多机器人合作环境

　　C.图像处理功能　　　　　　　　D.机器人开发标准

2.以下关于 ROS 机器人运动方向的描述错误的是(A)。

　　A.x 轴正方向为向右　　　　　　B.x 轴正方向为向前

　　C.y 轴正方向为向左　　　　　　D.z 轴正方向为逆时针

3.二进制数 1011 1110 0101 1100 的十进制表达以下正确的是(B)。

A.—16 803   B.—16 804   B. 48 732   D.—15 964

4. 下列关于 FreeRTOS 的描述不正确的是（ A ）。

  A. FreeRTOS 任务优先级高于中断服务函数

  B. FreeRTOS 任务频率不可以高于 1 000 Hz

  C. FreeRTOS 任务优先级有 0～31 共 32 个挡位

  D. 使用 FreeRTOS 可以很方便地创建定时任务

5. 使用麦克纳姆轮的轮式机器人要实现前后、左右、旋转三个方向的运动,至少需要（ B ）个麦克纳姆轮。

  A. 2   B. 3   C. 4   D. 5

6. 以下（ B ）不是进行两轮差速轮式机器人运动学正解需要的参数。

  A. 左右轮子的间距   B. 前后轮子滚动轴的间距

  C. 左轮速度   D. 右轮速度

7. 以下关于 Ubuntu 的说法正确的是（ D ）。

  A. Ubuntu 无法使用网页浏览器

  B. Ubuntu 无法使用键盘鼠标进行操作

  C. Ubuntu 无法与笔记本电脑兼容

  D. Ubuntu 与 Windows 一样都属于电脑操作系统

8. 以下关于 NFS 文件挂载的说法正确的是（ C ）。

  A. NFS 文件挂载不需要指定挂载文件的存放文件夹

  B. NFS 文件挂载需要输入服务端密码

  C. NFS 文件挂载需要输入客户端密码

  D. NFS 文件挂载服务端不需要配置,客户端即可挂载服务端的任意文件

9. ROS 提供的事物不包括（ A ）。

  A. 网络环境   B. ROS 通信标准   C. 机器人调试工具   D. ROS 软件库

10. 下列（ A ）是一个功能包内必须包含的。

  A. 功能包编译规则文件   B. Python 文件

  C. C＋＋源文件   D. C＋＋头文件

11. 非 apt 安装的 ROS 功能包应该放在工作空间的（ C ）文件夹。

  A. build   B. devel   C. src   D. 工作空间根目录

12. 工作空间文件夹下的 devel 文件夹内的文件包括（ A ）。

  A. 编译生成的可执行文件   B. 源文件

  C. 编译中间文件   D. 编译规则文件

13. 下列关于编译对文件和时间要求的描述错误的是（ A ）。

  A. 编译系统会判断 launch 文件是否被修改了

  B. 编译系统会判断编译相关文件是否被修改了

  C. 电脑系统时间大于编译相关文件被修改时间时,功能包才可以被编译

  D. 编译相关文件被修改时间大于上次被编译时间时,功能包才可以被编译

14. 下列关于话题数据的描述错误的是（ D ）。

  A. std_msgs 是 ROS 最基本的数据格式库

B. std_msgs 包含 Bool、Char、string、float32 等数据格式

C. 自定义话题数据格式需要创建话题数据格式文件与编写相关编译规则

D. 自定义的话题数据格式文件必须放置在功能包的 msg 文件夹下

15. 下列关于 launch 文件局部参数描述错误的是（ C ）。

A. 局部参数的标签为 arg

B. 局部参数可以从调用者（launch 文件）传递到被调用者（launch 文件）

C. 局部参数可以从被调用者（launch 文件）传递到调用者（launch 文件）

D. 局部参数可以使用 group 标签进行判断

16. 下列关于 TF 的描述错误的是（ B ）。

A. 两个 TF 坐标的关系需要广播出去，才能加入 TF 坐标系统

B. 两个 TF 坐标的关系只需要广播一次，即可一直存在于 TF 坐标系统

C. 两个 TF 坐标的关系停止广播后，TF 监听者将无法获取这两个 TF 坐标间的关系

D. roscore 停止运行后，TF 坐标系统也会停止运行

17. 下列关于 urdf 文件描述错误的是（ B ）。

A. link 是描述机器人零件属性的标签

B. link 标签只能描述机器人的外形属性

C. joint 是描述机器人零件间坐标关系的标签

D. joint 描述的零件关系如果是可旋转的，则需要设置旋转轴

18. 下列关于 rqt 的描述错误的是（ D ）。

A. rqt 是 ROS 的可视化调试工具

B. 使用 rqt 可以监视话题数据的变化

C. 使用 rqt 可以图形化动态调节参数服务器内的参数

D. 使用 rqt 动态调节参数，不需要提前进行配置

19. 下列关于功能包 robot_pose_ekf 的描述错误的是（ C ）。

A. robot_pose_ekf 会联合使用里程计和姿态传感器数据，计算出误差更小的里程计数据

B. robot_pose_ekf 会广播机器人初始位置与机器人当前位置的 TF 坐标

C. 机器人初始位置是指机器人开机时的位置

D. 机器人初始位置是指"与运动底盘通信的 ROS 节点"启动时的位置

20. navigation 功能包集中的代价地图，一般会使用的信息、参数不包括（ A ）。

A. 雷达在机器人的安装位置　　　　B. 雷达话题

C. 机器人外形参数　　　　　　　　D. 膨胀半径参数

二、判断题（每小题 1 分，共 10 分）

1. 上层决策部分必须在树莓派中运行。　　　　　　　　　　　　　　（ × ）

2. 两轮差速式机器人可以进行横向移动。　　　　　　　　　　　　　（ × ）

3. 阿克曼转向式机器人可以进行零半径转弯。　　　　　　　　　　　（ × ）

4. 只要一个终端进行了 SSH 登录，那么其他已开启终端也自动进行了 SSH 登录。（ × ）

5. 命令 rostopic list 是用于显示当前系统已安装的所有话题数据格式的。（ × ）

6. ROS 多机通信需要配置的文件是 .bashrc。　　　　　　　　　　　（ √ ）

7. 编写完 C++程序文件,需要编写 CmakeLists. txt 文件使程序文件编译生成可执行文件。

（ √ ）

8. TF 不支持 launch 文件 ns 命名空间的重命名。 （ √ ）

9. rviz 是 ROS 的 3D 可视化工具,在 ROS 中 rviz 被广泛应用在 SLAM、视觉 SLAM 和机械臂开发中。 （ √ ）

10. hecor 建图算法需要用到里程计、IMU 信息。 （ × ）

三、填空题(每小题 1 分,共 10 分)

1. 0X75 异或 0X6F 的结果是 <u>0X1A</u>。

2. 轮式机器人的运动学逆解是指已知 <u>机器人的三轴速度求出各个轮子的速度</u>。

3. Ubuntu 中,创建文件夹的命令为 <u>mkdir</u> 文件名,删除文件的命令为 <u>rm</u> 文件名,赋予文件可执行权限的命令为 <u>sudo chmod 777</u> 文件名。

4. 列出当前 ROS 通信内全部话题、节点、服务的命令分别为 <u>rostopic list</u>、<u>rosnode list</u>、<u>rosservice list</u>。

5. 查看节点、话题、话题格式详细信息的命令分别为 <u>rosnode info</u> 节点名、<u>rostopic info</u> 话题名、<u>rosmsg info (/rosmsg show)</u> 消息名。

6. ROS 中调用 launch 文件的命令是 <u>roslaunch 功能包名</u> launch 文件名。

7. 姿态 Roll=0(绕 x 轴),Pitch=0(绕 y 轴),Yaw=$\pi/2$(绕 z 轴)的四元数表达为: $x=$ <u>0</u> , $y=$ <u>0</u> , $z=$ <u>$\frac{\sqrt{2}}{2}$</u> , $w=$ <u>$\frac{\sqrt{2}}{2}$</u> 。

8. TF 描述的两个物体之间的坐标关系信息是 <u>位置和姿态</u>。

9. 常见的建图算法有 <u>gmapping</u>、<u>hector</u>、<u>karto</u> 和 <u>cartographer</u>。

10. 路径规划一般会分为 <u>全局</u> 路径规划和 <u>局部</u> 路径规划两个部分。

四、计算题(10 分)

如图 F-6 所示全向轮机器人,已知全向轮到机器人中的距离为 R,B、C 轮沿 A 轮到 O 点对称分布,$\angle AOB=\angle AOC=\alpha$,求该全向轮机器人的运动学逆解公式(机器人前后移动速度为 v_x,前进为正;机器人左右移动速度为 v_y,左移为正;机器人绕 O 点旋转速度为 v_z,逆时针为正;全向轮 A、B、C 轮毂转动产生的线速度为 $v_{A轮}$、$v_{B轮}$、$v_{C轮}$,绕 O 点逆时针为正)。

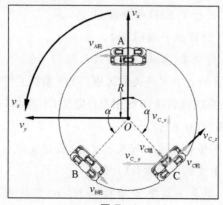

图 F-6

解:设全向轮 C 与地面接触的辊子的线速度为 $v_{C辊}$,全向轮轮 C 质心绕点 O 旋转的线速

度为 v_{C_z}，全向轮 C 质心的前后移动速度为 v_{C_x}，全向轮 C 质心的左右移动速度为 v_{C_y}，则有

$$v_{C\_x} = v_x + v_z R\cos(\alpha - 90°) \tag{F.3.1}$$

$$v_{C\_y} = v_y - v_z R\sin(\alpha - 90°) \tag{F.3.2}$$

$$v_{C\_x} = v_{C辊}\sin(\alpha - 90°) + v_{C轮}\cos(\alpha - 90°) \tag{F.3.3}$$

$$v_{C\_y} = v_{C辊}\cos(\alpha - 90°) - v_{C轮}\sin(\alpha - 90°) \tag{F.3.4}$$

由 $\cos(\alpha - 90°) = \sin\alpha$，$\sin(\alpha - 90°) = -\cos\alpha$，联立式（F.3.1）～式（F.3.4）可得

$$-v_{C辊}\cos\alpha + v_{C轮}\sin\alpha = v_x + v_z R\sin\alpha \tag{F.3.5}$$

$$v_{C辊}\sin\alpha + v_{C轮}\cos\alpha = v_y + v_z R\cos\alpha \tag{F.3.6}$$

联立式（F.3.5）～式（F.3.6）可得

$$v_{C轮} = \frac{v_x\tan\alpha + v_y + (\sin\alpha\tan\alpha + \cos\alpha)Rv_z}{\cos\alpha + \sin\alpha\tan\alpha} \tag{F.3.7}$$

按类似的推导方式可以求出 $v_{A轮}$、$v_{B轮}$ 与 v_x、v_y、v_z 的关系：

$$v_{A轮} = v_y + v_z R \tag{F.3.8}$$

$$v_{B轮} = \frac{-v_x\tan\alpha + v_y + (\sin\alpha\tan\alpha + \cos\alpha)Rv_z}{\cos\alpha + \sin\alpha\tan\alpha} \tag{F.3.9}$$

式（F.3.7）～式（F.3.9）即为该全向轮机器人的运动学逆解公式。

五、简答题(每小题 6 分，共 30 分)

1.机器人一般会分为几个部分？分别有什么用？

(1)上层决策和底层执行两个部分(2 分，后面有重复描述则不加分)。

(2)上层决策部分：处理一些需要较大算力、实时性要求低的任务。例如图像处理、导航路径规划等，最终输出速度控制命令给底层执行部分去执行(3 分)。

(3)底层执行部分：处理些算力要求低、实时性要求较高的任务。最基本的任务是在接收到速度控制命令后，控制机器人进行运动。一般还会有向上层决策部分上传机器人状态信息的功能。状态信息包括机器人实时速度、机器人实时姿态等(3 分)。

2.简述 SSH 登录必备的条件和信息。

(1)服务端电脑与客户端电脑必须处于同一个局域网(网段)下(2 分)。

(2)服务端电脑必须安装并运行了 SSH 服务端(1 分)。

(3)客户端电脑必须安装了 SSH 客户端(1 分)。

(4)服务端电脑的 IP 地址、用户名、系统密码必须已知(2 分)。

3.简述用户自定义工作空间下的 3 个文件夹的区别；ROS 系统工作空间与用户自定义工作空间的区别；以及如何让 Ubuntu 系统识别到 ROS 用户自定义工作空间(不需要写详细命令)。

(1)src:存放 ROS 功能包源码(1 分)。

(2)devel:存放由功能包源码编译生成的可执行文件(目标文件)(1 分)。

(3)build:存放编译过程中生成的中间文件(1 分)。

(4)用户自定义工作空间：需要手动复制功能包到 src 文件夹并编译，才可以使用功能包(1 分)。

(5)ROS 系统工作空间：存放 apt 安装的功能包，直接安装可执行文件，不需要编译，也没有

源码文件(1分)。

(6)对用户自定义工作空间文件夹 devel 下的文件 setup. bash 使用 source 命令,即可让 Ubuntu 系统识别到用户自定义工作空间(1分)。

4.简述使用 TF2 程序实现广播 TF 坐标的过程。

(1)初始化 ROS 节点(1分)。

(2)创建 TF 坐标广播器(2分)。

(3)创建 TF 坐标变量,并根据需要赋值(1分)。

(4)使用 TF 坐标广播器广播 TF 坐标变量(2分)。

5.简述雷达在一般同步定位与建图中的作用。

(1)因为里程计和 IMU 的数据误差会随时间累积(2分)。

(2)而雷达的每一帧数据都反映当前环境的实际情况(2分)。

(3)所以雷达一般会用于补偿里程计与 IMU 的定位误差(1分)。

(4)雷达感知到的环境数据也用于为建立地图提供原始地图数据(1分)。

六、应用题(20分)

如图 F-7 所示,假设现在有两辆完全一样(包括内部文件、配置)的 ROS 机器人 A 和 B(基于 Ubuntu),机器人自身会向外发布里程计和 IMU 话题(非绝对准确,有误差),可以接受 x 轴和 z 轴的速度控制命令,同时带有雷达。利用已学知识,使用 ROS 实现以下功能:A 运动的时候,B 自动跟随 A。将实现方案写出来,每一个方案设计都应该说明用于解决什么问题,方案考虑的问题越全面,方案越完善,得分越高。

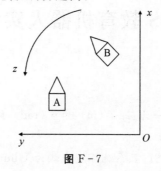

图 F-7

解:可行的跟随方案酌情打分。方案完善,说明问题 2 分,解决方案酌情打分。

跟随方案:

对比机器人 A、B 的里程计话题(或者 TF),发布速度命令控制机器人 B 进行跟随(2分)。

跟随公式:

设机器人 A、B 里程计坐标为 x_A、y_A、z_A、x_B、y_B、z_B,机器人 B 速度命令为 v_{B_x}、v_{B_z}。

机器人 A、B 的里程计相对坐标 $x_{BA} = x_A - x_B$,$y_{BA} = y_A - y_B$。

机器人 B 到机器人 A 的方向为 $z_{BA} = \arctan\left(\dfrac{y_{BA}}{x_{BA}}\right)$(ROS 坐标系,$x$ 正轴为 z 轴零点)(2分)。

$$\begin{cases} v_{B_x} = \sqrt{x_{BA}{}^2 + y_{BA}{}^2}, & -\dfrac{\pi}{4} < z_B - z_{BA} < \dfrac{\pi}{4} \\ v_{B_x} = -\sqrt{x_{BA}{}^2 + y_{BA}{}^2}, & -\dfrac{\pi}{4} > z_B - z_{BA} \ \text{或} \ z_B - z_{BA} > \dfrac{\pi}{4} \end{cases}$$

$$v_{B_z} = z_B - z_{BA} \, (3\ \text{分})$$

需要进行多机通信配置,否则机器人 A、B 的话题不互通,将无法实现跟随(2 分)。

配置多机通信网络环境,使机器人 A、B 处于同一个局域网下(1 分)。

修改机器人 A、B 的 .bashrc 文件,设置主从机(1 分)。

因为机器人 A、B 源码一样,启动节点、话题和 TF 名称也一样,将会造成冲突,解决该问题需要为节点、话题和 TF 重命名(2 分)。

使用 launch 文件的"group"标签对节点话题重命名(2 分)。/ 使用 launch 文件的"ns""remap"对节点话题重命名(1 分)。

TF 不接受重命名,提到 TF 要手动重命名的(2 分)。

提到 launch 文件参数传递,使用一个参数对所有节点、话题和 TF 重命名的(2 分)。

如果考虑到里程计误差,使用 robot_pose_ekf 融合 IMU 数据求更准确的里程计(或者里程计 TF)(2 分)。

如果使用 amcl 功能包(需要搭配地图使用),融合雷达数据求更准确的里程计 TF(2 分)。

附录 4　《ROS 教育机器人实训教程》D 卷

【说明】

本试卷未指定的单位默认统一为:距离(m),角度(rad),线速度(m/s),角速度(rad/s),线加速度(m/s²)。

本试卷的 ROS 默认指代 ROS1,且系统环境默认为 Ubuntu 18.04.05。

自主导航默认指代地图已知的自主导航。

一、单项选择题(每小题 1 分,共 20 分)

1. 一般机器人的底层执行部分用于处理(D)任务。
　A. 图像处理　　　　　　　　　　　B. 路径规划
　C. 实时定位与建图　　　　　　　　D. 电机控制

2. 以下关于 ROS 机器人运动方向的描述错误的是(A)。
　A. x 轴正方向为向右　　　　　　B. x 轴正方向为向前
　C. y 轴正方向为向左　　　　　　D. z 轴正方向为逆时针

3. 0X75 异或 0X6F 的结果是(B)。
　A. 0X16　　　　　B. 0X1A　　　　　C. 0X19　　　　　D. 0X18

4.静止状态下姿态传感器的 z 轴加速度数据应该为 (g:重力加速度)(A)。

  A. g B. 0   C. $2g$ D. 1 m/s²

5.以下关于普通轮子对比全向轮的描述错误的是(B)。

  A.同等价格下,普通车轮的强度更高

  B.同等价格下,全向轮的强度更高

  C.全向轮可以进行全方向移动(以自身为坐标系)

  D.普通轮子只能向一个方向移动(以自身为坐标系)

6.以下设备中不能运行 Ubuntu 的是(A)。

  A. STM32   B. 树莓派   C. JetsonNano   D. 笔记本电脑

7.远程控制一台电脑的条件不包括(D)。

  A.与被控制电脑处于同一个局域网下   B.需要知道被控制电脑的 IP 地址

  C.需要知道被控制电脑发用户名   D.需要知道被控制电脑的主机名

8.以下关于 SSH 的说法正确的是(C)。

  A.只要一个终端进行了 SSH 登录,那么其他已开启终端也自动进行了 SSH 登录

  B.被登录的电脑不需要安装并开启 SSH 服务

  C.电脑需要安装 SSH 客户端才可以进行 SSH 登录

  D. SSH 登录不需要知道被登录电脑的密码

9. Ubuntu 18.04 系统应该安装(B)版本的 ROS。

  A. Noetic   B. Melodic   C. Lunar   D. Kinetic

10.下列不属于 ROS 常用文件类型的是(A)。

  A. world   B. launch   C. msg   D. urdf

11.下列(A)是一个功能包内必须包含的。

  A.功能包编译规则文件   B. Python 文件

  C. C++源文件   D. C++头文件

12.下列关于 ROS 通信的描述错误的是(D)。

  A.一个节点可以同时发布和订阅多个话题

  B.服务通信相对话题通信的特点是双向通信

  C.每次运行 roscore,其中的参数服务器都是空的

  D.关闭 roscore 后,参数服务器内的参数会保留

13.下列关于 ROS 多机通信的描述错误的是(D)。

  A.只有处于同一个局域网下的设备才可以进行 ROS 多机通信

  B. roscore 只能由主机运行

  C.参与 ROS 多机通信的设备必须同时设置主机与本机 IP 地址

  D.把主机 IP 地址设置为本机 IP 地址,即可参与 ROS 多机通信

14.下列(A)命令可以查看 ROS 话题通信的整体情况。

  A. rqt_graph   B. rostopic list   C. rosparam list   D. rosnode list

15.下列关于 launch 文件局部参数描述错误的是(C)。

  A.局部参数的标签为 arg

  B.局部参数可以从调用者(launch 文件)传递到被调用者(launch 文件)

C. 局部参数可以从被调用者（launch 文件）传递到调用者（launch 文件）

D. 局部参数可以使用 group 标签进行判断

16. 下列关于 TF 的描述错误的是（ D ）。

A. TF 是英文 Transform 的缩写，坐标变换的意思

B. ROS 中的 TF 相当于一个坐标管理系统

C. 使用 TF 可以查看 TF 坐标系统内任意两个坐标之间的位姿关系

D. TF 支持 launch 文件的 ns 命名空间的重命名

17. 下列关于 urdf 文件描述错误的是（ B ）。

A. urdf 文件内容在 ROS 中一般是作为参数上传到参数服务器再进行处理

B. 使用 urdf 文件上传的到参数服务器的参数名称是固定的，不可以改变

C. 功能包 joint_state_publisher 可以创建节点读取参数服务器内的 urdf 参数，并发布相关话题（默认为"/joint_states"）

D. 功能包 robot_state_publisher 可以创建节点（默认）订阅话题"/joint_states"，并广播相关 TF 坐标

18. 下列关于 rviz 的描述错误的是（ B ）。

A. Fixed Frame 代表 rviz 的参考坐标，必须设置为当前存在的 TF 坐标

B. rviz 只能识别参数 robot_description 进行机器人外形可视化

C. rviz 是 ROS 的 3D 可视化工具，可视化选项可以添加、删除和保持

D. rviz 的 TF 可视化选项默认会显示当前存在的所有与 Fixed Frame 有关联的 TF 坐标

19. 下列关于同步定位与建图的说法错误的是（ D ）。

A. 机器人要进行建图必须要有感知环境信息和定位的能力

B. 环境信息可以帮助纠正定位的错误

C. 轮式机器人的定位能力主要来自里程计

D. 建图必须要有里程计信息用于机器人定位

20. 自主导航的前置条件不包括（ D ）。

A. 已有地图信息　　　　　　　　B. 雷达信息（感知实时环境）

C. 已有路径规划器　　　　　　　D. 机器人可以进行全向移动

二、判断题（每小题 1 分，共 10 分）

1. 机器人的底层执行部分必须在 STM32 中运行。（ × ）

2. STM32 中断服务函数优先级低于 FreeRTOS 任务。（ × ）

3. 两轮差速式机器人可以进行零半径转弯。（ √ ）

4. 使用 NFS 只能挂载服务端已经共享的文件。（ √ ）

5. 工作空间下的 src 文件夹主要用于放置编译生成的可执行文件。（ × ）

6. ROS 功能相关的每一个可执行文件都应该创建一个节点。（ √ ）

7. laucnh 文件不可以调用 launch 文件。（ × ）

8. rqt 是 ROS 提供的一个很重要的可视化调试工具，它提供了对话题、服务、动作、参数服务器、TF 和图片等功能、数据的调试和可视化工具。（ √ ）

9. 一个与运动底盘通信的 ROS 节点至少要有订阅速度控制命令，并控制运动底盘运动的功能。（ √ ）

10. robot_pose_ekf 的主要作用是融合里程计和 IMU 信息,然后广播里程计 TF 坐标。(√)

三、填空题(每小题 1 分,共 10 分)

1. 十进制数 -600 的二进制表达为 <u>1111 1101 1010 1000</u> 。

2. 两轮差速式机器人的运动学分析需要知道的机器人结构参数有 <u>轮距</u> 。

3. Ubuntu 中,创建文件的命令为 <u>touch</u> 文件名,显示当前终端对应文件夹的命令为 <u>pwd</u>,删除文件及其内容的命令为 <u>rm -rf</u> 文件夹名。

4. Ubuntu 中,给命令添加管理员权限应该在命令前面加 <u>sudo</u>,apt 安装 Melodic 版本 ROS 功能包的命令为 <u>sudo apt-get install ros-melodic -功能包名</u>,apt 卸载功能包的命令为 <u>sudo apt-get remove</u> 功能包名。

5. ROS 常用的文件有 <u>.msg -话题消息文件</u>、<u>.srv -服务消息文件</u>、<u>.urdf -模型描述文件</u>、<u>.yaml-参数文件</u>、<u>.launch -启动文件</u>。

6. ROS 通信的前提是运行了 <u>roscore</u>,ROS 常见的通信方式有以下 3 种:<u>话题(Topic)</u>、<u>服务(Service)</u>、<u>动作(Action)</u>。

7. 列出当前 ROS 通信内全部话题、节点、服务的命令分别为 <u>rostopic list</u>、<u>rosnode list</u>、<u>rosservice list</u>。

8. 姿态 Roll $= 0$(绕 x 轴),Pitch $= 0$(绕 y 轴),Yaw $= \pi/2$(绕 z 轴)的四元数表达为:

$$x = \underline{\quad 0 \quad}, y = \underline{\quad 0 \quad}, z = \underline{\quad \frac{\sqrt{2}}{2} \quad}, w = \underline{\quad \frac{\sqrt{2}}{2} \quad}。$$

9. 常见的建图算法有 <u>gmapping</u>、<u>hector</u>、<u>karto</u> 和 <u>cartographer</u>。

10. 常用的局部路径规划器有(英文简写即可) <u>TEB</u> 和 <u>DWA</u>。

四、计算题(10 分)

如图 F-8 所示麦轮机器人,已知前后轮轴距为 H,前轮轮距为 W_1,后轮轮距为 W_2,麦轮轮轴和辊轴之间的夹角为 45°,4 个麦轮的分布方式如图 F-8 所示,求该麦轮机器人的运动学逆解公式(机器人前后移动速度为 v_x,前进为正;机器人左右移动速度为 v_y,左移为正;机器人绕 O 点旋转速度为 v_z,逆时针为正;麦轮 A、B、C、D 轮毂转动产生的线速度为 $v_{A轮}$、$v_{B轮}$、$v_{C轮}$、$v_{D轮}$,前进为正)。

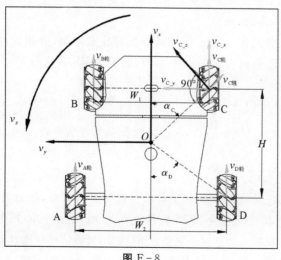

图 F-8

解：设麦轮 C 与地面接触的辊子的线速度为 $v_{C辊}$，麦轮 C 质心绕 O 点旋转的线速度为 v_{C_z}，麦轮 C 质心的前后移动速度为 v_{C_x}，麦轮 C 质心的左右移动速度为 v_{C_y}。则有

$$v_{C\_x} = v_x + v_z \sqrt{\left(\frac{H}{2}\right)^2 + \left(\frac{W_1}{2}\right)^2} \sin \alpha_C \tag{F.4.1}$$

$$v_{C\_y} = v_y + v_z \sqrt{\left(\frac{H}{2}\right)^2 + \left(\frac{W_1}{2}\right)^2} \cos \alpha_C \tag{F.4.2}$$

$$v_{C\_x} = v_{C轮} + v_{C辊} \sin 45° \tag{F.4.3}$$

$$v_{C\_y} = - v_{C辊} \cos 45° \tag{F.4.4}$$

联立式(F.4.1)～式(F.4.4)可得

$$v_{C轮} + v_{C辊} \sin 45° = v_x + v_z \sqrt{\left(\frac{H}{2}\right)^2 + \left(\frac{W_1}{2}\right)^2} \sin \alpha_C \tag{F.4.5}$$

$$- v_{C辊} \cos 45° = v_y + v_z \sqrt{\left(\frac{H}{2}\right)^2 + \left(\frac{W_1}{2}\right)^2} \cos \alpha_C \tag{F.4.6}$$

设 $L = \sqrt{\left(\frac{H}{2}\right)^2 + \left(\frac{W_1}{2}\right)^2}$，联立式(F.4.5)～式(F.4.6)可得

$$v_{C轮} = v_x + v_y + v_z L (\sin \alpha_C + \cos \alpha_C \tan 45°)$$

又因为 $L\sin \alpha_C = \frac{H}{2}$，$L\cos \alpha_C = \frac{W_1}{2}$，则有

$$v_{C轮} = v_x + v_y + v_z \left(\frac{H}{2} + \frac{W_1}{2}\right) \tag{F.4.7}$$

按类似的推导方式可以求出 $v_{A轮}$、$v_{B轮}$、$v_{D轮}$ 与 v_x、v_y、v_z 的关系：

$$v_{A轮} = v_x + v_y - v_z \left(\frac{H}{2} + \frac{W_2}{2}\right) \tag{F.4.8}$$

$$v_{B轮} = v_x - v_y - v_z \left(\frac{H}{2} + \frac{W_1}{2}\right) \tag{F.4.9}$$

$$v_{D轮} = v_x - v_y + v_z \left(\frac{H}{2} + \frac{W_2}{2}\right) \tag{F.4.10}$$

式(F.4.7)～式(F.4.10)即为该麦轮机器人的运动学逆解公式。

五、简答题(每小题 6 分，共 30 分)

1. 简述阿克曼转向式机器人在 x、y、z 三轴运动上有什么限制，并把这些限制用数学公式表达出来。已知改阿克曼转向机器人的轴距为 H、轮距为 W、右轮最大左偏角为 θ。

   (1)无法进行 y 轴移动(1 分)。

   (2)无法进行零半径转弯(1 分)。

   (3)最小转弯半径为 $R = \frac{H}{\tan\theta} - \frac{W}{2}$ (2 分)，同时 x 轴速度大小与 z 轴速度大小的比例不能小于最小转弯半径，即 $\left|\frac{x}{z}\right| > R$ (2 分)。

2. 简述 ROS 提供了什么(没有写提供的事物的作用的最高 5 分，稍微写了作用的最高 6 分)。

   (1)通信环境：ROS 的通信环境是 ROS 机器人与 ROS 机器人、ROS 机器人内部模块与模块之间沟通的前提。机器人的电脑系统安装 ROS 后，其通信环境也自动安装完成(1 分)。

   (2)通信标准：如果说通信环境之于 ROS，相当于空气介质之于声音传播，那么通信标准之

于 ROS,就相当于语言之于人类沟通。只有使用同一套标准,模块与模块、机器人与机器人之间才可以进行沟通(1分)。

(3)工具:ROS 提供一系列机器人功能调试、检查的工具,这些工具后面会进行讲解,例如 rqt 工具(1分)。

(4)库:ROS 提供了一系列软件库,开发者通过使用这些库编写程序实现机器人及其模块间的沟通,目前对 C++和 Python 实现了完全的支持,主流是使用这两种语言进行开发(1分)。

(5)功能包:功能包在 ROS 是非常重要的概念,机器人硬件供应商提供的 ROS 支持、开发者分享的机器人功能都是以功能包的形式存在的,功能包存在的目的就是使机器人模块化。使用 ROS 库编写的程序功能,最终都会作为功能包的形式打包存在(1分)。

3.简述程序实现发布话题的过程。

(1)初始化 ROS 节点(1分)。

(2)初始化 ROS 话题发布者,同时定义要发布的话题名称、话题数据类型(2分)。

(3)创建话题变量,并根据需要赋值(1分)。

(4)使用话题发布者发布话题变量(2分)。

4.简述雷达在一般同步定位与建图中的作用。

(1)因为里程计和 IMU 的数据误差会随时间累积(2分)。

(2)而雷达的每一帧数据都反映当前环境的实际情况(2分)。

(3)所以雷达一般会用于补偿里程计与 IMU 的定位误差(1分)。

(4)雷达感知到的环境数据也用于为建立地图提供原始地图数据(1分)。

5.绘制机器人自主导航的工作流程图 F-9,从目标点输入到速度控制命令输出(酌情给分)。

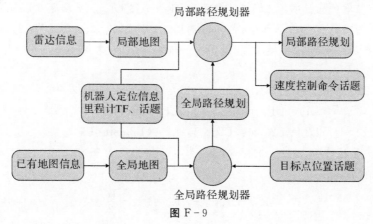

图 F-9

六、应用题(20分)

如图 F-10 所示,一辆 ROS 小车由于机械结构原因,L1、L2 两个雷达与车体处于同一个平面,如何把使用两个雷达,使小车可以获取周围 360°的环境信息,进行建图导航?利用已学知识,使用 ROS 实现。将实现方案写出来,每一个方案设计都应该说明用于解决什么问题,方案考虑的问题越全面,方案越完善,得分越高。

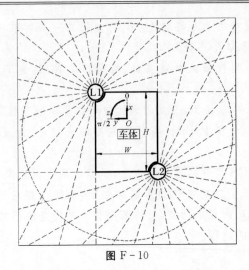

图 F - 10

解:(1)如果方案是在导航内将两个雷达作为两个传感器源,那么得分最高 5 分。因为 amcl 不接受两个雷达数据的输入,所以多数建图算法也不接受两个雷达数据的输入。

(2)标准方案:融合两个雷达数据话题为一体后,作为新雷达话题发布。定位、建图和导航都使用融合雷达话题(提出方案,2 分)。

融合步骤:

L1 屏蔽 $\pi \sim \dfrac{3\pi}{4}$ 范围内的雷达数据,L2 屏蔽 $0 \sim \dfrac{\pi}{2}$ 范围内的雷达数据(2 分)。

编写程序,订阅两个雷达数据话题,融合数据后,发布新的雷达数据话题(1 分)。

假设融合后的雷达数据是以车体中心为基准的,则融合公式为:

设以 L1 为基准的雷达数据如下:径向距离 $\mathrm{L1_{dis}}$、角度 $\mathrm{L1_{angle}}$、x 轴距离 $\mathrm{L1}_x$、y 轴距离 $\mathrm{L1}_y$。

设以 L2 为基准的雷达数据如下:径向距离 $\mathrm{L2_{dis}}$、角度 $\mathrm{L2_{angle}}$、x 轴距离 $\mathrm{L2}_x$、y 轴距离 $\mathrm{L2}_y$。

设以车体中心为基准的雷达数据如下:径向距离 $\mathrm{R_{dis}}$、角度 $\mathrm{R_{angle}}$、x 轴距离 R_x、y 轴距离 R_y。

由 L1、L2 雷达话题数据已知 $\mathrm{L1_{dis}}$、$\mathrm{L1_{angle}}$、$\mathrm{L2_{dis}}$、$\mathrm{L2_{angle}}$。则有(2 分)

$$\mathrm{L1}_x = \mathrm{L1_{dis}}\cos(\mathrm{L1_{angle}}),\ \mathrm{L1}_y = \mathrm{L1_{dis}}\sin(\mathrm{L1_{angle}}) \tag{F.4.11}$$

$$\mathrm{L2}_x = \mathrm{L2_{dis}}\cos(\mathrm{L2_{angle}}),\ \mathrm{L2}_y = \mathrm{L2_{dis}}\sin(\mathrm{L2_{angle}}) \tag{F.4.12}$$

L1、L2 两个雷达在 x、y 轴上的距离转换为以车体中心为基准(2 分):

L1 雷达数据转换:

$$\mathrm{R}_x = \mathrm{L1}_x - \frac{H}{2},\ \mathrm{R}_y = \mathrm{L1}_y - \frac{W}{2} \tag{F.4.13}$$

L2 雷达数据转换:

$$\mathrm{R}_x = \mathrm{L2}_x + \frac{H}{2},\ \mathrm{R}_y = \mathrm{L2}_y + \frac{W}{2} \tag{F.4.14}$$

由 R_x、R_y 求 $\mathrm{R_{dis}}$、$\mathrm{R_{angle}}$(2 分):

$$\mathrm{R_{dis}} = \sqrt{\mathrm{R}_x{}^2 + \mathrm{R}_y{}^2} \tag{F.4.15}$$

$$\mathrm{R_{angle}} = \arctan\left(\frac{\mathrm{R}_y}{\mathrm{R}_x}\right) \tag{F.4.16}$$

雷达数据话题需要设置分辨率,数据话题要每个数据的角度间隔是一致的,但是更改位置

基准后,每个数据的角度间隔不可能保持一致(2分),因此需要对该问题进行优化:

融合后的数据相对 L1、L2 的数据分辨率提高,提高倍率不应该过高,否则会有大量无效数据(2分)。

对融合数据根据角度(R_{angle})和分辨率进行排序(2分)。

如果在同一个分辨率上有多个数据,应该只保留最接近分辨率的那个数据(2分)。

如果有考虑因为位置不一样,需要区分两个雷达,并提出新建设备别名解决方案(2分)。

至此,数据融合完成,再修改建图导航功能中订阅的雷达数据话题为融合数据话题即可(1分)。

附录5 《ROS 教育机器人实训教程》E 卷

【说明】

本试卷未指定的单位默认统一为:距离(m),角度(rad),线速度(m/s),角速度(rad/s),线加速度(m/s^2)。

本试卷的 ROS 默认指代 ROS1,且系统环境默认为 Ubuntu 18.04.05。

自主导航默认指代地图已知的自主导航。

一、单项选择题(每小题1分,共20分)

1.(A)可以称为 ROS 机器人。

A.上层决策部分以 ROS 为基础的机器人 B.底层执行部分以 STM32 为基础的机器人

C.可以使用多传感器信息的机器人　　D.决策与执行功能分布在不同控制器的机器人

2.以下(C)是不属于 ROS 直接提供的。

A.多传感器合作环境　　　　B.多机器人合作环境

C.图像处理功能　　　　　　D.机器人开发标准

3.十进制数 −600 的二进制表达以下正确的是(A)($0XFDA8=2^{16}-600=64\,936$)。

A.1111 1101 1010 1000　　　　B.1111 0101 1100 1000

C.1111 1011 1100 0100　　　　D.1111 1101 1100 1000

4.关于轮式机器人的运动学正解以下说法正确的是(A)。

A.运动学正解是指从机器人各轮子的转速计算得到机器人的三轴运动速度

B.运动学正解是指从机器人的三轴运动速度计算得到机器人各轮子的转速

C.运动学正解是指从轮子的转速计算得到电机的驱动电压

D.运动学正解是指从电机的驱动电压计算得到轮子的转速

5.使用麦克纳姆轮的轮式机器人要实现前后、左右、旋转三个方向的运动,至少需要(B)个麦克纳姆轮。

A.2　　　　　　B.3　　　　　　C.4　　　　　　D.5

6. 以下（ B ）不是进行两轮差速轮式机器人运动学正解需要的参数。

    A. 左右轮子的间距   B. 前后轮子滚动轴的间距

    C. 左轮速度   D. 右轮速度

7. 以下设备中不能运行 Ubuntu 的是（ A ）。

    A. STM32   B. 树莓派   C. JetsonNano   D. 笔记本电脑

8. 以下关于 SSH 的说法正确的是（ C ）。

    A. 只要一个终端进行了 SSH 登录，那么其他已开启终端也自动进行了 SSH 登录

    B. 被登录的电脑不需要安装并开启 SSH 服务

    C. 电脑需要安装 SSH 客户端才可以进行 SSH 登录

    D. SSH 登录不需要知道被登录电脑的密码

9. 以下关于 NFS 文件挂载的说法正确的是（ C ）。

    A. NFS 文件挂载不需要指定挂载文件的存放文件夹

    B. NFS 文件挂载需要输入服务端密码

    C. NFS 文件挂载需要输入客户端密码

    D. NFS 文件挂载服务端不需要配置，客户端即可挂载服务端的任意文件

10. 非 apt 安装的 ROS 功能包应该放在工作空间的（ C ）文件夹。

    A. build   B. devel   C. src   D. 工作空间根目录

11. 工作空间文件夹下的 devel 文件夹内的文件包括（ A ）。

    A. 编译生成的可执行文件   B. 源文件

    C. 编译中间文件   D. 编译规则文件

12. 下列关于编译对文件和时间要求的描述错误的是（ A ）。

    A. 编译系统会判断 launch 文件是否被修改了

    B. 编译系统会判断编译相关文件是否被修改了

    C. 电脑系统时间大于编译相关文件被修改时间时，功能包才可以被编译

    D. 编译相关文件被修改时间大于上次被编译时间时，功能包才可以被编译

13. 下列关于 ROS 通信的描述错误的是（ D ）。

    A. 只有运行了 roscore，ROS 通信才可以建立

    B. 可执行文件只有注册节点才可以参与 ROS 通信

    C. roscore 停止运行后，ROS 通信自动停止

    D. 可执行文件注册节点时，会自动运行 roscore

14. 下列（ A ）命令可以查看 ROS 话题通信的整体情况。

    A. rqt_graph   B. rostopic list   C. rosparam list   D. rosnode list

15. 下列关于 launch 文件的描述错误的是（ A ）。

    A. 运行 launch 文件前，必须手动运行 roscore

    B. 使用 launch 文件可以上传参数到参数服务器

    C. 使用 launch 文件可以调用可执行文件创建节点

    D. 一个 launch 文件可以调用其他 launch 文件

16. 下列关于 TF 的描述错误的是（ B ）。

　　A. 两个 TF 坐标的关系需要广播出去，才能加入 TF 坐标系统

　　B. 两个 TF 坐标的关系只需要广播一次，即可一直存在于 TF 坐标系统

　　C. 两个 TF 坐标的关系停止广播后，TF 监听者将无法获取这两个 TF 坐标间的关系

　　D. roscore 停止运行后，TF 坐标系统也会停止运行。

17. 下列关于 urdf 文件描述错误的是（ B ）。

　　A. urdf 文件内容在 ROS 中一般是作为参数上传到参数服务器再进行处理

　　B. 使用 urdf 文件上传的到参数服务器的参数名称是固定的，不可以改变

　　C. 功能包 joint_state_publisher 可以创建节点读取参数服务器内的 urdf 参数，并发布相关话题（默认为"/joint_states"）

　　D. 功能包 robot_state_publisher 可以创建节点（默认）订阅话题"/joint_states"，并广播相关 TF 坐标

18. 下列关于 cv_bridge 的描述错误的是（ D ）。

　　A. cv_bridge 是把 ROS 与 OpenCV 连接起来的接口

　　B. cv_bridge 可以把图像话题转换为 OpenCV 图像格式

　　C. cv_bridge 可以把 OpenCV 图像格式转换为图像话题

　　D. cv_bridge 是一个图像处理库

19. 下列关于同步定位与建图的说法错误的是（ D ）。

　　A. 机器人要进行建图必须要有感知环境信息和定位的能力

　　B. 环境信息可以帮助纠正定位的错误

　　C. 轮式机器人的定位能力主要来自里程计

　　D. 建图必须要有里程计信息用于机器人定位

20. 自主导航的前置条件不包括（ D ）。

　　A. 已有地图信息

　　B. 雷达信息（感知实时环境）

　　C. 已有路径规划器

　　D. 机器人可以进行全向移动

二、判断题（每小题 1 分，共 10 分）

1. 上层决策部分必须在树莓派中运行。　　　　　　　　　　　　　　　　　（ × ）

2. 阿克曼转向式机器人可以进行零半径转弯。　　　　　　　　　　　　　　（ × ）

3. 远程控制的四要素是网络环境、IP 地址、用户名和系统密码。　　　　　　（ √ ）

4. 工作空间下的 src 文件夹主要用于放置编译生成的可执行文件。　　　　　（ × ）

5. 每个 ROS 功能包必须要有的两个文件是 CmakeLists. txt 和 package. xml。　（ √ ）

6. 编写完 Python 程序文件，需要编写 CmakeLists. txt 文件使程序文件编译生成可执行文件。

　　　　　　　　　　　　　　　　　　　　　　　　　　　　　　　　　　（ √ ）

7. TF 是 Transform（坐标变换）的缩写，在 ROS 中 TF 也是一个坐标管理系统。　（ √ ）

8. urdf 文件是 ROS 的机器人外形描述文件，可以使用该文件设置静态坐标和为坐标添加

外形。　　　　　　　　　　　　　　　　　　　　　　　　　　　　　　（ ✓ ）

9. robot_pose_ekf 的主要作用是融合里程计和 IMU 信息,然后广播里程计 TF 坐标。（ ✓ ）

10. amcl 是融合雷达数据的机器人定位补偿功能包。　　　　　　　　　　　　（ ✓ ）

三、填空题(每小题 1 分,共 10 分)

1. 0X75 异或 0X6F 的结果是 <u>0X1A</u>。

2. 一般四轮麦克纳姆轮机器人的运动学分析需要知道的机器人结构参数有 <u>轮距</u>、<u>轴距</u>。

3. Ubuntu 中,创建文件夹的命令为 <u>mkdir</u> 文件夹名,删除文件的命令为 <u>rm</u> 文件名,赋予文件可执行权限的命令为 <u>sudo chmod 777</u> 文件名。

4. Ubuntu 中,给命令添加管理员权限应该在命令前面加 <u>sudo</u>,apt 安装 Melodic 版本 ROS 功能包的命令为 sudo apt-get <u>install ros-melodic -功能包名</u>,apt 卸载功能包的命令为 sudo apt-get <u>remove</u> 功能包名。

5. 参数服务器中查看参数列表、获取参数值、设置参数值的命令分别是 <u>rosparam list</u>、<u>rosparam set 参数名 参数值</u>、<u>rosparam get 参数名</u>。

6. ROS 中调用可执行文件的命令是 <u>rosrun 功能包名</u> 可执行文件名。

7. 姿态 Roll=0(绕 x 轴),Pitch=0(绕 y 轴),Yaw=$\pi/2$(绕 z 轴)的四元数表达为:$x=$ <u>0</u>,$y=$<u>0</u>,$z=\frac{\sqrt{2}}{2}$,$w=\frac{\sqrt{2}}{2}$。

8. 一个与 STM32 运动底盘通信的 ROS 节点应该有的功能包括 <u>与 STM32 进行通信</u>、<u>获取机器人状态</u>数据并发布相关话题和订阅 <u>速度控制</u>话题并向 STM32 发送 <u>速度控制命令</u>。

9. map_server 功能包保存的地图文件有两个格式,分别为 <u>.pgm</u> 和 <u>.yaml</u>。

10. 生成全局代价地图需要哪些信息和参数 <u>地图</u>话题、<u>雷达</u>话题、<u>机器人外形</u>参数、<u>膨胀半径</u>参数和膨胀斜率参数。

四、计算题(10 分)

　　如图 F-11 所示全向轮机器人,已知全向轮到机器人中的距离为 R,B、C 轮沿 A 轮到 O 点对称分布,$\angle AOB=\angle AOC=\alpha$,求该全向轮机器人的运动学逆解公式(机器人前后移动速度为 v_x,前进为正;机器人左右移动速度为 v_y,左移为正;机器人绕 O 点旋转速度为 v_z,逆时针为正;全向轮 A、B、C 轮毂转动产生的线速度为 $v_{A轮}$、$v_{B轮}$、$v_{C轮}$,绕 O 点逆时针为正)。

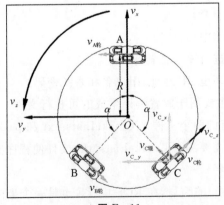

图 F-11

解：设全向轮 C 与地面接触的辊子的线速度为 $v_{C辊}$，全向轮轮 C 质心绕点 O 旋转的线速度为 v_{C_z}，全向轮 C 质心的前后移动速度为 v_{C_x}，全向轮 C 质心的左右移动速度为 v_{C_y}，则有

$$v_{C\_x} = v_x + v_z R\cos(\alpha - 90°) \tag{F.5.1}$$

$$v_{C\_y} = v_y - v_z R\sin(\alpha - 90°) \tag{F.5.2}$$

$$v_{C\_x} = v_{C辊}\sin(\alpha - 90°) + v_{C轮}\cos(\alpha - 90°) \tag{F.5.3}$$

$$v_{C\_y} = v_{C辊}\cos(\alpha - 90°) - v_{C轮}\sin(\alpha - 90°) \tag{F.5.4}$$

由 $\cos(\alpha - 90°) = \sin\alpha, \sin(\alpha - 90°) = -\cos\alpha$，联立式(F.5.1)～式(F.5.4)可得

$$-v_{C辊}\cos\alpha + v_{C轮}\sin\alpha = v_x + v_z R\sin\alpha \tag{F.5.5}$$

$$v_{C辊}\sin\alpha + v_{C轮}\cos\alpha = v_y + v_z R\cos\alpha \tag{F.5.6}$$

联立式(F.5.5)～式(F.5.6)可得

$$v_{C轮} = \frac{v_x\tan\alpha + v_y + (\sin\alpha\tan\alpha + \cos\alpha)Rv_z}{\cos\alpha + \sin\alpha\tan\alpha} \tag{F.5.7}$$

按类似的推导方式可以求出 $v_{A轮}$、$v_{B轮}$ 与 v_x、v_y、v_z 的关系：

$$v_{A轮} = v_y + v_z R \tag{F.5.8}$$

$$v_{B轮} = \frac{-v_x\tan\alpha + v_y + (\sin\alpha\tan\alpha + \cos\alpha)Rv_z}{\cos\alpha + \sin\alpha\tan\alpha} \tag{F.5.9}$$

式(F.5.7)～式(F.5.9)即为该全向轮机器人的运动学逆解公式。

五、简答题（每小题 6 分，共 30 分）

1. 机器人一般会分为几个部分？分别有什么用？

(1)上层决策和底层执行两个部分(2 分，后面有重复描述则不加分)。

(2)上层决策部分：处理一些需要较大算力、实时性要求低的任务。例如图像处理、导航路径规划等，最终输出速度控制命令给底层执行部分去执行(3 分)。

(3)底层执行部分：处理些算力要求低、实时性要求较高的任务。最基本的任务是在接收到速度控制命令后，控制机器人进行运动。一般还会有向上层决策部分上传机器人状态信息的功能。状态信息包括机器人实时速度、机器人实时姿态等(3 分)。

2. STM32 实现三轴速度控制的流程是怎么样的？

STM32 获取机器人 x、y、z 三轴目标速度后，由运动学分析算法计算得到各个轮子的目标速度，由四个轮子的转动实现机器人的三轴目标速度(2 分)。

求出各轮子目标速度后，使用 PID 控制算法(1 分)，根据目标速度与编码器反馈实时速度(1 分)，输出 PWM 控制信号，PWM 信号经过电机驱动的放大后输出到直流电机(1 分)，电压(压差)越大，电机转动越快，电机带动轮子旋转(1 分)，轮子的运动合成为机器人的三轴速度。

3. 简述用户自定义工作空间下的三个文件夹的区别；ROS 系统工作空间与用户自定义工作空间的区别；以及如何让 Ubuntu 系统识别到 ROS 用户自定义工作空间(不需要写详细命令)(不需要写详细命令)。

(1)src：存放 ROS 功能包源码(1 分)。

(2)devel：存放由功能包源码编译生成的可执行文件(目标文件)(1 分)。

(3)build：存放编译过程中生成的中间文件(1 分)。

(4)用户自定义工作空间：需要手动复制功能包到 src 文件夹并编译，才可以使用功能包(1分)。

(5)ROS 系统工作空间：存放 apt 安装的功能包，直接安装可执行文件，不需要编译，也没有源码文件(1分)。

(6)对用户自定义工作空间文件夹 devel 下的文件 setup.bash 使用 source 命令，即可让 Ubuntu 系统识别到用户自定义工作空间(1分)。

4.简述 ROS 多机通信的作用与要求。

(1)ROS 多机通信可以让多台电脑上的 ROS 节点互相订阅其中所有电脑发布的话题/服务/动作/参数服务器(2分)。

(2)所有 ROS 主控必须位于同一个局域网下(1分)。

(3)所有电脑必须指定同一个电脑作为多机通信主机，以 IP 地址区分各个电脑(1分)。

(4)所有电脑必须设置两个参数，一个参数设置为主机 IP 地址，另一个参数设置为本机 IP 地址(2分)。

5.绘制机器人自主导航的工作流程图 F-12，从目标点输入到速度控制命令输出(酌情给分)。

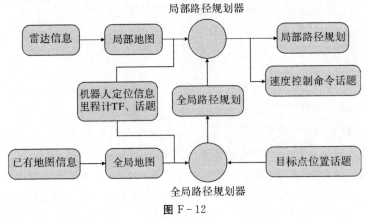

图 F-12

六、应用题(20 分)

如图 F-13 所示等边三角形 ABC 的边长是 3 m，存在 ROS 机器人自身会向外发布里程计和 IMU 话题(非绝对准确，有误差)，可以接受 x 轴和 z 轴的速度控制命令，同时带有雷达。设计方案，利用已学知识，使用 ROS 实现控制 ROS 机器人由 A 点开始，直线运动到 B 点，再直线运动到 C 点，最后直线运动回到 A 点停止。将实现方案写出来，每一个方案设计都应该说明用于解决什么问题，方案考虑的问题越全面，方案越完善，得分越高。

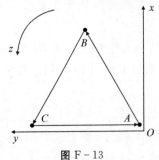

图 F-13

解：

方案：使用里程计闭环控制 ROS 机器人沿指定路线进行运动(2 分)。

控制过程(完整控制过程,14 分)：

控制机器人旋转 30°(逆时针为正)(1 分),然后前进,前进过程中根据里程计 z 轴转角信息负反馈控制机器人前进方向,保证前进方向为 30°(相对初始方向)(闭环控制,2 分)。

根据里程计 x、y 轴位置信息,判断机器人是否到达了 B 点(2 分),如果到达了 B 点,控制机器人旋转 120°,然后前进。前进过程中根据里程计 z 轴转角信息负反馈控制机器人前进方向,保证前进方向为 150°(相对初始方向)(闭环控制,2 分)。

根据里程计 x、y 轴位置信息,判断机器人是否到达了 C 点(2 分),如果到达了 C 点,控制机器人旋转 120°,然后前进。前进过程中根据里程计 z 轴转角信息负反馈控制机器人前进方向,保证前进方向为 270°(−90°)(相对初始方向)(闭环控制,2 分)。

最后根据里程计 x、y 轴位置信息,判断机器人是否到达了 A 点(2 分),如果到达了 A 点,控制机器人停止运动(1 分)。

加分点：

考虑到控制精度,机器人无法完成精确到达目标点,而添加目标点允许误差的(2 分)。

使用 robot_pose_ekf 功能包融合里程计和 IMU 数据,使用 robot_pose_ekf 发布的融合结果数据替换里程计数据判断机器人位姿的(2 分)。

使用 robot_pose_ekf 功能包融合里程计和 IMU 数据,同时使用 amcl 融合雷达数据进行定位,使用融合里程计、IMU 和雷达数据结果替换里程计数据判断机器人位姿的(4 分)。

附录 6　参 考 网 址

1. ROS 的官网：http://wiki.ros.org/
2. ROS 的官方介绍：http://wiki.ros.org/ROS/Introduction
3. 官方 ROS 安装教程：http://wiki.ros.org/melodic/Installation/Ubuntu
4. catkin_make 官方首页：http://wiki.ros.org/catkin
5. catkin_make 官方介绍：http://wiki.ros.org/catkin/conceptual_overview
6. launch 文件官方介绍：http://wiki.ros.org/roslaunch/XML
7. WHEELTEC 官网：https://www.wheeltec.net/
8. WHEELTEC 论坛：http://bbs.wheeltec.net/
9. Ubuntu 官网：https://ubuntu.com/
10. 树莓派官网：https://www.raspberrypi.org
11. 英伟达官网：https://developer.nvidia.com/zh-cn
12. 远程桌面 VNC 官网：https://www.realvnc.com/en/
13. SublimeText 官网：http://www.sublimetext.com/

参 考 文 献

[1] 黄名柏.基于 ROS 的陪伴机器人路径规划与控制[D].桂林:桂林电子科技大学,2019.

[2] 田凯乔.基于 ROS 及深度摄像机的智能避障机器人的研究与实现[D].长春:长春工业大学,2018.

[3] 严建伟.深度学习激光雷达与智能机器人技术的再认识[J].智能制造,2021(2):77-81.

[4] 王婷婷,李戈,赵杰,等.基于双目视觉的运动目标检测跟踪与定位[J].机械与电子,2015(6):73-76.

[5] 张大伟,苏帅.自主移动机器人视觉 SLAM 技术研究[J].郑州大学学报(理学版),2021,53(1):1-8.

[6] 陈博翁,范传康,贺骥.基于麦克纳姆轮的全方位移动平台关键技术研究[J].东方电气评论,2013,27(4):7-11.

[7] 赵新洋.基于激光雷达的同时定位与室内地图构建算法研究[D].哈尔滨:哈尔滨工业大学,2017.

[8] 郑江花,吴昊,刘广亮,等.基于 ROS 的特种机器人上位机通信设计与实现[J].信息技术与信息化,2021(7):170-172.

[9] 朱磊,樊继壮,赵杰,等.未知环境下的移动机器人 SLAM 方法[J].华中科技大学学报(自然科学版),2011,39(7):9-13.

[10] 黄瑞,张轶.高适应性激光雷达 SLAM[J].电子科技大学学报,2021,50(1):52-58.

[11] 危双丰,庞帆,刘振彬,等.基于激光雷达的同时定位与地图构建方法综述[J].计算机应用研究,2020,37(2):327-332.

[12] 伍一维,左韬,张劲波,等.基于 KNN-PROSAC 和改进 ORB 的多机器人 SLAM 地图融合算法[J].高技术通讯,2021,31(7):766-772.

[13] 范海廷,杜云刚.基于激光 SLAM 的移动机器人导航算法研究[J].机床与液压,2021,49(14):41-46.

[14] 张忠民,郑仁辉.基于模糊 PID 的麦克纳姆轮移动平台的控制算法[J].应用科技,2017,44(6):53-59.

[15] 郑仁辉.麦克纳姆轮全向机器人移动平台的设计[D].哈尔滨:哈尔滨工程大学,2017.

[16] 张启轩,袁明辉.基于 OpenCV 的物体图像边缘缺陷识别研究[J].软件导刊,2021,20(4):231-235.

[17] 郭纪志.基于深度学习的视觉 SLAM 闭环检测方法研究[D].天津:天津理工大学,2021.

[18] 符桂铭,郭文静,耿涛,等.基于双目视觉和距离误差模型的工业机器人运动学参数标定方法[J].机床与液压,2021,49(15):10-16,43.

[19] 黄通交,侯英岢,倪益华,等.基于 ROS 和激光雷达的移动机器人系统设计与实现[J].机械工程师,2020(8):46-48,51.

[20] 刘文之.基于激光雷达的 SLAM 和路径规划算法研究与实现[D].哈尔滨:哈尔滨工业大学,2018.

[21] 约瑟夫,卡卡切.精通 ROS 机器人编程[M].张新宇,张志杰,等译.北京:机械工业出版社,2019.

[22] 马哈塔尼,桑切斯,费尔南德斯,等.ROS 机器人高效编程[M].张瑞雷,刘锦涛,译.北京:机械工业出版社,2017.

[23] 胡春旭.ROS 机器人开发实践[M].北京:机械工业出版社,2018.

[24] QUIGLEY M,GERKEY B,SMART W D.ROS 机器人编程实践[M].张天雷,李博,谢远帆,等译.北京:机械工业出版社,2018.

[25] 纽曼.ROS 机器人编程[M].李笔锋,祝朝改,刘锦涛,译.北京:机械工业出版社,2019.

[26] 甘地那坦,约瑟夫.ROS 机器人项目开发 11 例[M].潘丽,陈媛媛,徐茜,等译.北京:机械工业出版社,2021.

[27] 比平.ROS 机器人编程实战[M].李华峰,张志宇,译.北京:人民邮电出版社,2020.

[28] 陶满礼.ROS 机器人编程与 SLAM 算法解析指南[M].北京:人民邮电出版社,2020.

[29] 费尔南德斯,克雷斯波,马哈塔尼,等.ROS 机器人程序设计[M].刘锦涛,张瑞雷,等译.北京:机械工业出版社,2016.

[30] 费尔柴尔德,哈曼.ROS 机器人开发:实用案例分析[M].吴中红,石章松,潘丽,等译.北京:机械工业出版社,2020.

[31] 约瑟夫.ROS 机器人项目[M].张瑞雷,刘锦涛,林远山,译.南京:东南大学出版社,2018.